「じゃなかしゃば」新しい水俣

吉井正澄
元水俣市長

藤原書店

はじめに——「水俣病」公式確認六〇年に際して

水俣病発生が公式に確認されてから六〇年を経過した。

その間の水俣病問題の記録は、患者、支援者、医学者など、広範な有識者によって詳細に記述されている。だが、加害者側は勿論、水俣病問題に関わった行政者が見解を記述したのは皆無と言ってよい。批判を恐れるということもあるだろうが、行政は個人ではなく組織全体の責任で動く。個人の見解を述べると組織全体に誤解が及ぶ恐れがある。沈黙、それは組織人のモラルであろうか。

しかし、水俣病公害の歴史には、加害者、被害者、行政それに市民のそれぞれの立場からの記録が、できるだけ揃っていなければならないのではないか。

そこで、市長として一九九四年から八年間、水俣病患者と国・県との対立の最も激しい時期に、新しい水俣「じゃなかしゃば」をめざした右往左往の道程を振り返って記述することにした。新しい水俣「じゃなかしゃば」は、市民の継続した努力の積み重ねの上に完成すると思う。そのための積石の一つになってくれればと願いながら。

元水俣市長　吉井正澄

「じゃなかしゃば」とは、「これまでの社会システムとは違う世の中（婆娑）」をつくろう、との意で、一九八九年、水俣市で開催された国際会議で、水俣病患者、水俣病資料館語り部名誉会長の濱元二徳さんが表現した言葉。患者間で広く用いられている。

#「じゃなかしゃば」 新しい水俣 目次

はじめに――「水保病」公式確認六〇年に際して　I

序章　謝罪　10

水俣病犠牲者慰霊式の式辞　14　式辞の作成　18　予期せぬ大きな反響――批判から評価へ　21　県知事の了解を　23　市主催の慰霊式が決まるまで　26　「火のまつり」と野仏　29

《コラム》
前市長とは愛称　32

第Ⅰ部　水俣市議会議員時代

第1章　水俣病との出会い　37

田中義光さんとの出会い　37　田上義春さんとの出会い　40　川本輝夫議員との交流　43　自民党県議の「偽患者発言事件」に巻き込まれた、私の政治初体験　45　風評被害は市民にも及んだ　50　差別を受けつつも心の奥に誇りを持つ水俣市民　54　心の奥の葛藤が生む偏見差別　56　自民党から除名すると脅されて　58　自民党の仲間から自著の件で吊し上げに合う　61　水俣環境大学構想とその頓挫　62　自民党水俣支部の幹事長時代　68　全国市議会公害特別委員会委員長に就任　73　園遊会に招かれて　74　混乱に拍車をかけたチッソの安定賃金闘争　79　PPPとチッソ県債　82

《コラム》
水俣病がうつる　52　坂田道太衆議院議長　66　反省　72

第2章　迷走した水俣病対策　88

感謝すべきか、憎むべきか、チッソという会社　89　水俣湾周辺に環境異変が　91　原因物質の究明と学者の良識や倫理　93　漁獲禁止の措置をとらなかった　95　国は排水の規制を拒み続けた　97　環境庁が示した判断条件と、その後の変更　100

第3章　国の水俣病対策の背景と責任の所在　108

チッソの操業継続を優先した国の責任　108　安全対策をとらぬチッソの責任　113　措置をせず放置した国・県の人道的、倫理的な罪　116　チッソの排水が原因と知りつつ擁護した、市民の責任　117

第4章　水俣再生の胎動期　120

受難のどん底から「新しい水俣」を創る　120　県が設けた異例のセクション水俣振興推進室　123　一万人コンサートと緒方正人さん　125　胎児性患者の写真展　127　杉本栄子さんの人生哲学――「人様はかえられないから、自分が変わる」　128　産業、環境及び健康に関する水俣国際会議　139　産業による環境破壊と地域再生、水俣の教訓を世界へ　144　全国市町村議員たちと北欧研修視察へ　146　ブラジルでの国連環境開発会議（国連環境サミット）に参加　148　研修・学習などで保守派の環境意識変革を進める　151　オーストラリア研修で環境都市行政を学ぶ　152　恋路島にコアラの動物公園か、環境大学を　156　恋路島　158　国内の視察　164　国内外の会議、視察を通して学んだもの　166　水俣病問題の早期・全面解決と地域再生を推進する「市民の会」が誕生　170　市議会の決議で水俣市の進行方向を表明　171　市長選挙へ　173

《コラム》
食物連鎖と自然信仰　136　市政への意欲に火をつけた鈴木廣九州大学教授　143
ホームステイ　161

第Ⅱ部　水俣市長時代そして以後

第5章　市長に就任　177

水俣病問題と真正面から向き合う　177　まず陣容を固める　178　語り部制度の創設　184　全市民が国に迫り第三次訴訟が和解の方向へ　187　まずは、対立している患者団体間の協調を図る　189　広中和歌子環境庁長官に陳情　194　羽田孜内閣の折、環境庁増原課長の言葉　196　村山富市内閣が誕生　198　村山総理・桜井長官との会談　200　渡瀬憲明・田中昭一・園田博之・堂本暁子国会議員　203

《コラム》
もう一つの「世界に類例のない水俣」　182

第6章　政治解決へ加速、大詰に　206

森仁美環境庁事務次官　206　社会党が解決案を提示　208　大島理森環境庁長官が誕生　210　福岡で村山総理と患者団体が会見　212　環境庁の解決最終案　215　大島長官と水俣病患者連合が秘密会談　217　団体加算金が争点に　219　加藤紘一自民党政調会長に訴え、手応えを得る　220　患者団体が合意　222　村山総理大臣談話　224　チッソの経営支援抜本策　228　政治解決による決着、その成果と欠陥　230　奈落で舞台を回した人たち　232

《コラム》
選挙応援　226

第7章　政治解決以後　235

仕切り網撤去での茶番　235　小池百合子環境大臣の私的「水俣病問題に係る懇談会」　238　温かい二・五人称を持っていた官僚たち　243　ノーモアミナマタ訴訟の和解協議　247　最終決着をめざした特別措置法　249　特措法の地域再生　253　チッソの分社化問題　254　国の正義とはなにか　256　「福祉法人さかえの杜　ほっとはうす」の誕生　258　水銀に関する「水俣条約」と全国豊かな海づくり大会　264　水俣病の教訓を活かすとは　268

第Ⅲ部　「新しい水俣」のまちづくり

第8章　環境モデル都市づくり　273

経済と環境の調和のとれたまちづくり　273　水俣市の将来像　276　「もやい直し」とは、壊れた内面社会の修復　280　もやい直しの事例　284　「もやい直し」は、永遠の課題にして目標　291　市職員による地元学の提唱と実践　292　水俣のマイナスの個性をプラスに　296　行政参加　298　地域を巡回した市政懇談会が重要な出発点に　299　資源ごみの分別収集に成功　301　迷惑施設の建設には知恵がいる　307　ごみ焼却場の建設　308　水俣市のエコタウンは最先端　309　水俣病問題も折り込んだＩＳＯの取り組み　313　住民主体の創造的・自治的環境行動　317

《コラム》
異端者 294　市長への手紙の効用 306　講師、生徒に教わる 316

第9章　水保病の教訓の発信 320
中国で「水俣病・環境シンポジウム」 320　中国初の環境モデル都市、張家港 323　公害都市から環境学習都市へ、大きく変貌した水俣市 327　全国五四市町村が加入する「環境自治体会議」 329　ブラジルへ、水銀会議招聘を 334　「地球環境汚染物質としての水銀に関する国際会議」 337
《コラム》
研修とは 326　警護と監視 330　地球の表と裏の価値観 335

終　章　これからの水俣 342
福祉先進モデル都市づくり 342

おわりに 346

吉井正澄・水俣病関連年譜（1906-　） 352

装丁・作間順子

「じゃなかしゃば」新しい水俣

序章　謝罪

水俣病公式発見から六〇年、その間、水俣病問題と関わってきた市長は、第二代市長橋本彦七氏から現在の第十八代市長西田弘志氏までの八人である。

橋本彦七市長（一九五〇―五八・一九六二―七〇）は、市長就任前は日本窒素株式会社の元水俣工場長で、「日窒方式」と言われるチッソ独自のアンモニア製造設備を設計するなど、チッソを日本最大のアセトアルデヒドの製造企業に躍進させた優秀な技術者であり経営者であったと聞いている。

橋本氏の市長時代に水俣病の発生が公式に確認され、氏が任期途中で死亡される少し前に、「水俣病は、チッソの排水に含まれていた有機水銀が原因である」と、チッソは公害企業に認定されている。水俣病という巨大な悪魔が姿を現したのは、皮肉なことにチッソ出身の橋本市長の時代であった。

歴代水俣市長

第1代	1949–1950	中西孝麿
第2代	1950–1954	橋本彦七
第3代	1954–1958	橋本彦七
第4代	1958–1962	中村　止
第5代	1962–1966	橋本彦七
第6代	1966–1970	橋本彦七
第7代	1970–1974	浮池正基
第8代	1974–1978	浮池正基
第9代	1978–1982	浮池正基
第10代	1982–1986	浮池正基
第11代	1986–1990	岡田稔久
第12代	1990–1994	岡田稔久
第13代	1994–1998	吉井正澄
第14代	1998–2002	吉井正澄
第15代	2002–2006	江口隆一
第16代	2006–2010	宮本勝彬
第17代	2010–2014	宮本勝彬
第18代	2014–	西田弘志

チッソの大躍進が期待され、水俣市が工業都市として大きく発展するという希望が一瞬にして暗転し、チッソも水俣市もともに奈落の坩堝に突き落とされてしまった。以来、後継市長たちは、市長権限が及ばないその巨大な悪魔に、否応なく対峙し翻弄されるという宿命を引き継がされることになった。

橋本市長は、一九五三（昭和二十八）年に、水俣市立病院を開設されている。一九五八年、市立病院内に水俣病専用病棟を建て、患者二九人を公費収容し、続いて一九六五年に、市立病院の付属として水俣湯之児病院（リハビリテーションセンター）を開設された。公立では全国初のリハビリテーションセンターで、その名は全国に知られた。共に水俣病患者の治療・療養のための水俣病対策としての施設である。

水俣病の発生は確認されたが、まだチッソの排水が原因と判明していない時であり、チッソ出身の橋本市長は、既に水俣病発生の責任を強く感じられていたと推測できる。

次の中村止（とどむ）市長時代には、チッソの排水停止を要求して、県漁連が主催した数千人の総決起大会で、デモ隊がチッソの工場に乱入し大乱闘となる大事件が発生した。

中村市長（一九五八―六二）は、これに対抗してチッソを守ろうと市民団体を糾合し「工場排水を止めないでくれ」と知事に陳情するなど、チッソ擁護の市政を鮮明にされている。

三人目の市長浮池正基（ふけまさもと）氏（一九七〇―八六）は、「全国民を敵に回すことになっても、私はチッソを守る」と発言して、患者サイドから激しい抗議を受けた。その一方では「水俣病が東京湾で発生していたら、国はこのような対応では済まさなかっただろう」と国の姿勢を鋭く批判するなど、市長としての考えを積極的に述べられた。

また、一九七二（昭和四十七）年に、重度心身障害者施設市立「明水園」を創設され、胎児性水俣病患者一三人が入所している。続いて一九六九年に、湯の児病院内に胎児性水俣病患者のための教育機関として、水俣第一小学校湯之児分校、続いて一九七五（昭和五十）年に、第一中学校湯之児分校を開設された。

それ以後、各市長は議会やメディアの質問に簡潔に答える以外、積極的に水俣病問題に関する市長独自の見解などを表明されたのは、寡聞にして私の記憶にはない。

また、第一一～一二代市長岡田稔久（としひさ）氏（一九八六―九四年）が一九九三年に市立水俣病資料館を建設された以外には、市独自の水俣病対策は見られない。

それは、水俣病を巡って、被害者と国・県の鋭い対立や、市民間の確執が激しくなり、その中で踏み込んで発言すると、その内容次第では双方から批判され、市政執行に支障をきたす恐れがあるからである。

市民の生活を守りながら、水俣病被害者を一刻も早く救済したい、との思いは強いものがあっても、いかんせん、ほとんど水俣病問題の権限と力を持たない市長は、国・県・チッソと、患者、支援者との狭間で深刻に苦悩するばかりであった。

水俣病をめぐる状況は激しく変化してきた。誰もその行く先の予測ができない中で、その時その時の市長は、状況の変化に適切に対応し、慎重に市政を執行せざるを得なかった。

私を市長候補として推薦してくれた先輩や友人は、「水俣病には、絶対に深入りするな、票にはならないばかりか火傷する」とか「水俣病問題は市長のする仕事ではなか、国の言うことだけをすればよか」などと進言し、警告をしてくれた。

だが、私は申し訳ないけれども、まったく忠告に従う気持ちはなく、立候補の公約の第一番に「水俣病問題の早期全面解決」を掲げた。市政最大の課題である水俣病問題を、逃げたり避けたりしないで真正面から取り組む、と決めていたからである。仕事をすればするほど、対立する双方から批判されるのは宿命であり、その宿命と闘わねばならないのが市長に与えられた天命であると考えていた。

水俣病犠牲者慰霊式の式辞

以下の文章は、一九九四（平成六）年五月一日に開催された第三回の水俣病犠牲者慰霊式の式辞である。私が市長に就任間もない水俣病問題への取り組みの初仕事であった。

市議会議員時代から考え続けてきた水俣病問題や市政の構想を、式辞という形で表明したものである。公式確認から実に満三八年を経過していた。

水俣病犠牲者慰霊式を挙行するにあたり、水俣病の発生によって犠牲になり、尊い生命を失われた方々の御霊に対し、謹んで哀悼の意を表します。

本日は、ご遺族の皆様方、環境庁、国会議員、熊本県知事、熊本県議会議長をはじめ関係市町の皆様方並びに市民多数のご臨席を賜り、誠にありがたく厚くお礼を申し上げます。

水俣病発生により、ある者はもだえ苦しみ亡くなり、ある者は今も意のままにならない身体を抱え込み、しかもいわれなき中傷、偏見、差別を受け、心身ともに悲惨な状況におかれました。その苦しみをお聞きしますと、言語に絶するものがあります。また、ご遺族の心情を拝察しますと胸の詰まる思いがします。

当時の激烈な惨状を今振り返ってみますと、水俣市は奇病対策委員会の設置や明水園の設立など可能なことはしてきたとはいえ、市民でもある患者の苦しみを目の前にしながら充分に役割を果たし得たのだろうか、あの時こうすればよかった、こうしなければならなかったのでは、という反省の念を禁じえません。又、未だもって苦しんでおられる方々が今より少なかったのではと悔やまれてなりません。水俣病で犠牲になられた方々に対し、十分な対策を取り得なかったことを、誠に申し訳なく思います。

あなた方の犠牲が無駄にならないよう、水俣病の悲劇の反省と教訓を基に環境、健康、福祉を大切にする町づくりをさらに進めていくことで御赦しをお願いしたいと存じます。

水俣病の健康被害とともに、水俣にはもうひとつの悲劇が存在することとなりました。それは加害者も被害者も同じ小さな町に同居し、暮らしていたからであります。

市民は患者や家族の悲惨な状況に心から同情し、道義的な憤りを感ずる一方で、「チッソ」が潰れると自分は職を失うのではないか、自分の店は潰れるのではないかなどと思い惑い、自らにふりかかる地域の経済的、社会的破綻を極度に恐れていたことは否めません。

相反する問題を同時に抱え込んだ市民は、いずれに比重を置くか、いずれに加担するかで、複雑な感情や葛藤が生まれ、患者とそうでない市民のこころが離反し、患者も幾つかの団体に分かれるなど水俣は混乱の極みに達しました。

また、水俣病の原因が明らかになってくるにつれ、水俣市もあるいは又、市民も「チッソ」の存続を国や県に要請する運動のほかは、水俣病の問題を国や県に委ねがちになるなど消極的になってしまいました。水俣病問題の解決に果たせる本市の権限や役割が限られていたことや、中傷、非難、差別あらゆる対立の中で市民は傷つくのを恐れていたこともあります。

市民のほとんどが、水俣病を克服しなければ水俣の発展はないことを十分に認識し理解していながら「ではどうすればよいのか」という判断をしないまま四十年近く過ごしてしまいました。

そのために、問題解決に向けた市民の合意は形成されず、水俣病問題の解決を今日まで延々と遅らせ、市の沈滞をもたらした大きな原因のひとつともなりました。

この悲劇を乗り越え、この社会的悲劇をもたらしたものの克服なくして水俣の将来の展望は生まれません。水俣病の教訓を、外に向けて発信する前にまず水俣市民自らが受け止め、水俣の悲劇を乗り越える新たな地域文化を形成し、今までにない価値観に基づく地域づくりをなすことができなければ、水俣病による苦しみも悔しさも永遠に癒されることはありえないでしょう。

水俣病を体験した私どもは、環境がいかに大切であるか、健康を守るのがいかに困難なものか、努力を必要とするかを知りました。このことから、人類自らが犯そうとしている地球環境破壊などの愚かな行為を防止するために、他に先駆けて「環境と健康はすべてに優先する」という基本理念から環境創造のための新たな実践を試みる責務があります。

水俣病被害者の救済は勿論のこと、水俣病で犠牲になったものの代償である水俣湾埋立地を後世に誇りうる遺産とし、失われた環境を蘇生させ、傷ついた市民の心を癒し、荒れ果てた市民の連帯感を修復し、住む喜びと誇りの回復に取り組まねばなりません。

市民の中にも「きつかったですね。すみませんでした。知らなかったもんで」「あなたたちもきつかったんですね」という声が交わされるようになってまいりました。そんな変化へのとまどいや不安が交錯する中で、市民ともども新たに出発できるように、祈りと誓いを形にして石像をこの地に設置する動きも出てまいりました。

亡くなった方々が浮かばれるように、己を識りお互いを認め合うという羅漢の和で、諸々の困難な事柄を克服し、今日の日を市民みんなが心を寄せ合う「もやい直し」の始まりの日といたします。

　そして、人間は自然の中の一員で、自然によって生かされているという考えに立ち、生と死の間を循環する動植物すべての命を尊重し、天地自然と調和していく共生の思想を真摯に受け止め、これからの時を心新たに刻んでいくことをお誓いいたします。二度と水俣の悲劇をくり返さないよう広く内外に訴え続けてまいります。このことが、犠牲になられた方々への最大の供養になると信じております。

　最後に、犠牲者のご冥福を心からお祈りし、あわせてご遺族の方々のご清福を衷心よりご祈念申し上げまして式辞といたします。

　　平成六年五月一日
　　　　　　　　　　　　水俣市長　吉井正澄

式辞の作成

　当時はようやく水俣再生の胎動が感じられ始めていたが、行政の水俣病対策は試行錯誤を続け、患者の行政不信は激しいものがあった。市長に就任したら何としても、ここで「流れを変えなければ」と決意していた。

　そこで、率直にこれまでの行政の非を認めお詫びを入れて、市民みんなが融和を取り戻し、「新しい水俣を創ろう」と呼びかけることとした。

水俣市では、何の落ち度も責任もなく平穏な生活をしていた人々が突如水俣病に襲われ、必死になって救済を求める水俣病被害者と、それを救済する責任がある行政とが激しく対立する、という異常な事態が発生していた。何故そのような悪い関係が生まれたのか、と考えさせられた。思うに、それは政治、経済などの権力を持つ側が、自らがよって立つ既得のポジションを全く変えることなく、収めようとするところから発生しているのではないか。その対立を解消するためには、権力を持つ行政側が反省し謝罪し、これまでの態度を見直すことが肝要であると考えた。

水俣市長が優先すべきことは、まず患者の救済なのか、それとも大多数の市民の生活の基盤で、かつ市の経済の中心であるチッソの存続を優先すべきか、という二者択一ではなく、チッソの存続も患者の救済も同時になすべきであり、被害を受けたすべての市民と、公害で疲弊した地域を漏れなく対象にすべきである、との考えを表明したのである。

式辞を作成する田川勝稔総務部長（当時、熊本県庁から出向）や吉本哲郎君など担当職員は、私の意見や『議員人生あれこれ』という私の著書の中から、私の水俣病問題についての考えを抜き出して、原案づくりを進めてくれた。

「謝罪」を「お詫び」とするか「反省」とするか「後悔」がよいか、論議が白熱した。出来た原稿を環境庁や熊本県にファックスで送付し意見を求めた。

環境庁は謝罪に強く難色を示し、原稿の謝罪の箇所は赤の傍線で訂正され、肝心要の部分は骨抜きになって送り返されてきた。原稿は市と環境庁の間を何回も行ったり来たりを繰り返したが、環境庁の訂正案には頑固として応じなかった。とうとう環境庁は「現地の市長さんの強い意志であれば、致し方ありません」ということで一件落着となった。

水俣病犠牲者慰霊式には、もう一つ難問があった。

患者から見れば、唐突の感をまぬがれない市主催の第一回（一九九二―五）と第二回（一九九三―五）の慰霊式には、「行政が慰霊式という美名によって自らの過ちを包み隠そうとしている」と批判が強く、患者や遺族の参列は少なく、三つの患者団体は参加をボイコットしていた。

当時、水俣病患者連盟と水俣病患者連合は「水俣病センター相思社」やチッソの百間排水路付近で、水俣病互助会は袋の「乙女塚」でそれぞれ独自の慰霊祭を開催し、会派に所属する犠牲者や親族、それに友人や支援者だけによって、細々と供養を行なっていた。その慰霊祭を止めて、市の慰霊式に統合するのは承服できるものではなかったのだ。

私は議員時代から個人としてお参りしていたので、むしろ市長や市民も参列すべきあると思っていた。

水俣病犠牲者慰霊式に、患者や遺族が不参加ということは、慰霊式の本尊不在で全く慰霊式開催の意味はなく「画竜点睛を欠く」そのものであり、何としても全患者、遺族、市民が参列して冥福を祈る慰霊式にすべきであると思っていた。

市職員は、式辞の原案を持って患者代表宅を何回も訪問し、意見や要望を聞いて回った。帰ってきた原稿には多くの注文が付けられていた。その患者側の要望をできるだけ盛り込んで式辞を完成させた。

おかげで、水俣湾埋立地の特設テント内で執り行なった第三回の慰霊式は、大雨の中にもかかわらず、患者や犠牲者遺族、それに市民が大勢参列して、犠牲者の冥福を祈ることができた。会場の最前列に、これまで不参加の患者代表が顔を揃えて着席されているのを見て、感極まった。これで水俣病問題解決へ向けた動きがようやくはじまる。安堵と、ほのかな希望が胸に湧き出るのを覚えた。

嬉しいことに、やがて、この慰霊式の謝罪の式辞は、水俣病問題の歴史に大きな区切りをつけることになり、水俣再生への出発点となった。

予期せぬ大きな反響——批判から評価へ

テレビ各社は、慰霊式を実況放映し、「水俣病問題で行政が初めて謝罪した」と解説した。新聞各社も、「慰霊式は市などの主催で、『行政責任があいまい』としてこれまで出席しなかった三つの患者団体も初めて出席し、市長発言を一様に評価した」と一面に大きな見出しをつけて報道し、これまで行政と対立してきた患者代表の反応も紹介した。

（田上義春水俣病互助会会長）「かつて、行政は、面目にとれわれて率直ではなかった。一歩前進だ」。

（佐々木清登水俣病患者連合会長）「思い切って行った」。

（川本輝夫チッソ水俣病患者連盟委員長）「遅きに失したとは思うが、反省の言葉が聞かれたのは様変わり、言葉だけで終わらないようにしてほしい」。

（橋口三郎水俣病三次訴訟原告団長）「市長として責任を披歴した思い切った発言、和解に向けて市と力を合わせていきたい」。などなど。

予期しなかった大きな反響に大変驚き、果たして式辞で述べた誓いの言葉を実現できるのか、責任の重さと道のりの険しさを思うと、その夜は眠ることができなかった。

一方、その夜から数日は電話が鳴り止まなかった。批判の電話である。「お前は患者と結託して、チッソを潰す気か」「俺は市長選挙ではチッソを守るために応援したのだ。患者の票だけで市長になったのではないぞ」、などなど。主に家内が電話を受ける。市長就任間もなくのことであり、市長夫人の厳しさを嫌というほど知らされ、電話のベルでノイローゼになってしまった。

確かに、市長選挙では、保守系の票で当選できたのだ。チッソの新労（第二組合で会社系）も推薦してくれ、大きな戦力であった。患者への謝罪には、保守の支持層から批判がでるのは当然である。

その批判もやがて患者団体と市行政との対話が実現し、水俣病対策が動き出すと、自然と収まり、謝罪の式辞を評価する方が多くなってきた。変化がなければ辞職しようと覚悟して用意した辞表は破り捨てた。

県知事の了解を

環境庁は、犠牲者慰霊式の後は、謝罪の式辞にふれることはなく黙殺を続けている。

ただ、一九九五年の未認定患者の政治解決で与党三党の水俣病問題対策会議の論議が進んでいた時の森仁美環境庁事務次官には、再三お会いして意見を申し上げていたが、「市長の慰霊式での式辞はすばらしい。私の考とほぼ同じです」と話されたことがあった。本人は無視されているのを気にしていないふりをしていても内心は気にしているもので、森次官には近親感をおぼえた。

福島譲二熊本県知事（一九九一—二〇〇〇年）は、謝罪の式辞については特に反対という表明はなかったが、決して賛成ではないと推測していた。一回会って私の水俣病に対する姿勢をしっかり話して了解していただく必要があると思っていた。

実は、福島譲二熊本県知事は、私にとっては、非常に煙たい存在であった。県知事就任以前は、県選出の衆議院議員（当選六回、一九八六年に労働大臣）であった。当時、衆議院議員の選挙は中選挙区制度で熊本二区から五人が当選できた。革新陣営から、後で日本社会党委員長に就任された馬場昇議員が悠々と当選し、残りを保守の候補が争う図式が定着していた。その争いの中で、福島譲二候補と文部大臣、防衛庁長官、法務大臣、最後は衆議院議長を務められた坂田道太候補との争いは熾烈を極めるものであった。

私が市議会議員に立候補すると噂が広まると、福島譲二代議士の後援会「福友会」から入会を誘われた。代議士との会食にも案内された。その熱意にほだされて一時は入会に傾いたが、父親も立候補を勧めた支援者もほとんどが坂田支持者であり、福友会入りには強く反対された。結局、坂田派が固める自民党水俣市支部の公認で出馬した。以後、坂田道太候補の実質的な選挙責任者を数回やったりもしたので、福島県知事にしてみれば、「好ましからぬ人物が水俣市長になった」と苦いものを持っていられるのは想像できた。私も同じように、お会いするのは何となく怖いものがあった。

市政執行の上で、知事との良好な関係づくりは何よりも重要である。福島知事との気まずい関係は、二者択一という選挙で生じたものであり、「誠意を示しても理解してもらえない心の小さい人ではないだろう」と考えて実行に踏み切った。

慰霊式の一週間後の五月九日、申し込んでいた会談が県知事公邸で実現した。配慮いただいたのか秘書をはずし、知事夫人の立てられたお茶をいただきながらの二人だけの会談となった。

私は、会談の席を設けていただいた御礼やら、かつての失礼のお詫びやらを申し上げた後、私の水俣病に対する考えを詳細にお話した。知事は大蔵省出身でチッソ県債を軸とする公的支援の発案者と言われていたように、水俣病問題に精通された方である。その人の前で、ご存じの話をくどくどと長話をやってのけた。会談は一時間程度だったと思うが、その間知事は「被害者の会の動きは」などと短い質問の他は、自らの意見などはうんともすんとも言われない。頷かれることも極端に少ない。壁に掛けられた能面に向かって語りかけているようなものであった。寡黙の知事と有名であったが、これほどまでとは知らなかった。辞して帰る際に、予想に反して「協力してしっかりやりましょう、頑張ってください」と温かい言葉をいただいた。

慰霊式から半年が過ぎたころ、知事は、水俣病患者に対して、私の謝罪と同じような内容の言葉を述べられた。知事公舎における一方的に所信を述べた会談は、知事の胸の中に届いていたように思われた。

以後、九五（平成七）年の未認定患者の政治解決が進められた時など、事ある毎に知事から懇切丁寧な指導をいただき、自民党水俣病小委員会に呼ばれ意見を求められた時など、知事と私の見解は完全に一致していて、委員会に強く迫ることができた。

さて、国のその後であるが、慰霊式から約二年が経過したころ、未認定患者の政治救済が決着した。その時、村山富市総理大臣は、総理大臣談話という形で「謝罪」を表明された。談話の内容は後で紹介するが、水俣市の慰霊式の謝罪は、県や国が動くきっかけをつくったと思っている。

市主催の慰霊式が決まるまで

水俣病で犠牲になった人の供養は、先に書いたように、患者団体の互助会が袋の県境近くの小高い丘の乙女塚で、水俣病患者連合などが水俣病センター相思社で遺族や会員それに支援者によって細々と行なわれていた。しかし、市行政や一般市民は、三十数年もの間、何の関心も示してこなかった。

市主催の水俣病慰霊式開催に至る経緯は、一九九〇年代に入ったころ、市や市議会の中で、「市が催して水俣病犠牲者慰霊式を開催すべき」という意見が出て、市執行部で検討が始まった。それを受けて市議会の自民党議員団でも真剣に論議を始めた。

一九九二（平成四）年の三月、定例市議会で岡田市長が「市主催で慰霊式を挙行したい」と方針を表明した。一般質問で、自民党会派の高山茂行議員は自民党議員団会議の結論を踏まえ、次のような趣旨の質問をした。「これまで、水俣病を巡って市民の感情は分裂し、お互いの立場を思いやる心を失っていました。これから水俣再生に向かっては、市民それぞれが反省し懺悔し、禊ぐべきは禊いで出直す覚悟が大事であります。そこでまず、水俣病の犠牲になったすべての御霊を慰め、冥福を祈ることが出発点であり、市は市民の懺悔や禊の場として市が主催する水俣病犠牲者慰霊式を開催すべきであると思います」と市主催の慰霊式の必要性を述べ、続いて慰霊式の対象範囲について、以下のように考えた。

（1）水俣病認定患者で死亡された方
（2）明らかに水俣病と思われるのであっても申請することを拒み続けて死亡された方
（3）未認定患者であっても本人が汚染魚を多く食べたことで病気になったと信じ、水俣病の発生を呪い怨念を抱いて亡くなった人
（4）水俣病の研究や解決または患者救済や治療に人生を捧げ亡くなった人
（5）不知火海の汚染魚を食べて狂い死にした猫やカラスなどの動物
（6）動物実験の犠牲になった動物
（7）生態系のサイクルによらず、水銀ヘドロのために死を余儀なくされた魚介類
（8）汚染魚一掃のために捕獲、廃棄された魚介類

「このように、水俣病で失われた人命はもちろん、人間が犯した愚かな行為によって不条理に殺された生物など、水俣病発生の犠牲になった生きとし生けるすべての霊を慰めなければ、呪われていると言われる水俣の再生は不可能であります。市長の英断を望みます」と提案し質問した。

これに対して当時の岡田市長は「患者の組織などと十分協議します」と答弁された。

水俣病公式発見三六年周年の一九九二年五月一日に、第一回の水俣市主催の犠牲者慰霊式が実

現した。だが、自民党議員団の「慰霊の対象は、水俣病発生で犠牲なったすべての生物の霊を」という意見は、「人間と動物を一緒にするのは納得できない」という患者サイドの反対が多い、と市長は、患者や遺族の要望を尊重されて、死亡された認定患者に限定した慰霊式になった。

そのような経過を踏まえて、水俣病犠牲者慰霊式が実現した。だが、第一回と第二回は、患者団体の一部から「行政が水俣病問題を終結させる企みを患者に押し付ける官製の慰霊式」と反発があり、三つの患者団体は市主催の慰霊式をボイコットして、従来通り独自の慰霊式を開催するなど、患者や遺族の出席は少なく、国・県・市などの行政職や公職の人たちだけによる官製の犠牲者慰霊式の感は否めなかった。

自民党議員団の主張の根底にあるのは、地球環境の破壊も、企業公害も、「より高い経済的豊かさを実現するために、人間は地球環境を改造せねばならない」とする思想に起因するものである。この水俣病公害を経験した水俣は、その思想を変えなければならないと気づいた。動植物も地球の中で生と死の間を循環する共通の生命であり尊重すべきである。新しい水俣は、天地自然と調和していく共生と循環の思想の上に築こうではないか、というのであった。

だが、患者や遺族にしてみれば、「何の過失もない者を虫けら同様に踏み殺しておいて、死んでも、加害者や市民には良心の呵責があるようには思えない。むしろ補償を続けなければならない厄介者が消えたと喜んでいるのではないか、その上、死んでからまで虫けらや魚などと同様の扱いとは情けない」という心情があった。無理からぬことだと思った。

「火のまつり」と野仏

ということで、水俣病犠牲者慰霊式は、死亡された認定患者だけに限定されたが、その後、水俣湾埋立地において「火のまつり」が開催され、親水護岸に野仏が安置され、犠牲になった生物すべての霊を慰霊することになった。

患者の杉本栄子さんらが、「人間の犯した愚行で犠牲になった魚ドンたちには申し訳ない、何とかその魂は安らかに昇天してほしい。その祈りの場として、埋立地で火のまつりを催させてください」と市に申し出られた。私は勿論賛成であったが、行政が宗教行事をすることは禁じられている。そこで市民団体が祈りを捧げるまつりとして実現した。

秋の夜、水俣湾の親水護岸に多くの竹筒にあかりを灯して、水俣病で犠牲になった魚などの生命を供養するまつりである。

当初、患者の宗教がかった動向に不快感を抱く人も多く、批判も聞こえてきたが、やがて市民団体なども趣旨に賛同して、明かりを灯す竹筒や舞台作りなど積極的な参加が見られるようになり、市民の手作りの祭りに発展した。

火の祭りは今も続いているが、「祭り」と「魂を祀る」の両方の意味を兼ね「火のまつり」と、ひら仮名を当てられている。市民の祈りと火が交錯する実に美しいまつりである。

市長就任して一〇日が過ぎた頃、水俣病患者の田上義春さん、川本輝夫さん、濱元二徳さん、杉本栄子さん・雄さん、芦北町女島の緒方正人さん、作家の石牟礼道子さん、支援者の金刺潤平さんたちが「本願の会」を結成され、「水俣病事件は、人類史に人間の罪として永久に刻むために数多くの手彫り『魂石（野仏）』を安置して、せめて犠牲になった魂が救われるよう祈り続けたい」と、水俣湾を眺望できる親水護岸に「魂石（野仏）」の設置を願い出られた。埋立地を魂の浄土としたいと言うのである。

埋立地は熊本県の所有地である。県に許可申請が出されたが、県は宗教色が強いとして難色を示した。市議会でも論議が伯仲したが、論議の結論は、宗教色を出さないということで許可になった。現在、一体一体、顔かたちが異なった柔和な野仏が水俣湾を見つめておいでである。水俣病によって犠牲になったすべての生物の鎮魂である。

自民党議員団が主張した水俣病で犠牲になったすべての生物の命の供養は、患者の皆さん方の努力で始まった「火のまつり」「野仏の安置」と「水俣病犠牲者慰霊式」の三つを合わせて実現することになった。

水俣病犠牲者慰霊式（一九九四年五月一日）

「火のまつり」の点火式（一九九四年）

石牟礼道子さん、杉本栄子さんと

コラム

前市長とは愛称

市長退任後、二カ月余り過ぎた二〇〇二年五月一日に、水俣病犠牲者慰霊式があり、招待状が届いたので出席した。

式は雨のため文化会館で行なわれた。式場に到着したが、来賓席には私の名札は見つからない。席を探して右往左往していると、係りの職員が気づいて探してくれたが席はなかった。やむなく一般席に案内してくれて着席できた。

式は順調に進み、最後に来賓の紹介が始まった。来賓紹介の最後は、私が座っている席の前、小中学校の校長先生らである。いよいよ自分の番だと立つ準備をしていが、「以上で来賓の紹介を終ります」と、私だけが紹介なしで式は終了してしまった。

三カ月前までの市長は完全に無視されてしまったのだ。式場を後にしていたら、近づいてきた県の職員から「水俣市は、前市長を忘れてしまいましたね」と変な慰めの言葉を貰った。

幾つかの患者団体から批判され無視された慰霊式を、すべての患者や市民が心を一つにして水俣病犠牲者の冥福を祈り、再び悲劇は繰り返さないと誓い合う慰霊式に、懸命の努力で実現したという自負が、大きな音をたてて崩れた一瞬であった。

私を見つけた犠牲者の遺族や患者の皆さんが、駆け寄って「紹介がないので欠席かと思っていました」「よく来てくれました」「大変お世話になりました」「その後、お元気ですか」と、口々に声をかけてもらったのが、無性に心に響いた。それが唯一の救いとなった。大変なショックで、しばらくはトラウマが残った。


大変な思い違いをしていたことに気付いたのは、しばらくしてからであった。「前市長・元市長という呼び名は、肩書きではなく、単なる愛称である」「もう公職ではなく、肩書もない一市民である」ということである。

大臣が出席する大きな慰霊式でその対応に忙殺されている中で、肩書きのない「前市長」が漏れたとしても、不思議なことでも大きな問題でもない。

市長だった時、ある職員の奥さんが「うちの主人は、市役所で数少ない有名大学出であるのに昇進が遅れている、市長の人事はおかしい」とこぼしている、と人伝に聞いたことを思い出した。調べると、仕事よりも大学出を自慢しているのが災いしているようであった。

皮肉なことに有名大学卒が生涯の重荷になっているようである。

新採用の職員研修で、「大学卒も高校卒も、今日がスタートラインです、同格です」続いて「いつまでも大学出という看板を背負っていてはならない、学んだ知識は仕事に活かしなさい」と話した。

その訓示がそのまま自分に返されてきたのだ。私も、前市長という看板を大切に背負っていたのである。よくぞ教えてくれたと、激怒が感謝に変わった。老後の人生を誤るところであった。

それから、一市民に徹すること、百姓になり切ることに努めている。例えば、店の特売や、催しなど、よく入り口に長い人の列ができる。並んでいると「あら前市長さん、どうぞ先に」と譲ってくれる。「はい、では」と前に割り込んではならないということである。割り込んでもよい理由がないのである。地域社会では元市長の肩書きは尊敬の対象にはならない。平等の関係で成り立っているからむしろ邪魔物なのだ。

市の行事・イベントなどに市長経験者が出席すると、担当の市職員は、肩書ではない前市長（元市長）は、来賓序列がはっきりしないので、どう取扱うか苦慮することが分った。迷惑をかけるのだ。できることなら欠席するのが礼儀だろう。以後、できるだけ遠慮することにしている。

「慰霊式」。それは、私の市政の原点であったばかりか、その後の人生の有り方についても厳しく指示してくれている。

第Ⅰ部

水俣市議会議員時代

全国市議会議長会の公害対策委員長として

第1章　水俣病との出会い

さて、慰霊式の謝罪と、それにまつわる話を書いてきたが、なぜ、慰霊式の式辞で、患者の皆さんに謝罪しようと考えたのか。謝罪に至るまでの道程と、謝罪以後、式辞の誓いの言葉は果たして実現したのか、について書いてみたい。

田中義光さんとの出会い

私は、一九三一（昭和六）年に旧葦北（あしきた）郡久木野（くぎの）村に生まれた。一九五六年に水俣市に吸収合併され、私の住所は水俣市古里一二四五となった。合併は、水俣病が確認された年である。

自治体が異なっていたことと、地域にチッソに働く人たちが少なかったこと、当時話題になっていた劇症型の水俣病患者は、ほとんどが遠い漁村に発生していたことなどから、水俣病は、身近な問題でも深刻なものでもなかった。むしろ最大の話題は、後で述べるチッソの労使で繰り広げた「安定賃金闘争」という労働争議であった。三井三池炭鉱の労働争議と匹敵する日本最大の労働争議で、市民を二分しての騒動であったからである。

一九五〇（昭和二十五）年、私は芦北農林高校を卒業して家業である農林業を継いだ。早速経営改善に取り組み、林業は自伐経営に改編した。植林、育林から伐採、販売まで一貫して行なう経営である。販売は木材市場が主体であったが、他に、木造住宅を新築される人から建築に必用な木材をまるごと注文を受け、製材してお渡しするなどの販売もしていた。

舟大工の田中義光さんもその一人で、造舟用の材木の注文をいただいていた。

木造の舟は、年齢を経て木目の詰まった良質の材や、舟の骨格をなす竜骨という適度に曲がった特殊な材などが必要である。それらを取り揃えて買っていただいた。坪段の田中さん宅には、たびたび訪問していた。その田中さん宅に幼いかわいい娘さんがいた。実子さんである。小児性水俣病患者で、水俣病発生確認の第一号患者さんである。水俣病患者さんにお会いしたのは実子さんが初めてであった。

田中義光さんご夫妻も水俣病認定患者で、一九六九（昭和四十四）年に水俣病患者互助会が提訴した「チッソに損害賠償を求める第一次訴訟」の原告の副代表を務められた。その裁判は勝訴であった。その判決が「患者とチッソの補償協定」に引き継がれ現在も患者補償の内容になっている。

石牟礼道子著『苦海浄土』に、一九七〇年大阪市で開かれたチッソの株主総会に、水俣病患者ら約一四〇〇名の一株株主が、巡礼姿で乗り込んでチッソの幹部の責任を追及した事件で、ご詠歌の師匠として活躍される当時の田中義光さんの活躍と人柄が描かれているのを、興味深く読んだ。

やがて、田中さんは坪段（つぼだん）の家を新築された。実子さんのために当時は珍しい薪暖房を取り入れてあった。その燃料の薪として、林業から出る端材をトラックで何回も届けたりもしていた。また、田中さんは、水俣湾の恋路島の近くでワカメの養殖をされたことがある。海に、三メートルほどに切った孟宗竹を並べて浮かべ、それにワカメの種を付けた糸を張る。やがてその糸にワカメが生えて大きくなる。その孟宗竹は、私が山から切り出して提供していたので、ワカメの収穫にも呼ばれて、一年間食べるほどのワカメをいただいていた。

田中家でいただく昼食には、かならず魚の煮つけが出た。その旨さにびっくり。家内が料理方法を詳細に習ったが、我が家の煮つけは、何回やっても似ても似つかぬものであった。

近所にワカメを配ると「水俣湾で取れた魚やワカメをそんなに食べて大丈夫ですか。水俣病になりますよ」と脅された。

このようなお付き合いをいただいたけれども、田中さんから水俣病の話をお聞きしたことは一度もなかった。実に朗らかで、踊りが上手で、暗い話を避けていられるのがわかっていたので、私も水俣病問題には触れずにお付き合いをさせていただいた。

田中さん一家は、言語に絶する厳しい水俣病との闘いの中にあったが、田中さんの明るさの中には、水俣病と関係のない私をその中に巻き込んではならない、という配慮がにじみ出ていた。人間らしい心豊かな交際を、と懸命に努力されている内なる努力を垣間見て感動を覚えたものであった。

田中さんご夫妻が逝かれてずいぶん経つ。実子さんも還暦を越える歳となられた。楽しいはずの六十余年は、自分で思うようには体を動かせず病床についたままの人生である。なんとも痛ましい。病状は日々悪化していると聞く。「水俣病は終わっていない」とよく言われる。実感である。この誠実な田中義光さん一家が遭遇した悲劇を見て、公害が如何に理不尽なものであり、非人道的なものであるか、身近なところに大変な事件が存在することを実感することになった。だが田中さんご夫妻のご生存中に、私は何もしてあげなかったどころか、慰めや励ましの言葉ひとつかける事が出来なかった。惨めで情けないという後悔が、後々まで胸を痛め続けた。その心の疼きは、第三回の水俣病犠牲者慰霊式で患者への謝罪を決断させ、市議会議員や市長時代を通して水俣病問題への思いや行動を駆り立てた。

田上義春さんとの出会い

田上義春さんは一九三〇年生まれで、私より一年上である。一九五六年に水俣病発症、劇症患者であったが、一時期、奇跡的に回復。一九六九年慰謝料請求の第一次訴訟の原告で勝訴される。その判決を受けて、自主交渉派と合流した「水俣病患者東京交渉団」を結成、田上さんは団長としてチッソと直接交渉。約四カ月に及ぶ激しい交渉の末、訴訟の判決内容を、そのままチッソとの「補償協定」として締結され、現在の患者補償の道筋をつけた初期の指導者の一人である。水俣病センター相思社の創設者で初代理事長でもあった。

戦後、田畑は牛によって耕していた。そのために農家にはかならず牛が飼われていた。ほとんどが肥後の赤牛「褐毛和種」の雌牛で、毎年生まれる子牛を売って現金収入を得ていた。一九六〇年代になると耕運機が普及し、牛の役割は終った。しかし、東部（とうぶ）地区、久木野（くぎの）地区、湯出（ゆで）地区などでは、現金収入を得る副業として、子牛生産は続けられた。子牛は、生後六カ月ほどで人吉球磨子牛市場で販売した。その子牛生産の世話をするために、市農協に和牛生産部会があり、その部会長を私が務めていた。

田上さんは、病気療養の一つに、と水俣市神の川（かみのかわ）に「乙女塚農園」を開き、和牛を飼って子牛を生ませている部員であった。子牛は普通三〇万円程度の価格であったが、田上さんの牛は二〇〇万円もする血統の高い牛だった。その子牛を球磨の市場に運んで販売する。田上さんとは、牛の生産を通して付き合い、市場の広っぱで弁当を開きながら雑談をしていた。

しかし、当時は田中義光さん同様、田上さんからも飼っているミツバチの話や狩猟の話は、顔をほころばして楽しそうに話してくれたが、水俣病に関する話は、市長に就任するまでは、たったの一回も聞くことはなかった。

市長就任直後、体調を崩されて入院中の田上さんを見舞った。「まず市長が変わることったい」という一言が胸に刺さった。また農園の一角に「苦海浄土」の一人芝居で知られる砂田明さんのお宅があり、田上さんの紹介でお会いしその公演を見たり、乙女塚の慰霊式にもお参りさせてもらったりもした。だが私にとっては、田上さんは牛に愛情を注ぐ農夫であり、言葉少ない静かな紳士であった。

田中義光さん、田上義春さんは、お二人とも患者の代表として[*]先頭に立ってチッソや国と戦う闘将だったことから、強面の近寄り難い人を想像しがちであったが、でもお会いすると意外にも、人を傷つけないよう配慮される気のやさしい人たちであった。

＊水俣病患者互助会　一九五七（昭和三十二）年被害者によって水俣病奇病罹災者互助会（会長渡辺栄蔵氏）が結成される。患者団体結成の草分けである。翌一九五八（昭和三十三）年水俣病患者互助会に改称。一九六九年、慰謝料請求民事訴訟を熊本地裁に提訴（第一次訴訟）。一九七三年に原告勝訴が確定する。田中義光さんは訴訟原告の副団長を、田上義春さんは水俣病患者互助会の会長を務める。後に、厚生省へ確約書提出を巡り対立、「訴訟派」と「一任派」に分かれるなど、多くの患者団体が派生する母体となった。

川本輝夫議員との交流

川本輝夫さんは、水俣病問題を語る時、彼を抜きには始まらない、というほど有名な患者代表である。一貫してチッソとの自主交渉を方針として活動されていた。一年九カ月に及ぶチッソ東京本社前に座り込んだ交渉は有名で、東京や全国に水俣病への関心を高め、全国に多くの支援者が生まれた。また自転車で地域を回り、差別を恐れて患者認定申請をしぶっている被害者を説得し続けるなど、その盛んな活動にメディアが最も注目していた人である。

私と同年だが、私が市議会議員になるまで、会ったことも話したこともなかった。

いつ頃だったか忘れたが、「川本です。息子の節句に鯉のぼりを立てたい。ついては立てる竿を五本ほど欲しいのでいただけませんか」と電話があった。その少し前に、川本さんが理事をされていた相思社の吉永利夫さんから「きのこの栽培をする小屋を作る木材が欲しい」と相談があって、杉の丸太を製材所まで運んで寄贈したことがあり、そのことで私の名前を知られたのだろう。鯉のぼりの竿を山から伐り切り出して、皮を剥いで贈った。受け取りにトラックでこられたとき、初めて話をすることができた。

川本輝夫さんが、市議会議員に当選されたのは一八八三（昭和五十八）年である。水俣病患者連盟委員長として、国や県を相手に激しく折衝される姿がテレビで度々放映され、新聞にもしばしば登場されるなど、知名度抜群の人であったから、初議会の日には議会の傍聴席はメディア関係や患者団体やらで、開会前からごった返していた。市議会の議場にテレビカメラが入ったのは初めてであった。

議長の私は、「権威の象徴である議員バッジは付けない、背広は着ない」と主張される川本議員の説得にてこずった。

川本議員の議会活動は、水俣病問題が中心で、弁護士のように法律にも詳しく、国・県の対策の不当性を激しく追及され、解決への提言をされるなど鋭いものがあった。水俣病解決への法的権限や行政責任のない水俣市長は、その返答に窮された。

また、「議長は、川本議員だけが反対の議案の採決を一括して採決して川本議員の反対票を無視した。横暴だ。採決をやり直せ」と傍聴にきていた支援団体の人たちが取り囲んで抗議し、議長を吊し上げる騒ぎもあった。患者団体が国・県に迫る抗議の激しさを体感することになったが、議会のルールをご存じないための誤解であった。そこで議決のやり方などを分かってもらえるよう説明するのに汗をかいたことを鮮明に覚えている。

そのようなハプニングがあったことで大変親しくなり、やがて議長室の常連の客となられる。市長に就任後は、事あるごとに意見をいただいた。多くの相談に乗って貰うなど、私にとっては水俣病問題でのご意見番を務めていただいた。

一九九五（平成七）年の未認定患者の政治解決のために、患者五団体代表を加えた、全市挙げての陳情団を結成し、国・県に、これでもかこれでもかと陳情を繰り返し、繰り返し、執拗に迫った。だが全国から注目されていた川本さんは、その時は、水俣病患者連合を脱退して一人会派をつくって孤立されていたので、陳情団に加わることはできず、国との折衝の状況には疎かった。そこで頻繁に市長室でお会いし詳細に状況説明をして、併せて川本さんの意見を聴き提言を頂戴した。それは、解決までの二年足らずの期間に数十回に及んだ。「俺が吉井市政の一番の与党たい」と議員仲間に話されているのを知ったときは嬉しかった。

自民党県議の「偽患者発言事件」に巻き込まれた、私の政治初体験

私は、水俣川の上流の中山間地で農林業を営んでいたため、川下の事情には疎かった。一九七五（昭和五十）年に市議会議員に当選した。地域の青壮年層に押されての立候補であるから、私に期待されたのは、市の中心部より遅れている農村地域のインフラの整備や農林業の振興であった。

同じ水俣市に住んでいても、水俣病問題への関心はかなり薄いものであった。議員になって行政に関わり、市内が水俣病問題で騒然となっているのに驚いた。

私の水俣病との関わりの始まりは、「県議会議員の偽患者発言事件」である。

一九七五（昭和五十）年八月、私が市議会議員に当選してまもなくのことである、熊本県議会公

害対策特別委員会が環境庁に陳情に出向いた折、杉村公害対策特別委員長と斉所一郎議員が「補償金目当ての偽患者がいる」と発言したと、週刊誌が大きく掲載したことで県下は騒然となり、患者団体は反発し激しい抗議運動が起きた。患者や支援者が、県議会に押しかけて議員に暴力をふるったと警察に検挙され、裁判にまで発展するなど、大きくエスカレートすることになった。

その問題発言をした斉所一郎県会議員は、水俣市選出の自民党所属の議員であり、地元水俣市では、患者や支援者などから強い非難や抗議が起こった。

斉所議員は釈明の講演会を婦人会館で開催したが、患者団体などの妨害や抗議の行動が起きるのを心配して、私たち一年生議員や自民党支部の青年部員は招集され、警戒や防護の役を命じられた。乱闘などは起きず、ほっとしたが、会場入り口で警備の役についていたので、斉所議員の弁明は聞けず、偽患者発言の真相は分からずに終った。

自民党水俣支部では、党役員会（議員も役員）が連日開催され、対策が協議された。雑談の中で「魚が嫌いな奴も申請している。斉所議員はよく言ってくれた」とか「苦しんでいる本当の患者は大金を出しても救済せねばならないが、偽患者は締め出さねばチッソはもたない」などと、斉所議員擁護の発言が大勢を占めていた。

人は、何か大きな事件に巻き込まれないと、真剣に考えないものである。議員になって直ちに「偽患者発言事件」に巻き込まれたことは、「偽患者」とは何なのか、また差別や風評被害はなぜ起きるのか、真剣に考え、勉強するきっかけとなった。議員としての第一歩は、偽患者発言であっ

市会議員選挙（街頭で）
（一九七五年）

市議会議員に初当選
（一九七五年四月）

水俣市議会

たと言うことができる。

議員になった田舎者は、水俣市の最大の課題と言われる水俣病問題ではあるが、知らない事ばかりである。早急な勉強が必要であった。

では、偽患者発言は何故おこるのだろうか。当時、私は次のようなことではないかと推測した。水俣市はチッソと運命共同体と言われてきた。チッソは、明治の末期、野口遵(のぐちしたがう)が一九〇八(明治四十一)年に日本窒素肥料株式会社を設立し水俣工場ができた。*

*チッソ(株)の詳細は、「第2章 迷走した水俣病対策」の「感謝すべきか、憎むべきかチッソという会社」の項で述べた。

やがて世界の化学工業の雄に成長するが、その成長に伴って水俣市も工業都市として発展する。県都、熊本市に次ぐ所得の高い地域で、経済的、社会的、文化的な水準も高いと言われていた。市民の六〇~七〇%の世帯は何らかの形でチッソに生活の基盤を置いていた。また市の財政も五十数%はチッソからの納税で、市政の動力源はチッソであった。そのようにチッソは、市の政治、経済、社会などすべての中心となり、水俣市は、チッソの城下町と言われていた。

工業都市の水俣市は、日本が戦後推し進めてきた高度経済成長の恩恵を受けて、地方都市としては比較的に豊かな地域になった。その反面、工業都市であったがために、その経済成長優先が内包していたリスクが、水俣市で動き出し牙を剝き出した。水俣病公害の発生である。皮肉にも、水俣の城主チッソが起こした公害で、その被害者は城下町の領民であった。

被害者は漁業者であったり、チッソの工員であったり、一般市民であったり、と多岐に及び、特にチッソに働く人々で被害に遭った人は、一方では加害企業の社員であり、加害者と被害者の双方の立場にある。このように、狭い水俣市内に同居する加害者と被害者は、一般社会では考えられない複雑なものである。

被害者はチッソに補償を求める。患者が多くなればチッソの補償金支払いも高額になる。やがては倒産という事態も考えられる。チッソが倒産することは、チッソに依存して生活している多くの市民の生活の基盤の崩壊であり、市の財政の破綻である。

市民は、水俣病の拡大によって地域が経済的、社会的に衰退し、生活の基盤が瓦解するのを極度に恐れた。そこで、水俣病の認定申請をする人たちに嫌悪感を抱く人々が多くなり、限りなく補償要求が増大するのを何とか抑制したいという願望は強くなる。「補償金欲しさの申請者がいる」という噂が真実味を帯びて受け取られることになっても不思議なことではない。

それに、漁村など田舎では、補償金を受けた患者が家を新築したり車を買ったりするのを見ると、貧しい人が多い周囲の人々は、羨望を抱いて「神経痛で、チッソから家を作って貰わした」などと陰口をささやきたくなるのが人情というものである。

さらに私は、「偽患者」という陰口を生む根本原因は、自主申告制にあると思うようになった。

水俣病の認定には、被害者が自分で「水俣病ではないか」と申請しなければならない。自分の病気は水俣病だと確信して申請しても、周囲の人には、その病状や苦しみなどは分からない。特に水俣病は劇症型を除けば、専門家以外の人には、外見では判別できない病気である。そこで、「あの人は、あまり魚は食べなかった。金欲しさの申請だろう」という疑いが生まれ易い。いろいろな間違った推測が入り込む。

申請者が水俣病の症状かどうかは、医師が診察して判断する。医師の責任である。一方有機水銀を含む魚を多食したかどうかの疫学的判断は行政の仕事である。判断のための仕組みが準備されていなければならないのに、被害地域住民の健康悉皆調査など何一つ行なわれていない。

今でも認定申請する人が後を絶たない。ほとんどの人が棄却されている。今となっては本人の証言だけが頼りとは、誠に情けない。「偽患者」という言葉は、国の水俣病対策の失政が生み出したと言えなくもない。

風評被害は市民にも及んだ

水俣病の発生が確認される以前、湾の周辺では猫が狂死し、水鳥やカラスが飛べなくなり墜落するという珍事が続発、やがて漁師の中に、けいれんや言語障害などの症状が見られる患者が発生したが、原因がわからず病名が付けられなかったという。

そこで、漁村特有の奇病だとか、伝染病だとか、噂が広まった。実際に市の衛生係が、患者の家やその周辺をマスクをして消毒したり、患者を隔離病棟（私立病院の南病棟）に隔離したりしたので真実味を増してしまった。

一九七〇（昭和四十五）年頃小学校の同級生数名で旅行をした。食事を運んできた女中さんから「何処からおいでました」と尋ねられ、一同しゅんとなり顔を見合わせた。とっさに隅の方から「熊本市からです」と答えた者がいた。まずいと思ったが訂正する勇気はなかった。「そうですか。県南の方の熊本弁に似ていたもんで」。日常、多くのお客さんに接する職業柄、おおよその判断はついていたようであった。すぐ「水俣からです」と言えなかった弱さが、思いだす度に悔やまれる。人は実際に風評被害に遭うと弱い。うろたえて返答が見つからない。

コラム

水俣病がうつる

市長就任後の話である。人吉市で、南九州の中学校対抗サッカー大会があった。水俣の中学校が参戦した試合では、「水俣病がんばれ、水俣病がんばれ」「相手に水俣病を移すなよ」などと盛んにヤジを浴びせられた。選手は戦意を失って敗戦。ションボリして帰ってきたという。

応援に付いていった保護者から市長に手紙がきた。「市長ものすごく悔しい。我々は嫌な思いをしても子供にはそんな思いはさせたくないと我慢してきた。市民や子供のどこが悪い。ミナマタ病という病名が悪い。二度と発生しないようにとエイズ市とかバイドク市とか名を付けますか。水銀中毒病とか、チッソ病とかでよいのです。吉井病と名が付けば市長も気持ちが悪いでしょう。次世代の子供は哀れです。他所の人は水俣再生などには興味はありません。ミナマタを救うために病名を正せ」と書いてあった。

お怒りや主張はごもっともであるが、だが水俣病の病名がこれほど普及してしまった現在、水銀中毒症に変えたから差別がなくなるものでもないと思われる。

市内の或る小学校六年生の「水俣病という病名は変えたほうが良いか」という討論の感想文に「自分は今まで水俣病という病名は変えたほうが良いと思っていた。病名変更に賛成だった。それは水俣病という病名で市民全部が差別を受けているからです。しかし、論議を進めていくと、病名を変えることで、果たして水俣病患者は救われるのか。変えようが変えまいが患者の苦しみは変わらない。病名を変えるということは、患者のためでなく自分たちが水俣病から逃げ出すためであり、差別されないための自分勝手な考え方だと分かった。内的差別です。心の中に差別を持っていると反省しました」とある。水俣病を学ぶことで人間の有り方を学んでいるのである。

問題は、引率していた教師が何の抗議もしなかったことにあると思った。大会を中止するくらいの強い抗議をすべきであった。保護者も同じである。偏見差別を正す良い機会をみすみす逃してしまっている。子供たちも「水俣病はうつらない。お前たちももう少し勉強しろ」と言い返す勇気が欲しい。偏見にはその現場で強く抗議・反論することが大切である。それができる強い水俣の子どもを育てたい、と私はあらゆる場所で意見を述べた。

その後、熊本市でのスポーツ大会で、同じように水俣の中学校の選手にヤジが飛ぶ事件が起きた。ところが水俣の選手は毅然として「水俣病はうつらない、もっと勉強しろ」と言い返したという。水俣の子供に元気が出てきたと喜んだ。

水俣産と名が付けば、魚は無論のこと関係ない農産物まで敬遠された。しかし、水俣市民は強かった。若い経営者たちは、逆に「放棄された科学物質によって悲劇に遭遇した水俣だから、徹底した無農薬、無化学肥料で栽培した安全安心の農水産物」と、堂々と「水俣産」という旗を掲げて、ミカン、お茶、玉ねぎなど、少しずつ、少しずつ顧客を得て、ついに全国ブランドに創り上げてきた。我が家でも細々ではあるが「合鴨農業」による米づくりに励んでいる。

差別を受けつつも心の奥に誇りを持つ水俣市民

水俣病発生以来、水俣市は「人権侵害」、「差別」の見本市と化した。多くの市民は、水俣病が拡大するとチッソは倒産すると怯え恐れ、心の冷静さを失った。認定申請をする患者を嫌悪し、何の罪も落ち度もない患者に「金欲しさに、水俣病を語る偽患者」「金欲しさに申請する金の亡者」と誹謗中傷を浴びせた。立場の違い、利害の対立からくる差別である。

一部の市民は、患者に対し「腐った魚を食べたから水俣病にかかったとたい」と蔑みの言葉を投げ付けた。「漁民や百姓は、貧しいみじめな民」という、封建時代からの職業差別意識が依然として残っている。漁師は、鮮度の落ちた魚には見向きもしないということを知っての上の言葉で、職業差別の復活である。百姓をやっていると良く分かる。

熊本県の水俣病担当職員が、水俣病認定申請書の無職と書くべき欄に、「ブラブラ」と書いていたと大問題になった。水俣病か否かの判断は、水俣病認定審査会で決定される。その審査に必要な事務的前処理の段階であり、公平に正確に記載すべき部署なのである。

推測するに「金欲しさの申請である」と蔑みの気持ちが滲み出た言葉である。その「ブラブラ」という記載が、何十年も続いてきたと聞く。この種の書類は、記載してから何人もの手を経て上司が目を通し、水俣病認定審査会に上っていく。上司をはじめ誰ひとり何の疑問も抱かなかったのか、誠に不思議である。組織全体が差別容認の体質であったのだろうか。

市長就任後になるが、ある民放の全国ネットで放映された料理番組があった。二つの料理の食材と調理法を紹介し、スタジオのゲストに、どちらか美味いか、食べ比べて優劣を決める番組である。その一つ食材が水俣特産のサラダ玉ねぎであった。ところが、その紹介された産地は、「熊本県袋神(ふくろ)の川」と、「水俣市」が抜け落ちていた。

市民は激昂した。議会でも「市長、抗議を」と詰めよられた。でも、私は、むしろ喜んでいたのである。これまで「水俣出身」と言うことを躊躇した市民が、ここでは「なぜ、水俣市を抜いた」と怒ったのだ。心の中には「水俣」に誇りを持っていた証拠である。

差別を厳しく批判すべき公的なマスコミが、公然と差別の放映をしたことでも分かるように、水俣病差別は広範囲にわたっていたと言える。

資料館には、語り部さんの講話を聴いた人の感想文が保存されていて、心に響くものが沢山ある。「私は、水俣病はうつらないと知っていた。だが、患者さんと握手するとき、一瞬、戸惑った。心の中には差別があると思った」。これは小学校四年生の感想文である。

この一文には、子供の内的な成長が見て取れる。そして、差別問題に大きな示唆を与えている。いかに表面だけをつくろっても、内面からしっかり納得しなければ差別問題は解決にはならないということを。

心の奥の葛藤が生む偏見差別

戦前には、多くの日本人がブラジルに移民した。そのブラジル移民は、日本の敗戦直後、報道を信じて日本の敗戦を認めた集団と、「皇国（神国）日本が敗れるはずはない、デマである」と認めない集団に分かれて対立したという。いわゆる勝ち組と負け組の分裂で、その抗争は熾烈を極め、負け組は襲われて数十人の命が失われたと聞く。

推測であるが、勝ち組の人たちは、祖国日本の敗戦を知っても、しっかり刷り込まれた皇国（神国）思想が敗戦という事実を受入れ難かったのだろう。開拓生活の苦しさ、貧しさ、それに現地人の差別や蔑みなどを我慢できたのは、「我々は皇国（神の国）の民」という優越感があったからに違いない。敗戦を認めることは、そのすべてを失うことに外ならない。負け組との確執以前に、自己の心に中に刷り込まれた皇国思想と、敗戦という現実の間の熾烈な葛藤があり、その決着をつけることができず、そのはけ口を、負け組への攻撃に求めた悲劇であった、と私は思っている。

一九五六（昭和三十一）年に、旧久木野村は水俣市に吸収合併された。久木野という山村に住んでいた者には、旧水俣市の人々は、水俣第二小学校の校歌に「街のいらかの　はるかな空で　うすくれないに　華咲く煙」とか「わが学舎の　窓辺に近く　明け暮れ回る　ベルトの響き」とあるように、チッソの存在が大変な誇りであり、チッソ城下町に住んでいることを自慢の種にしていることが異様に感じられた。

旧久木野の住民から見ると、水俣病問題での住民同士の対立や差別も、このブラジルの事件とよく似ていると思われる。

旧水俣市民は、工業都市として県下では所得・文化・スポーツなど、民度のレベルは高く、偏見や差別などが市民の無知から起こったとは信じ難い。ほとんどの市民は、水俣病はチッソの排水が原因であること、患者は水俣湾の魚を食べて発症したこと、チッソや国の対策が遅れたこと、被害者には何の罪もなく非常に可哀想で一刻も早く救済すべきであること、などなど十分理解し承知していたと思われる。

だが、それらを全面的に認めることは、日本屈指の優秀な化学企業と共に、豊かな水俣を築いてきたという誇りや優越感を失うことに外ならない。これまで市民の心を支えていたすべてを失うことである。

市民同士の差別や、「偽患者」「金の亡者」などの誹謗中傷は、市民の心の中で解決のできない葛藤が生み出したはけ口であった、という見方が出来るのではないか。

ブラジル移住の日本人社会では、半世紀をとうに過ぎた今も、まだ、かつての対立は尾を引いていると聞く。刷り込まれた思想の恐ろしさである。同じように水俣も、過去の栄光の影が内面社会の混乱を引き起こしているのでは、と思われてならない。

自民党から除名すると脅されて

前述したように、果たして偽患者はいるのか、何故、偽患者発言が出てくるのか、風評被害や差別は何故起きるのか。その真相を知りたいと思ったが、自民党水俣市支部の中では、その情報源は、チッソや自民党組織の上からのものばかりである。そこで反対側の情報を得たいと思った。まず、熊本大学医学部助教授原田正純氏[*]の『水俣病』や、作家石牟礼道子氏の『苦海浄土』など水俣病関係の書を読んだ。これらの本によって水俣病に関する知識は飛躍的に高まった。

＊**原田正純氏**（一九三四―二〇一二）　鹿児島県に生まれる。熊本大学医学部助教授時代に胎児性水俣病を医学的に証明し、胎盤は毒物を通さないという医学の常識を破った。水俣病研究の第一人者と言われ患者救済に生涯を捧げる。後、熊本学園大学教授に就任し「水俣学」を提唱。「社会福祉法人さ

かえの杜　ほっとはうす」の理事。胎児性患者らを励まされた。二〇一二年逝去、患者らが涙した。

また、現地水俣の実情を知るために、患者支援組織「水俣病センター相思社」の中心的存在であった吉永利夫さんをはじめ、弘津敏男さん、遠藤邦夫さん、患者支援者で「はぐれ雲工房」の金刺潤平さんらに接触を試みたり、チッソ患者連合などが相思社で行なっている水俣病犠牲者の供養会や、患者団体の互助会の乙女塚の供養に、のこのこと出かけて集まった人々のお話に熱心に耳を傾けた。

相思社の供養会で、経を読まれている石牟礼道子先生の後ろ姿を見ることができた。初めての拝顔であった。

ところが、自民党の山口義人議員団長から呼び出され「吉井お前は、相思社など、いたらん（悪か）ところをうろついていると心配するもんがおるぞ、除名にならん先に止めとけ」とこっぴどく叱られた。「はい」と返事はしたものの一向に改めることはなかった。

そのように水俣病の勉強を進めている中で『リーダーの条件』（会田雄次著、新潮社、一九七九年）という本に出合った。その中に「歴史現象の大きな一要素として、繁栄中心の移動というのがある。その原因は気候の変化とか民族のエネルギー源の枯渇とか、経済条件や政治の変化とか多種多様だが、衰微した地点がまた元通りになることはもちろん、多少なりともかつての栄光を取り戻すことも滅多にないようである。その原因もまたいろいろあるが、第三者的立場に立つ歴史家の目から観察すると、衰退地の人々の努力によって多少何とかなるはずと思われる場合もないではないが、しかし、不思議なことにはそんな場合でも、その地の人々の心の方が『ダメ』になってしまい、衰微を加速することの方が圧倒的に多い」と書いてある。

余所事ではなく、まさに水俣の現況にぴったりである。公害の加害者と被害者が同居する水俣。住民が多岐に分裂して抗争し、市の将来に希望や愛郷心を失って、多くの人々は、水俣から逃げ出そうと思っている。かつての工業都市としての繁栄や、郷土への誇りを取り戻すことができるのか。水俣も市民の心が「ダメ」になってしまって、衰微の方向に拍車をかけているようである。読み終えて愕然とした。

水俣再生がいろいろ論じられているが、まずは市民の心の再建が出発点となる。なんとしても会田雄次の指摘の例外を水俣で実現しなければならないと真剣に考えた。それ以後、水俣再生は「崩れた内面社会の再構築」から、と主張し続けてきたが、保守陣営では「経済が良くなると市民の心も良くなる。経済が先だ」と言ってなかなか理解してくれなかった。

水俣病犠牲者慰霊式の式辞の中では、「崩れた内面社会の再構築」を「もやい直し」という言葉を借りて表現したところ、瞬く間に普及した。適切な言葉はすごい力を持つと実感した。

自民党の仲間から自著の件で吊し上げに合う

私は、議員になって以来、支持者との約束で議会報告を議会ごと休むことなく発行していた。それらをまとめて『議員人生あれこれ』（一九八九（平成元）年）と『続　議員人生あれこれ』（一九九三（平成五）年）という本を自費出版した。その内容は、水俣市の市政について議員活動を通して考えたり体験したりしたことなどを書いている。

ところが、自民党青年部幹部の自宅二階で開かれた会合に呼び出されて、拙著『議員人生あれこれ』について、部員に入れ替わり立ち替わり激しく批判された。説明や弁解無用の批判集会であった。何が悪いのか、どこが悪いのか分からないまま、長い時間を耐えた。

今、改めて読み直してみると批判の原因が推測できる。水俣病患者支援者や団体を訪ねたり、関係図書を読んだりして学んだ水俣病の諸問題や、市議会の野党に転落した自民党議員団の姿勢について率直に私見を書いている。この内容が自民党市議や党員の考え方に沿わなかったようである。また、川本輝夫議員を少し評価したような書き方も気に食わなかったのだろう。それほど川本議員は、保守系の人々に嫌われていたのだ。そんな人と付き合う、そのことが自体が悪かったのだ。また、「浮池市長の五選失敗は、市長の絶対的信頼を受けていた人達の一部に、夢想もしない造反があった。宦官の反乱であり唖然としている」と書いている。明らかに書き過ぎである。嫌われたはずである。

一方、そんなことは何も知らない川本議員や、社会党の市議会議員数名が、市の国民宿舎水天荘で出版祝賀会を催してくれ、「議員が本まで出版して議会活動を報告するのは全国で初めてだろう」と、座が盛り上がった。自民党に籍を置いているが、枠に縛られない異端者であったことが、自民党に反対の立場にある人びとの中にも多くの友を作ることにつながったのだろう。

水俣環境大学構想とその頓挫

議員になった頃、水俣に大学を創ろうという動きが出てきた。まず、初めに「国立環境大学構想」である。

本県第二区選出で社会党の馬場昇衆議院議員は、国会で再三「国は、環境破壊の公害被害地水俣市に、国立の環境大学を創るべきだ」と質問をされたが国は動かなかった。

そこで一九八三(昭和五十八)年に、馬場代議士は文部省、環境庁の若手職員の協力を得て、環境学部、教養学部、医学部、付属病院、研究センターからなる国立水俣環境大学構想の私案を発表。市内は大学が出来ると大騒動となった。

私は、市議会議長に就任していたので、馬場代議士から直接説明を聞いた。文部省の若手職員が具体的な思案づくりに協力していることなどから、実現可能であると思った。

そこで、議会各派代表と協議して市民団体を含めた誘致運動団体である「大学を創ろう市民の会」を結成した。浮池市長に会長就任をお願いしたが辞退され、それでも国に再三陳情を行なったが何の反応も得られなかった。

当時、自民党水俣市支部は、衆議院議員坂田道太氏を支持していて水俣市の問題はすべて相談していた。私は「大学誘致は市民の願望です。水俣の再生振興の核になります。先生の力で実現してください」と、馬場代議士の私案「国立環境大学構想」の支援をお願いした。ところが「あれはダメだ、国は国立の大学を創る考えはない」とけんもほろろであった。

同じ八代市出身で同じ選挙区。自民党公認と社会党公認。毎回大激戦であったから、馬場代議士に点数を与える訳がない。坂田代議士は文教族の親分と言われていた人で、森喜朗文部大臣（当時）も影響を受けている一人だそうで、坂田代議士の意向を無視するはずはない。残念だがこれは実現の可能性はないと諦めることにした。

私が聖人と崇めていた人でも、選挙のライバルに塩を贈るのは難しいようであった。

さらに、二区選出の自民党代議士の一人からは「実現不可能な夢物語であり、無駄なことはしないで当面する課題に全力を注ぐべきだ」と一蹴された。その後、私は市議会代表とともに馬場代議士と会談したら「自民党が環境大学に反対すれば、私どもはチッソ県債に反対する」と息まかれた。売り言葉に買い言葉の応酬である。政争の具となった環境大学構想は遠くへ逃げはじめた。

やがて当の馬場代議士も黙して音沙汰もなくなり、「大学を創ろう市民の会」も大学構想自体も幻となって自然と消滅してしまった。

一九八六（昭和六十一）年に法政大学教育経済学部教授尾形憲氏が、市議会で大学設立について講演されたのを機会にして、東京に「水俣大学を創る会」が発足した。元環境庁長官の大石武一さん、大江健三郎さんや水上勉さんら百人を超す著名な学者、文化人が名を連ねた豪華な会であった。「自然を人間の征服の対象と考えるのではなく、人間と自然の共生関係を回復し、人間と人間、人間集団と人間集団との間にも共生の関係を創造することを日本及び人類の未来の課題として取り組む」という理念を掲げ、国立水俣病研究センター周辺の山林を用地として、環境社会学部の大学を設立するというものであった。

大石さんは、時々水俣に来られ、湯の児温泉旅館に、私と福田農園の社長福田興次さんらを呼んで協力を要請された。また湯の児の海を一望できる山を、大学の敷地として購入された発起人の一人で、水俣病裁判の後藤孝典弁護士も、拙宅を訪れ大学設立運動に参加するように説得された。しかし、市民が盛り上がることなく自然消滅してしまった。

著名人の集まりとは言え東京という外からの運動であり、市民の意向を無視していたこと、市内では、水俣病支援団体の水俣病センター相思社*が運動主体であったことが主な要因であった。

＊水俣病センター相思社（富樫貞夫理事長）一九六九年に、田上義春氏によって創設。水俣病患者などの相談、支援や水俣病問題の調査、研究、普及啓発、会報の発行などを行なう。水俣病歴史考証館を併設し水俣病関係の資料も展示、解説している。市立水俣病資料館と並ぶ国の内外に向けた水俣病教訓の発信基地。

相思社は患者救済の支援組織であり、当時は一般市民との交流はなく、そればかりか「彼らの大学構想は水俣市における革命の拠点づくりである」と、保守層が警戒し反発してそっぽを向いた。さらに、共産党が「この大学設立構想には、三里塚空港反対闘争など暴力、内ゲバ殺人を繰り広げる暴力集団と密接な関係を持つ学者や文化人、水俣病センター相思社の川本輝夫理事長（当時）などが深く関わっている」と強行に反対する始末であった。

この大学誘致運動で、水俣病患者団体が幾派にも分裂して激しく対立し、抗争している姿が社会の表面に出てきて、多くの市民は初めてその対立の厳しさを目の当たりにし驚いた。

大学誘致問題は、その他に既存の看護学校を看護大学に昇格する案も市議会で論議された。私が市長に就任してから、水俣病の原因究明に大きな功績がある熊本大学名誉教授の武内忠男氏から国連大学の分校を設置するという提案をいただいた。また、水俣病研究センターを中心に、九州中の大学の大学院大学をという案があり、かなり調査など行なったが、いずれも実現には至らなかった。

水俣市と人口が同じ程度の山梨県都留市の市立都留文化大学を視察した。当時一般会計予算七六億円の七％に当たる五億二千万円を大学につぎ込んでいた。大変な苦労が見て取れた。大学誘致自体も大変困難であるが、出来たとしてもその維持にはさらに困難が積み重なる実例を見て考え込んだ。

市民が大学設立に望むのは、若者の教育と地域の文化の向上という本来の目的よりも、若い学生が集まることで、人口増加と経済的波及、それに若者による活性化に重点があるが、都留市の実態は教授も学生も東京から通勤、通学がほとんどで期待した波及効果は薄いように感じられた。現在、環境省や連携大学の提言・協力で「環境アカデミア構想」というのが進行している。かつての連携大学院大学構想に似ていて期待されている。

コラム

坂田道太衆議院議長

私は議員に当選して以来坂田道太衆議院議員の支持者であった。何回か水俣地域の選挙の実質的責任者として奔走した。幹事長になりはじめの頃、衆議院が解散になり、坂田候補の水俣での選挙を取り仕切った。貧乏代議士の選挙資金は微々たるもので、ほとんどボランティアに頼っていた。当時は選挙になれば、「私は○票動かせる」と選挙事務所を回って金をせしめる輩が多くいた。ところがその選挙ブローカーが坂田選挙事務所には一人も現れなかった。金がないのを十分承知していたのである。

さて、選挙が終わって会計の整理をしていたら、ガソリンスタンドから請求書がどんどん送られてきた。どんな人かわからない人が「坂田事務所につけて」と言ってガソリンを入れたのである。代議士の秘書に相談したら金はないと言う。金の管理が堅い渕上末記支部長に「選挙管理をした自民党水俣支部の失態ですから、自弁するしかありません」と言って支部長に献金をお願いしたが難航。とうとう私も少し負担すると言って、渕上支部長を説き伏せ支払ったという苦い思い出があった。以後、給油券を発行して防止しなければならないことなど、選挙のやり方を学んだ。

坂田議員は、厚生・文部・防衛・法務などの大臣を歴任、最後は衆議院議長に就任された。

「来て見れば聞くより低し富士の山　釈迦も孔子もかくやあるらん」という村田清風の言葉がある。私は、市議会議長や市長を務め、多くの偉い方にお会いしたが、しばしばその感がしたものである。だが、近寄れば近寄るほど、いつ見てもすごく高く見えるのが坂田道太先生で、その清廉潔白な政治姿勢を心から尊敬し先生のようにありたいと真似る努力をしたものであった。

法務大臣の時、橋本左内の言葉、「急流底之中柱　即是大丈夫之心」を墨書していただき、それを掛け軸にして床の間にかけ、常に座右の銘としていた。

坂田代議士は、当時、自民党の水俣病問題の対策委員長であった。国に対するチッソ県債関連の陳情などは自民党水俣支部が主導していた。したがって坂田代議士を通して国へ働きかけていたが、水俣病救済問題などについて直接相談した記憶はない。もっぱら渡瀬憲明秘書が相談を受けていた。

「水俣病はチッソが起こした企業公害である」と認定したのは園田直厚生大臣で熊本県天草の出身であった。選挙区は坂田代議士と同じ熊本県二区であり、当然、水俣病問題の相談や陳情は園田大臣に集中した。また、患者救済についての患者側の陳情は社会党の馬場昇代議士が主体であり、坂田代議士はあまり頼りにされてはいなかった。自然と選挙区内で分業体制が出来ていた。

自民党水俣支部の幹事長時代

一九七九（昭和五十四）年市議会議員に二期目の当選を果たすと、自民党水俣市支部の幹事長に抜擢された。当時、水俣市は自民党の天下であり、自民党幹事長には、かなりの政治力が期待されていた。支部長の渕上末記市議会議員は老練な政治家で、常に市長候補と目されていた。支部長は「浮池正基市長と相談してお前を抜擢した」と漏らされ党運営のかなりの部分をまかせてくれた。

市政与党であるから、常に浮池正基市長と会って党側の意見を伝えたり、執行部との政策のすり合わせをするなど、枢要な事項にもタッチした。市内の各分野の実力者ともお会いする。自民党系の国会議員や県議会議員にも常に接触できる。おかげで、人脈が広がり勉強の場も大きく広まった。

人は自己の努力で成長すると言われているが、政治の場では、機会に恵まれることが最も重要であると思っている。学もなく、資質もない私が市長まで務めることができたのは、この幹事長に抜擢されたからである。当時の渕上支部長、浮池市長なければ、一議員に終わっていたと思っている。

性格も手法も全く異なるお二人に仕えたことで、相反する多くのことを学び、お二人の良い面、悪い面を同時に学べるという幸運があった。

自民党の幹事長として、他の会派の議員をはじめ多様な立場の人たちとの対話も自然と多くなり、チッソの幹部ともお会いする機会も増えて、水俣病問題についての勉強も深まった。

一方、二年生議員の若造が、幹事長になったので、やっかみや抵抗・批判に苦しめられた。「三流の高校をびりで出た素寒貧の山猿もの」と、ある事件の時、誹謗のチラシが出回ったが、それは、その通りで反論の余地はなかったが、公然と悪口を言われて「こん畜生」と頭に血が上ったのは、たびたびであった。

しかし、それがあまりにもしょっちゅうになると、少々のことでは平常心は乱れなくなる。慣れとは、恐ろしいものであり、また、ありがたいものでもある。政治に携わる者は批判や反対があるのは当然であるという覚悟が出来て、その後の政治人生に大きなプラスになった。

幹事長時代には、党員拡充や党活動の充実などの努力の結果、八代市支部に次ぐ県下二番目の大きな自民党支部に成長したが、やがて幹事長を追われることになる。

一九八七（昭和六十二）年、市長選挙があり、浮池正基市長が五選を目指したが、岡田稔久市収入役に敗れた。選挙直後には、連日、反省会があり幹事長の責任追及が続き、若い青年部の党員らの罵声の嵐に耐え忍ぶ試練を経験させられた。選挙は勝たねばみじめなものである。つくづくそう思った。幹事長失格であった。

ヒラ議員、ヒラ党員に戻って、しばらくすると、今度は党支部長を任される。

市長選挙に負けて市議会の野党に転落して、党員は意気消沈、不調和音も聞こえ出してジリ貧の様相になってしまったため、「この際党支部幹事長や市議会議長経験者の吉井を」と意見が一致したという。

後で詳しく述べるが、私は水俣市の再生には自民党議員などの保守の意識改革が重要だと考えていたので、良い機会であると引き受けることにした。

一九九三（平成五）年に再度市議会議長に推されたので、党支部長と議長を兼ねることになり、

坂田道太衆議院議長（中央）、吉本副議長（右）と
（一九八三年頃、議長公邸）

「地球汚染物質としての水銀に関する国際会議」閉会式。川本輝夫さん（手前左端）。
（二〇〇一年、市体育館）

大変多忙な日々であったが、それだけに水俣病問題の勉強も充実することになった。

コラム

反省

幹事長時代には、全行政区に地域支部を結成し、党員も大きく増員出来た。水俣市においては、自民党が戦後一番隆盛を誇った時代となった。世界はまだ冷戦が続いていたので、社会主義革命の危険を匂わせながら「水俣市の再生振興は政権党の自民党でなければ不可能である。農村部も建設業も自民党が守る」と強調した。建設業のほとんどが国政選挙、県議会議員選挙などでは、選挙運動員として走り回ってくれた。農村部の人達もこぞって自民党員や支持者になって党勢拡大に懸命に活動していただいた。

だが私が市長を退任したころから風向きがおかしくなってきた。自民党政権は、財政難で地方の公共事業を抑制し「地方は自立しなさい」と政策を転換した。そのために水俣市の建設業は大きい方から次々に倒産、農村部も再起不能の状態まで疲弊した。水俣再生どころか公害による疲弊に追い打ちをかけてしまった。自民党所属の市議会議員も激減し少数党に転落する始末である。

「自民党支持で水俣は良くなる」と訴えたのは、私もそう確信していたからである。だが結果として全く騙したことになってしまった。協力した上にもかかわらず足蹴りにされたと憤っている建設業や農村に、なんとも申し訳なく忸怩たる心境である。

しかし、かっての民主党政権の政治や現在の民進党や革新系の政党の政策を見てきて、当時の社会党を支持したとしても同じであったのでは、むしろ疲弊を早めたであろうと思ったりして自らを慰めている。

全国市議会公害特別委員会委員長に就任

一九八三（昭和五十八）年四月に、市議会議員三期目に当選すると、市議会議長に就任した。そして六月には全国市議会議長会の公害対策特別委員会委員長に委員の互選で選ばれた。当時、全国には六五一の市があり、その市長の組織が全国市長会で、議長の組織が全国市議会議長会である。世界に類を見ない公害である水俣病が発生した市の議長だから選ばれたと思っている。

委員には、人口何百万の大都市の議長もいる。人口約三万人という小さい都市の私は大恥をかくのでは、と心配したが「案ずるより産むが易し」。全国市議会議長会事務局の特別委員会担当の職員と、宮本泰治水俣市議会事務局長とが補佐してくれたため、無事務めることができた。

委員会では、全国の市から提出された公害関係の議案を審議し、環境庁や関係機関の担当課長や審議官を呼んで説明を求めたり、環境庁長官や各政党の幹部に陳情する時には、委員長が代表して説明したり、と委員長職は大変多忙であった。

私が担当した事案は、環境影響評価法案と湖沼水質保全特別措置法案の国会成立を促すこと。スパイクタイヤによるアスファルト粉塵公害の防止、水俣病公害等の公害関係予算を確保すること、などで、副委員長とともに関係省庁や国会、それに各政党を巡って陳情を繰り返した。失敗することもなく、ほぼ事案を解決することができて、水俣市の名を恥かしめることもなく任を終えた。言葉で表現できないほどの安堵に浸った。

在任期間はたったの一年であったが、水俣病公害を説明する場を得たばかりか、水俣病以外の公害も詳細に知ることになり、私にとっては何十年に匹敵する経験と勉強ができた期間であった。

園遊会に招かれて

一九八四（昭和五十九）年、銀婚を迎えた春、私たち夫婦に届いた封書には菊の御紋章がついていた。

春の園遊会の招待状であった。全国市議会議長会公害対策委員長を務めたことで、全国六五一市議会の議長代表として、天皇から私たち夫婦もお招きいただいたのである。

園遊会の会場の赤坂御苑は、元紀伊徳川家の中屋敷で、その中には皇太子殿下のご住居である東宮御所や、迎賓館となっている赤坂離宮があり、美しい庭園である。

中曽根総理大臣などの知名士や時の人などは、中央広場に集まられていた。私夫婦は、人ごみを避けて庭園を巡る小道で天皇ご一家のご巡回を迎えた。

入江侍従長の先導で昭和天皇、皇太子殿下、美智子妃殿下、そして二〇人ほどの皇族の方々が続かれた。中央広場では、侍従長が「柔道の山下選手です」と紹介されて、昭和天皇は「あ、そう」と会釈されてからお話しかけられていた。

私どもの直前で天皇陛下が立ち止まられ「よく来てくれてありがとう」とお声を戴いた。水俣市議会議長という名札をご覧になってのことで、予定にないお声かけである。突然のことで頭の中は真白になった。追っかけて皇太子殿下が「水俣は大変ですね。その後どうですか。患者さんの救済は進んでいますか」とお尋ねになられた。全く予期しないご質問にあわてて「水俣のことを御心にかけていただきありがとうございます」と御礼を申し上げ、手短に現状を説明をした。お傍につき添っておいでの美智子妃殿下から「大変でしょうが、みなさんで頑張ってください」と、やさしい励ましのお言葉をいただいた。続いて常陸宮殿下の「認定問題も大変のようですね」と専門的なご質問もあり、返答に苦労した。

私の全く不謹慎な推測であるが、昭和天皇は、敗戦直後チッソ水俣工場をご視察になられている。そのチッソが水俣病という公害を起こして三〇年ほど経過していたが、その間、皇族の水俣ご訪問はなかった。天皇ご一家は、悲惨な水俣病患者に直接、お声をかけられる機会がないことに、永年お心を痛めておいでではなかったろうか。

予定にはなく侍従長の紹介もないのに、私にお言葉をおかけになったのは、目の前に水俣市議会議長という水俣の一市民を見て、咄嗟に、長い間胸に秘められていた水俣に対する思いをご披歴になられる機会ととらえられたのだろう。水俣病問題で直接、水俣市民にいたわりのお言葉をおかけになった初めての出来事ではなかったかと感激した。

その後、雅子様が皇太子妃になられた。水俣病はチッソが起こした公害と認定され、水俣病患者がチッソに補償を求めて水俣病第一次訴訟が提起するなど、チッソの経営危機が深刻になった時期の社長は、興銀から経営改善のために送り込まれたと言われる江頭豊氏であった。その江頭社長は、皇太子妃雅子さまの母方の祖父に当たると聞いている。皇族の水俣ご訪問は、その後も実現しなかったのは、そのような事情があって宮内庁などが慎重になっているからだという話をしばしば耳にしていた。

ようやく二〇一三（平成二十五）年十月、水俣病の原点・水俣湾の親水護岸で第三三回「全国豊かな海づくり大会」が開催され、天皇・皇后両殿下がご出席になり、初めての水俣ご訪問となった。

園遊会にて
（一九八四年四月、赤坂御苑）

秋篠宮殿下と妃殿下が来水
（一九九九年九月）

御製
　患ひの　元知れずして　病みをりし　人らの苦しみ　いかばかりなりし
　あまたなる　人の患ひの　もととなりし　海にむかひて　魚放ちけり
　慰霊碑の　先に広がる　水俣の　海青くして　静かなりけり

この機会に、水俣病犠牲者への慰霊と、続いて患者とのご会見でお見舞いと励ましのお言葉をおかけになられた。

その上、両陛下は、宮内庁のご予定にない胎児性患者訪問を特別にご希望になり、親しくご歓談になられた。患者の皆さんや施設の職員は、やさしい思いのこもった言葉や励ましに非常に喜び、感激したと聞いている。

両陛下は、ご高齢で、体調も決して万全ではないのに、海外まで、戦争犠牲者の慰霊にお出かけになられている。また、東北の大地震・大津波の被災地の慰霊と励ましの行幸を続けられて、近くは熊本大地震のお見舞いにもおいでになられた。

思えば、心にかかっていた水俣訪問が実現したことで、お心が軽くなられたように拝察している。

混乱に拍車をかけたチッソの安定賃金闘争

水俣病が確認されて間もなくの一九六二（昭和三十七）年に、チッソの安定賃金闘争が発生した。市議会議員になる前の事件であったが、市民を二分する争議に発展し、毎日お互いを誹謗中傷するチラシが新聞に折り込まれ、その経緯に注目していた。

市議会に席を置くと、この安定賃金闘争が如何に水俣市を毒した事件であったが分かってきた。

水俣病が発生したことなどで経営が苦しくなったチッソは、組合の賃上げ要求に対して「安定賃金」を提案した。それは、「一九六二年から四年間は賃上げ額を同業他社の平均妥結額を基に自動的に決定したい。ストライキなどしないで協力してもらう」というものであった。ところが組合は「これは、ストライキ権を制約するものである」と拒否し、交渉は決裂。組合は、総評、合化労連の強力な支援を得て無期限のストに突入した。

会社は、これに対抗してロックアウトを通告、組合員を会社から締め出し、係長や主任クラスを中心に第二組合を結成し、第二組合員のみで操業をはじめた。

労働組合は、第一組合と第二組合に分裂して従業員同士は激突。会社はいろいろな手を使って、第一組合員の切り崩しを始める。これに対抗する第一組合には、全国から総評、合化労連の大量の援軍が水俣に集結して激しく応戦。市民も両派に分かれて、反対商店からの不買運動など、抗争は激化、毎日、相手を誹謗中傷する大量のビラがまかれ、市内はヘルメットが闊歩し、まさに大混乱で収拾できない泥沼となってしまった。

その騒動と直接の関係がない旧久木野村の住人は、高見の観戦である。今でも私の父親が集めて保存していたチラシが残っているほど住民たちの関心は高かった。

一九六五（昭和四十）年、熊本県地方労働委員会の斡旋案を、会社、第一組合双方が受け入れ、争議は終結したが、亀裂を生じた骨肉の争いは、その後埋められることはなく、むしろその裂け目は次第に拡大していった。また、双方の組合の支援で二分された市民も、長期にわたって融和することはなく、新旧組合員が混住する地域では、祭りや花見など親睦の行事はまとまらず、自分たちの派だけで細々と開催するところが多く見られるようになり、地域の連帯感は失われてしまった。

水俣市の連帯感は水俣病の発生で失われたとよく言われるが、私は、この「安定賃金闘争」に起因するものの方が大きく、その活断層はことあるごとに表面に顔を出してきたと見ている。

水俣病公式確認から六年を経た時期の出来事で、チッソ自体も自分が売った喧嘩で大きな痛手を負い、社運の衰退に加速をかけることになってしまい、組合も分裂して地域社会まで破壊してしまうという勝者のない不毛な結果を招いた。

分裂した組合は、お互い市議会に議員を送り出した。第一組合（旧労）の議員は、社会党や革新系の会派に入った。

第一組合は、これまで、水俣病問題では、どちらかと言えば、チッソ寄りで患者救済には冷ややかであったが、「この闘争を機に闘いとは何かを身体で知った私たちが、今まで水俣病と闘い得なかったことは、まさに人間として労働者として恥ずかしいことであり、心から反省しなければならない」と、いわゆる「恥宣言」を表明し、患者救済の闘争を強力に支援する態度を鮮明にした。

一方、第二組合（新労）の議員は、市政同友会という会派を結成し、保守自民党と連携してチッソ擁護を鮮明にして第一組合と対立を強めた。また、市民も支持組合とともに分裂し、ことあるごとに対立することになる。

市議会に席を置いて、分裂した組合の対立が市政の場に持ち込まれているのを知って驚いた。近親憎悪という言葉がある。議事の内容に関係なく相手憎さで対立し審議が混乱する場面がしばしばであった。

この労働争議は、双方に利するものは何もなく、水俣病発生によって起きた混乱と疲弊に拍車をかけることになった、と思うと誠に残念な事件であった。

PPPとチッソ県債

私は、市議会議員を五期一九年余務めた。初当選は一九七五(昭和五十)年である。議会を傍聴したこともなかった田舎者が、いきなり議場に議席を得たのだから、その戸惑いは大変なものがあった。

水俣と言えば水俣病である。議会では水俣病被害者救済に関する論議が中心であろうと思っていたが、そうではなかった。

水俣病患者救済問題より、チッソが倒産するのでは?経営を縮小するのでは?人員整理をするのでは?水俣から逃げ出すのでは?という市民の心配を受けて、議会では、チッソが倒産しないように国・県に支援を求めよう、というチッソ存続・支援問題が論議の中心であった。

それに、水俣湾に堆積している水銀ヘドロを除去する水俣湾公害防止事業が、患者団体の工事差し止め訴訟により工事が中断していたので、工事の再開促進やチッソの負担金の問題などが、与野党分かたず一般質問の主な内容であった。

患者救済の問題については、「市民会議」という患者支援組織を結成されていた日吉フミコ議員による、患者支援の豊富な経験と見識からの意見や質問は、傾聴に値するものがあり、勉強させられた。また、社会党の徳田嘉蔵議員や共産党の本山弘議員などの鋭い質問もあったが、総じて、チッソの経営支援の質問がほとんどであった。

自民党所属の議員は、市の経済のこれ以上の破綻を防ぐために、チッソの存続と経営強化が必要だと考えていたから、市長にチッソ支援を国に強く迫るように求めた。

市政同友会は、チッソ新労が母体で、会社の息がかかった議員であるから当然、チッソ経営支援を強力に求めたが、患者救済についてはー言の言及もしなかった。

社会党の議員はそのほとんどが、チッソ旧労のＯＢであった。会社からは、安賃闘争後、配転などでいじめに合い恨み骨髄に徹していたが、会社が倒産すると組合員が路頭に迷う。工場縮小で首切りが行なわれると、一番に旧労の組合員が狙われる恐れがある。そこで何としても会社は存続し、順調に経営が継続してもらわねばならないという事情があった。

それに水俣病患者には「憎いチッソは潰れろ」と呪っている人もあったが、むしろ加害者で憎いチッソであるが、潰れると補償金はどうなる、と心配する人がほとんどであると思われていた。そこで患者を懸命に支援する革新の議員たちも、内心釈然としないものの、チッソの経営支援に賛同せざるを得ないという立場にあった。そのようにそれぞれの立場の事情によって積極、消極の違いはあっても「国に強力なチッソ支援を求める」という議会の空気を作り上げていたのが、私にもやがて分かってきた。

一九七七年（昭和五十二年）、「浮池市長は市債を発行してチッソの経営を支援したいと話した」と新聞が報じたことで議会は市長に見解を求めた。市長は「県にばかりご迷惑をかけて心苦しい。地元市としてもできることはしたい、と私の気持ちを県知事に話した」と答弁した。革新系の議員から「地方財政法など制度上出来るのか」などと、危惧や反対の議論があったが、与党内には「チッソ救済には市債発行も考えてよいが、市の実力からして多額の発行は難しいのでは」と容認の空気が強かった。

その市長発言が刺激になったのかどうかは分からないが、一九七八（昭和五十三）年になり、政府は、関係閣僚会議を開き「チッソ県債」を発行することを決定、これを受けて、十二県議会は、チッソに貸し付ける県債、三三億五〇〇〇万円を含む補正予算を可決した。この県債の発行で、市議会は安堵し、しばらくはチッソ支援を求める論議は静かになった。

県債とは、どんな仕組みなのか少し説明したい。地方公共団体（県や市町村など）が公共事業などを実施するときの財源として、国の資金運用部資金（郵便貯金や特別会計などの積立金）や金融機関から資金を借り入れ歳入予算に計上するものを地方債と呼んでいる。災害が発生した場合や大規模な建設事業などを行なう場合には、税収などの限られた財源では実施が不可能であるため、条件を付して地方債の発行が認められる。県が発行する地方債を県債と呼び、総務大臣（当時は自治大臣）が許可し県議会の議決が必要である。

チッソ（現 JNC）正門前（2016 年）

チッソ県債は、チッソが支払う毎年度の患者補償金支払額、または資金不足額のどちらか少ない方の額で、向う四年間、（後で変更される）半期ごとに八回発行する。五年間据置、三十年償還という条件である。

水俣湾の公害防止事業（ヘドロ埋め立て）は、事業費八五〇億円から港湾整備の費用を除いた額が、ＰＰＰ*によるチッソの負担である。議会ではヘドロ処理事業費についても論議の対象になっていたが、これも県債で融資されることになり、市議会も落ち着いた。

＊ＰＰＰ　Polluter Pays Principle の略、「汚染者負担原則」という。一九七二年、経済協力開発機構（ＯＥＣＤ）が環境政策の国際経済面で提唱した原則。公害を起こした原因者の責任で、被害者の救済や環境復元などを行なわなければならない、という決まり。

熊本県と県議会では、チッソ県債はすんなり決定したのではなかった。地方債の発行は地方財政法などで厳しく規定がなされており、起債許可条件に該当するかどうかの法律論議がある。それに、いつ倒産するか分からない危険極まりない会社に巨額の金を融資するのだから、「もしチッソに不測の事態が生じた場合、融資は回収不能となり県民に多大の損害を与えることになりかねないので、県債の発行は出来ない」と、県議会は強く反発した。そこで国は「チッソに不測の事態が発生した時には、国において万全の措置を講ずることとする」と閣議了解をして、県、県議会の同意を得た。

このように、国・県・市、それに地域社会あげて大騒動をしながら県債は継続されてきたのである。

では、県債発行でチッソの経営は健全になり患者補償は順調になされたか、というと、安堵もつかの間で、むしろチッソの経営状況は悪化の一途をたどり、県債の償還は滞り、国は窮地に陥った。そこでチッソに県債の償還金支払に当てるための新たな県債を発行して、県債で県債の償還をさせたり、経営改善を支援する設備県債を発行するなどと、次々と奇策を打たざるを得なくなり、県債の残高は雪だるま式に太ってしまった。後で詳しく述べるが、九五年の未認定患者の政治救済がなされた後、万策尽きて、「チッソの抜本的救済策」なるものを策定して利子を棒引きにしたり、償還を延期したりと、その繕いに大わらわであった。

患者補償の増加や、経済状況の悪化などで、県債の発行額が増大し償還は滞る。チッソの倒産を恐れた県議会は、チッソ県債が議案になる年二回の県議会では、毎回、県債発行の議決を拒む。

そこで否決されないように、チッソの社長とともに市長、議長、商工会議所会頭らがそろって県議会にお願いに出向いた。県議会の始まる日には朝早くから県議会棟の玄関に並んで、議員の到着を待ち頭を下げて挨拶をする。その後、議員控室を回り、議員一人ひとりに「県債をよろしくたのみます」とお願いし、特別委員会の開会前には、委員会室に並んで市長が陳情の文言を申し上げ一同頭をさげた。すべての場面で恐る恐る県会議員先生の顔色を伺うほどの気の使いようであった。毎回、県議会への名状しがたい屈従感を味わった。

私は議長のとき、県債が否決されるのが恐ろしく、県や県議会議員には、文句や意見など言えるものではない、という空気を評して「水俣市は県債という人質を取られているから」と皮肉ったものであった。

この県債発行は、公害の被害者を救済する前に加害者を救済する、という大きな矛盾を生み出した。被害者の立場に立てば、加害者を皆で保護し、盛り立てることに釈然とするはずもなく、患者支援者などから批判の声も聞かれ、それがまたチッソ擁護の市民との間に亀裂を深めることになる。水俣病とは何と複雑なものであるか、厄介なものであるか、とつくづく思うようになった。

第2章　迷走した水俣病対策

水俣病問題の発生から現在に至る経緯は、専門家の著書などで詳細に発表されているので既にご存知であると思う。

私が市議会議員になった時は、水俣病公式確認から約一九年が経過していた。前半の一二年間は危機管理が迷走していた時代で、水俣病はチッソが起こした企業公害であると確定してからの七年間は、被害者補償問題が裁判闘争となり、被害者救済の有り方が問われ始めた時代である。

その間、私が知り得た主な危機管理や被害者救済問題について抱いた疑問や見解を述べてみたい。

感謝すべきか、憎むべきか、チッソという会社

水俣市民が誇りと絶対的な信頼をおいていたチッソという会社は、旧久木野村の住民には肥料の「硫安」を作ってくれる会社とは知っていたがなじみが薄かった。時たま水俣市内に出ると、駅前にデンとチッソの会社の玄関があり、白い煙が天を覆い、丸島周辺では酸っぱい空気が鼻をついて、工業都市の隆盛が感じられた。

市議会議員になったが、チッソの会社の内容はほとんど知らなかった。議会では水俣病の加害企業のチッソの存続・擁護が主題の論議ばかりであり、これはまずチッソをしっかりと勉強すべきであると考えた。ようやく知り得た知識は次のようなものであった。

チッソ株式会社（以下チッソ）は、前身である日本窒素肥料株式会社を興した野口遵（したがう）社長（一八七三―一九四四、日本窒素コンツェルンの総帥）が、一九〇八（明治四十一）年に水俣に工場を建設している。みるみる内に、チッソは大きく発展し、やがて、現在の北朝鮮に朝鮮窒素肥料株式会社を設立し、巨大な水力発電所を造り、豊富な電気を利用して、東洋一の興南電気化学コンビナート（従業員四五〇〇〇人）に成長し、世界的企業に躍進した。

チッソの研究開発力は、世界トップレベルと言われ、日本の化学工業界の技術の向上を牽引し

たと言われてる。特に、一九三二（昭和七）年、カーバイドから発生させたアセチレンを原料に、水銀を触媒としてアセトアルデヒドを合成するチッソ独自の製造方法を開発、日本で初めてアセトアルデヒドの製造に着手している。

一九四一（昭和十六）年、塩化ビニールを開発製造する。燃えやすいセルロイドに代わる画期的化学製品として需要が増大する。その製造過程で可塑剤として必要なアセトアルデヒドが大量に生産されることになった。戦争末期の一九四五（昭和二十）年、米軍の空襲に遭って工場は全焼してしまったが、一九五二（昭和二十七）年になると見事に復興して、アセトアルデヒドを原料にしてオクタノール（オクチルアルコール）の生産を開始する。これも日本で初であった。オクタノールの需要が逼迫する中で、以後約一〇年間にわたって国内のオクタノール市場を独占（約八五％）してきた。その画期的成長の中心となったアセトアルデヒド生産過程で副生された大量のメチル水銀が水俣湾に流されたという（入口紀男著『メチル水銀を水俣湾に流す』から）。

チッソがアセトアルデヒドを開発したのは、私が一九三一年生まれなので、その翌年である。八〇年余も前である。その優れた技術が水俣の市民に「あだ」をなすとは誰も想像できなかったことであった。

チッソは、先の大戦では爆薬などの軍需生産工場として、日本の戦争遂行に大きな役割を果たしていた。そのため水俣市は米軍の空襲を受けてチッソの工場は全焼し、さらに敗戦で海外資産もすべて失い丸裸になってしまった。

それでも、大打撃を受けたチッソは、戦後ただちに廃墟の中で肥料の生産を始めた。国民は食糧不足に苦しんでいた時代であり、肥料の需要は大きく、業績は伸びて瞬く間に復興し、やがてアセトアルデヒドなどの化学製品を開発製造して、我が国の高度経済成長期を支える重要な化学工業に成長した。

水俣市もチッソの復興で雇用が拡大し工業都市として繁栄し、同時に、市の政治的、経済的、社会的なすべての面でチッソの影響力が拡大し、水俣市はチッソの城下町と言われるようになった。

思えば、一寒村にすぎなかった水俣を工業都市として発展させたチッソの技術が、一方では公害を起こし、地域社会まで破壊して六〇年を経過してもなお苦しませ続けている。

市民は、チッソに感謝すればよいのか、恨めばよいのか複雑な心境である。

水俣湾周辺に環境異変が

その公害は、ある日突然起こったのではない。敗戦後間もなく、水俣湾周辺で魚が死んで浮くなどの異変が起きて、漁業関係者がチッソに抗議したり保障を求めたりする紛争が続いていた。その都度、チッソは少額の見舞金を漁業協同組合に渡して騒動を収め、排水の安全対策に手を付けることはなかったと言われている。

一九五〇年代になると、当時の新聞は「水俣市茂道で猫がてんかんで全滅」と報道している。水俣湾周辺で、魚が死んで浮き、漁村の猫が踊り狂死し、海鳥が飛べなくなり海に墜落する現象が見られるなど、水俣湾周辺に環境異変が起きていた。漁村では猫が居なくなったためにネズミが多量に発生して、漁網が食い破られるなどの被害が多発するようになり、「これは大きな不幸が起きる予兆ではなかろうか」と心配された。

当時、現地を調査した熊本県の水産係長は「排水を調査・分析して原因を明確にすべきである」と報告し、チッソにも説明を求めたが「排水はあまり害はない、と非協力的であった」と記録されている。

国や県はこの報告書を無視し、徹底した調査をすることはなかった。チッソも排水を分析し汚染物質を確定したり、安全管理を徹底したりすることはしなかった。

水俣市政と水俣市民の最大の失敗は、自然が与えてくれたこの重大な発生の予兆を、みすみす軽視し見過ごしてしまったことである。地域の住民挙げて国と県に、繰り返し繰り返し、調査と対策を強力に求めるべきであった。

一九八四（昭和五十九）年から数えて六回も中国本土を視察旅行する機会があったが、回を重ねるに従って、北京や上海の空港の上空は黒雲が厚くなり、飛行機が着陸するまで滑走路は見えなくなっていった。その度に水俣湾の異常が思い出された。

水俣湾の異常は局地的であったが、中国の環境異常は地球規模の異常であり、人類滅亡につながりそうで空恐ろしくなった。よそ事ではない。中国の大気汚染で真っ先に被害を受けるのは日本である。声を大にして警告すべきである。中国との間は尖閣諸島問題などでぎくしゃくしているが、地球環境保全の問題では、技術提携など連携を強化しなければならない。中国環境管理幹部学院や北京大学、南京大学、中国の環境都市である江蘇省の張家港市などに何回も、市民が大挙して出かけ、水俣病の教訓を発信してきたのは、そのような考え方に基づくものであった。

原因物質の究明と学者の良識や倫理

私も含め、一般市民の誰もが水俣病はチッソの流した排水が原因であると思っていたが、実際には水俣病発生が確認されてから一二年間も、チッソの排水が原因なのか、どんな毒物によるものか、と原因の究明は迷走していた。

一九五九（昭和三十四）年一月、厚生省食品衛生調査会水俣食中毒特別部会が「魚介類を多量に摂取しておこる主として中枢神経系統が障害される食中毒性疾患であり、その主因をなすものはある種の有機水銀である」と厚生大臣に答申した。ところが当時の池田勇人厚生大臣は、「有機水銀がチッソの工場から流れ出したというのは早計である」と怒り、食品調査会は報告の翌日即刻解散させられてしまった。以後、国の側での原因究明は頓挫してしまった。

一九五九（昭和三十四）年七月、熊本大学医学部研究班は「本疾患は伝染病ではなく一種の中毒性であり、その原因は水俣湾産の魚介類の摂取によるものである。魚介類を汚染している毒物としては水銀が極めて注目されるに至った」と発表したのに対して、日本化学工業会やチッソ寄りの学者などから妨害と思われる反論が続出した。

紆余曲折を経て一九六八（昭和四十三）年に至って、ようやく厚生省は「チッソ水俣工場のアセトアルデヒド製造工程で副生されたメチル水銀化合物が原因である」と発表した。水俣病発生確認から実に一二年という長い年月を経過して、被害は増大して大きな公害になった後であった。

熊本大学の医学部水俣病研究班が「水俣病は、現地の魚介類を摂食することによって惹起せられる神経系疾患である」「魚介類を汚染している毒物としては水銀が極めて注目される」「水俣病の原因物質は水銀化合物、特に有機水銀と考えられる」「水銀はチッソから排出されたものである」と相次いで発表したのに、東京工業大学の清浦雷作教授は「水俣湾の海水中の汚染はひどくない。水銀説の発表は慎重にすべきだ」と発言。日本化学工業協会の大島竹治理事は「敗戦時に水俣湾に捨てられた旧海軍の爆薬が原因である」と発表するなど、チッソ系の学者や政府に近い学者から反論や慎重論が続出し、マンガン、セレン、タリウム原因説など諸説が入り乱れたという。

それは、当時の状況から熊本大学医学部の有機水銀説が確定するのを妨害する目的を持っていたと推測できる。

真理の探求には、研究者の大いなる論議が重要であるのは当然であるが、この水俣病の原因物質究明の論議の経過と結果をみると、十分な調査や研究を経ないで軽々しい発言が続出したようで、恣意的に原因物質が「チッソの排水中の有機水銀」と確定するのを遅らせる目的があったと思われ、学者自身の地位擁護と推測せざるを得ないものがある。

また、尊敬の対象としての学者の権威を大きく失墜させてしまった。研究機関や学者の良識や倫理が問われる事件であった。

多くの人命に関わる問題だけに、加害企業や行政と同じく学者・研究者の責任は大変重いものであると考える。だが学者からの反省の弁や、それを追及する意見などは寡聞にして聞いたことはない。残念なことである。

この経過を見ると、発生後の一二年間の原因究明の混乱で、そのために死亡した患者や罹患した人たちにとっては、政治と行政、それに学者が手を下した殺傷同然ではないか、と言うのは極論であろうか。

漁獲禁止の措置をとらなかった

熊本県では早い時点一九五七（昭和三十二）年で、熊本大学医学部が、「猫実験によって、本症の原因は水俣湾内の魚介類であることが判明した」と発表した。それを受けて、県の衛生部は、食品衛生法に基づき、水俣湾の魚介類の捕獲や摂食を禁ずる知事告示を出す方針を決め、厚生省に、食品衛生法の適用の可否を照会している。ところが、厚生省は「水俣湾内特定地域の魚介類のすべてが有毒化している明らかな根拠が認められないので、当該特定地域にて漁獲された魚介類のすべてに対して食品衛生法を適用することはできない」と回答し、以後、熊本県は魚介類の漁獲禁止や販売禁止の措置をとることはなかった。

その根拠となる水俣湾の魚介類の悉皆（しっかい）調査がなされた形跡はなく、「水俣湾のすべての魚介類は有毒化していない」もしくは「有毒化している」とは断言できないはずである。科学的な根拠に基づかない措置であり、政治や行政の上部の空気を読んでの回答であったと思われる。

行政は、法に基づいて行なわれる。法は国民を守るためにある。だが法は解釈次第では全く異なった結果を生む。この漁獲禁止については、食品衛生法を適用しない方向に解釈した逃げの悪例であると言えるのではないか。多くの人々の生命に関わる問題であるだけに、行政の責任が厳しく問われなければならない。

漁獲禁止はされなかったが、県からの指示もあり、市は海岸に看板を立て、水俣湾内を見回る監視員を設置して漁獲自粛を呼びかけた。だが一九八一（昭和五十六）年八月の記録を見ると陸から六二人、釣り舟六九隻もの釣り人が確認された。九月市議会では「水俣湾内での漁獲を自粛する宣言」を全員一致で可決した。市も二〇〇万円余の予算で監視船を出すことにしたが、その後も釣り人は絶えることはなかった。

その年の一月から五月の間に、市内の鮮魚店より抜き出して検査した魚の中には、暫定基準値を上回るものも見つかっていた。非常に危険だと承知していながら、汚染魚を釣って売るなど、市民の側にも人道上不届きな人がいたのは残念である。

友人から「長島で釣ってきた」と度々魚をいただいて疑いながら御馳走になっていた自分を含めて、水俣病は魚を常食する漁村の専業魚師がかかる病気であり、自分たちには関係ないと思っていた人は多かった。人は法で規制しないと自粛呼びかけ程度では動じない。情けないことではある。

国は排水の規制を拒み続けた

水俣病はチッソの排水が原因であることは、早い時点から疑う余地はなかったが、その排水が規制されたのは水俣病発生確認から一二年を経過してからである。何故、ただちに止めなかったのだろうか、大きな疑問を抱いた。

後でもふれるが、一九五九(昭和三十四)年には県漁協や鮮魚組合それに患者団体などによる、チッソに排水の停止を求めて大規模なデモが発生、会社に乱入して乱闘となり多くの人が負傷し、デモ参加者の中には検挙される者もあり、水俣有史以来の流血の惨事が発生した。

これに対抗して、市長、議長、商工会議所会頭が先頭に立ち、農協、労組など多く市民団体を巻き込んで、「チッソを守ろう」という運動が起きた。「チッソの排水を止めると、チッソは倒産し市民は生活の基盤を失い、水俣市の経済は壊滅する。排水は絶対に止めないでくれ」と、県知事へ陳情するなど、排水を巡って患者と市民の対立が激化した。

冒頭に書いたが、中村止市長の時代で、この時から市、市民と患者の鋭い対立が表面に出て深まっていった。

そのような市民同士の厳しい対立の中でも、国は、「排水中の原因物質が判明しないから排水の規制は出来ない」と排水の規制を拒み続けた。

水俣病は、食中毒事件である。熊本大学医学部助教授（当時）の原田正純先生は「仕出し弁当で食中毒が起きると、ただちに弁当の製造や販売を止め出回っている弁当を回収する。同時に原因を究明する。これが危機管理です。これを水俣病に当てはめると、食中毒が発生したが弁当の中の卵焼きか、焼き魚かソーセージか、原因物質が分からない、それが分からないと製造・販売を止めることはできないという理屈になる。それが公然とまかり通っている」と皮肉たっぷりに批判されていた。

一九五八（昭和三十三）年、チッソの工場排水をめぐる騒動の中、水俣湾周辺に多くの患者が発生していることもあって、チッソは密かに水俣湾の百間港に流していた排水を、一旦「八幡プール」へ溜めて、その上澄みを水俣湾とは反対側の水俣川河口に放流するように変更した。排水は、川の流れによって広い不知火海に拡散し希釈されるとの考えであったと聞く。

ところが、一年も経たず、水俣川河口周辺には、魚が死んで浮いた。友人が「水俣大橋あたり

旧チッソ百間排水口付近にある川本さんの石仏（2016年）

では、大きなボラがふらふら泳いでいる。手づかみで獲れるよ」と言っていた。

やがて河口付近に水俣病患者が発生した。それを知った厚生省は、水俣川河口への排水の放出を禁止し、一九五九（昭和三十四）年、元のように水俣湾へ排水口を戻すように通達を出している。

厚生省は、その条件として排水処理施設の早期設置を求めた。それに応じてチッソは、処理施設サイクレータを設置して、福岡通産局長や熊本県知事らを呼んで盛大に完工式を行ない、工場長が「処理水」を飲んで見せるパフォーマンスを演じた。後で、このサイクレーターは、汚泥を除去することはできるが、水に溶けたメチル水銀を除去することは出来ないことが判明した。工場長が飲んだ処理水は「水道水」であったことがわかり、顰蹙と批判を浴びることになった。

この排水口付け替え事件は、水俣病の被害を不知火海沿岸の広い地域に拡散してしまったばかりか、皮肉にも、チッソの排水が水俣病の原因であると実証したことになった。

それでも、国はこの事実を黙殺して排水を規制することはなかった。結果は、不知火海沿岸という、より広い範囲で多くの人々の健康を冒し生命を奪うことになり、また、水俣病問題の拡大と長期にわたる混乱につながった、と言われている。

この事件は、国の危機管理がいい加減なものであると気づかせた。多くの人命にかかわる重大事であるのもかかわらず、一言の釈明も謝りも償いもなされないまま終わっているのは何故だろう。疑問は続いている。

環境庁が示した判断条件と、その後の変更

市議会議員に初当選した一九七五（昭和五十）年六月に、環境庁は、認定基準を検討し直す「水俣病認定検討会」を招集し認定基準の検討を始めた、という新聞報道に目が止まった。当時の私は、認定基準が何であるか詳しくは知らなかったが、議会では、突っ込んだ論議はなかったので早速勉強を始めた。

「私の病気は水俣病ではないか」と疑って水俣病認定申請をした人を審査するのは、県が設置している「水俣病認定審査会」で、その判定の基準になるのが、環境庁が示した「判断条件」で

ある。水俣病問題で最も論議が多く、患者と国・県の間で対立が続き、多くの裁判が起こされ、マスコミの報道の大部分を占めているのがこの認定基準についてだということが分かった。

一九六八(昭和四十三)年、水俣病はチッソの排水中の有機水銀によって起きた公害である、と断定されたのを受けて、翌年に「公害に係る健康被害の救済に関する特別措置法」が公布され、公害被害者認定審査会が発足して水俣病の認定が始まる。実に公式発見から一四年を経過していた。水俣病公害の原因企業がチッソである、とする公式決定がもたついていたからである。

六九(昭和四十四)年、「認定審査会」が発足。七一(昭和四十六)年に「公害に係る健康被害者の救済に関する認定について」という環境庁事務次官の通知が発表された。

(1)魚介類に蓄積された有機水銀の経口摂取の影響が認められる場合には、他に原因があっても、これを水俣病の範囲に含むものである。

(2)疫学的資料から判断して当該地域に係る水質汚濁の影響によるものであることを否定し得ない場合には、その者の水俣病は当該影響によるものと認め、速やかに認定を行なうこと。

となっていて、「有機水銀の影響が否定できない場合は水俣病」というものであった。

第一回の審査で、初めて七一名が認定されていた。

ところが、私が市議会議員に当選して二年後の一九七七(昭和五十二)年になって、環境庁は、企画調整局環境保健部長名による「後天性水俣病の判断条件について」という通知で、新たな判断条件に変更した、とマスコミは大きく報道した。これには驚いた。何故、変更する必要があったのだろうか、関心を持って注目した。

変わった主な点は、

（1）感覚障害が必ず必要で、その他の複数の症状の組み合わせが必要である。

（2）認定申請者の症候が他の疾患によるものと医学的に判断された場合は水俣病の範囲にふくまないものとする。

（3）症候が他の疾患の症候であり、また水俣病にみられる症候との組み合わせとも一致する場合は、個々の事項について暴露状況などを慎重に検討の上、判断すべきこと。

と、認定条件をより厳しいものに改正し、翌一九七八年には、この判断条件を含めて「水俣病に係る業務の促進について」という事務次官通知が出され、一九六八年の通知は廃止された。

これまで、環境庁は「疑わしきものは認定」として四肢末梢優位の感覚障害一つで水俣病と認定していた判断基準を、それに加えて視野狭窄など複数症状との組み合わせを必要とする、厳しい新基準に変更して申請者の抑制に乗り出したのだ。

考えると、その変更の時期は、患者が熊本地裁に提訴した水俣病裁判の第一次訴訟の患者勝訴が確定し、それを受けて患者とチッソとの補償協定が結ばれ、それ以後の認定患者も協定書の補償が自動的に受けられるようになったために、患者申請をする人が増加した。したがって補償金支払いも大幅に増加してチッソの経営が悪化、倒産が危惧される事態となっていた。併せて、一九七八年には、チッソ県債の発行が決定した時であり、国の金融支援の増大が心配され出した時期でもあった。

患者側は「経営危機にあるチッソの負担を軽減するための患者切り捨てである」と反発し検診拒否など、猛烈な反対運動が起こった。当然の成り行きであると思った。

それ以後、判断条件をめぐる論争が続いてきた。二〇一三（平成二十五）年、最高裁は水俣病裁判関西訴訟において「一つの症状でも水俣病と言える」と判決を出したが、それでも国は、「判断条件が否定されたものではない」と強気の姿勢を続けている。

判断条件をめぐる論争は、司法や学者をも巻き込んで泥沼化し、延々と現在に至るまで続けられている。

Aさんは認定審査会で棄却され、政治的救済で水俣病被害者としてチッソから二六〇万円の一時金という補償を受けたと聞いた。水俣病被害者とは水俣病ではないが、チッソの排水中の水銀の影響が否定できない人であるという。同じ水銀で病になったのに、水俣病患者とどこがどう違うのだろうか、病気の症状が重いか軽いかの違いだけではないのか、水俣病被害者という概念がどうしても分からない。学歴のないものの悲哀である。

「名称はどうであれ、実質的に救済されたのであれば良いではないか」と思ってもみたが、なぜ同じチッソの排水中の水銀による病気を、一つの法律で「水俣病患者」として救済できないのか、疑問は続いていた。

退任後、二〇〇五（平成十七）年、環境大臣の設けた「水俣病に係る懇談会」の委員になったので、「水俣病は研究途上の病で、新しい知見も続出している。医学だけでなく、その他の化学、法律、行政など広範にわたる有識者で、新たな知見も取り上げて、改めて論議する委員会を設けるべきだ」と質問した。また、懇談会の提言書では、すべての患者を平等に救済する枠組みづくりを提言したが、無視されてしまった（第7章「小池百合子環境大臣の私的『水俣病に係る懇談会』」の項）。

もう一つの疑問は、汚染地域の指定である。認定基準とともに、水俣病発生地域が指定された。水俣市では私が住む旧久木野（くぎの）村、湯出（ゆで）・長崎地区、石坂川（いしざか）や葛渡（くずわたり）などの通称東部地区は、非汚染地区として指定から外された。

当時は、私の住む地域も水俣病が発生しない地域とされたことで、むしろ安心の気持ちが強かった。水俣病の風評被害が話題になっても、「私たちの住む地域は水俣病発生地域ではありません」と言えたからである。事実、劇症型の患者は見られなかった。

この地域指定が大きな問題を含んでいると考えるようになったのは、市長として九五年の未認定水俣病政治救済に取り組んでいた時からである。

時代の推移とともに水俣病の医学的解明が進んで、微量汚染や比較的軽症の患者の存在が明らかになってきた。この政治解決の対象になったのは、そのほとんどがいわゆる劇症型患者ではなく軽症慢性型の患者であった。判断基準から見れば、四肢末梢優位の神経障害はあるが、その他の複数の障害が見られない、という人たちが主体であった。この人達と類似の症状を持つ人は非汚染地域にも存在する。事実、特別措置法による救済では、非汚染地区からもかなりの人が被害者と認定され補償を受けている。

特別措置法の救済が始まった時、環境省の役人さんと地域指定について論じ合ったことがあった。彼は地域指定の理由を「当時農村地域は所得が少なく、魚は余り買えなかったからでしょう」と言った。

私の住む約三〇〇戸の地域には当時四人の魚の行商人がいた。丸島魚市場で仕入れた魚をしょけかがい（竹で編んだ背負いかご）を背負い、国鉄山野線の久木野駅で降りて売り歩いていた。それぞれお得意さんがいて売れ残りがないように買ってくれた。水俣近海で取れた魚を買わされていたのである。当時は山林景気で、山で働く人々は、飯盒に飯を詰め、薄塩の魚を山で焼いておかずにしていた。かなりの魚を食べていたのである。市内に住む人よりも魚を多食する人がいても不思議ではなかった。魚を食べていた地域と、食べない地域の線引きなどできるはずがない。科学的な調査もせずに、何かの意図で線を引くのは、行政的差別も甚だしいのである。我が家でも親しい行商人がいて毎日買っていた。それに、先に書いた田中さんなど海辺の人との交流があり、頻繁にいただいていて魚には不自由しなかった。

発生地域指定は当時、劇症の患者が発生した地域を囲んだ線であったのだろう。「その線の外側には絶対に発生することはない」と断定し、また軽症の患者の存在が確認されても、その考えが微動だにしなかった当事者と、それに長い間何の疑問も抱かなかった人達はどのように考えていたのだろうか。その真意を知りたいものである。

水俣病の判断条件は、水俣病特有の病状があり、それがチッソの排水中の有機水銀を含んだ魚を多食した、という疫学的な証明がなされれば水俣病であるとしている。全国どこに住んでいようが、一つの判断条件で判定可能であるはずで、あらかじめ地域の線引きをする必要は全然ないのでは、と無学の我々は考えるからである。

さて推論であるが、もし一九七一年に出された「有機水銀の影響が否定できない場合は水俣病とする」という判断条件を、現在まで改正しないでそのまま持続していたらどうなっただろうか。認定審査会で棄却された人は約二万人いる。現在までに「政治解決」や「特措法」の一時金支給を含めた補償受給者は約五万人であるから、棄却された約二万人の人達のほとんどがその中で救済されていると思われる。

ただ問題は、当時は重症の患者が主体であったが、医学の研究が進み次第に症状の軽い患者の存在が多く見られるようになった現在では、一六〇〇万円から一九〇〇万円の三ランクの補償金では、症状の軽重で不公平が生ずる。そこで三ランクの下に、症状に応じて新たに数ランクの新設が必要となるだろう（これについて私は環境大臣の私的な「水俣病問題に係る懇談会」で指摘・提言している）。既存の判断条件はそのまま継続して、その下に補償ランクの新たな枠組みを作ることで、現在まで政治救済や特別措置法により一時金の補償金を受給した約五万人も、同じように水俣病患者として救済できる。新たなランク分けなどで紛争はあったとしても、裁判所への訴訟は少ないだろう、と予測できる。

結果としては、救済された患者の人数も、チッソが支払う補償金の額も、大して変わらなかったと思われる。「水俣病認定患者」と「認定患者以外の水俣病被害者」という差別も不必要になる。判断条件の見直しは「患者とチッソの補償協定がからむので難しい」という環境省側の見解も聞かれたが、一時金もチッソに負担させている現実をみれば、出来ないことではないと思う。

そのように考えてくると、チッソの補償金負担の軽減のために、患者切り捨てを目論んで判断条件を厳しく改正し、地域指定などを設けたために水俣病対策に矛盾が生まれ、被害者の反発を招き、多くの訴訟を引き起こし、長期化し、問題を難しくしてしまったのではないか、と思えてならない。

第3章　国の水俣病対策の背景と責任の所在

以上のように、市議会議員になってから精力的に水俣病問題の勉強を進めてきて、水俣病とその対策などがほぼ分かり、私なりの疑問も持つに至った。そこで六〇年にも及ぶ混乱の原因やその責任などについて考えをまとめてみた。

チッソの操業継続を優先した国の責任

国の水俣病対策は、一貫してチッソの操業継続を優先させることであった。一九五〇年ごろから始まった我が国の高度経済成長が背景にある。

当時、国民の生活は、「三種の神器」という言葉に象徴されるように、新しい生活製品の出現で物質的豊かさ、利便性の高さに酔いしれ、さらに物質文明の進展を希求していた時代である。

国民生活の豊かさを実感させた「三種の神器」などは、めざましい化学工業の発達によってもたらされ、チッソはその中心的役割を担っていた。

第2章「感謝すべきか、憎むべきかチッソという会社」の項で書いたように、当時、チッソは塩化ビニールの最大手の工場であり、さらに、アセトアルデヒドやオクタノールなどの基礎素材を化学企業へ供給する我が国最大の工場であったと聞いている。

国内の化学工場の多くは、チッソからこれらの基礎素材の供給を受けて化学製品を生産していたので、チッソの操業停止は、日本の化学工業に多大な打撃を与えることになる。ひいては、自動車産業、電気産業、繊維産業などに大きく影響し、日本の高度経済成長は止まると、国は危惧したと言われていた。

さらに、先進国の化学工業界は、電気化学から石油化学に構造改革が進み、アセトアルデヒドなど、石油から安価に大量生産が出来る体勢が整いつつあり、日本の化学工業も、早く石油化学に転換しなければ国際競争に敗北しかねない状態に追い込まれて、国は、その構造改革を推進中であった。そのためには化学工業界の体質を強固に保つ必要があり、チッソの操業継続が不可欠であった。チッソも石油化学へ転向するために、千葉県五井の石油コンビナートに新工場建設を始めた。地元水俣では「チッソが水俣から撤退する。逃げ出す」ともっぱらの噂になったが、大きなタンカーが横付けできない水俣湾では、石油を大量に必要とする化学工場の建設は不可能であり、当然の行動であったと言える。

そのような背景があってチッソが操業停止、ないしは倒産に追い込まれる事態を極力回避しなければ、日本全体の不利益が生ずると判断した国、特に通産省は、意図的に、操業停止につながる原因物質の究明や、排水の停止などの規制を遅らせ、または実施しなかったと言われている。

一九五九（昭和三十四）年、本州製紙江戸川工場の排水が東京湾を汚染し、魚が死んで浮くなどの公害が発生した。浦安の漁業関係者や環境保護団体が大挙して工場に押しかけ、操業停止を迫る事件が起きた。驚いた通産省はこの江戸川工場に、排水の浄化装置が出来るまでと期限を切って操業を停止させている。

前述したように、同じ、一九五九（昭和三十四）年に、水俣市でも、漁業関係者や被害者約二〇〇〇人が、チッソに工場排水の停止などを求めてデモを行なった。チッソが排水の停止を拒否したことにデモ隊は憤慨し工場に乱入、工員と乱闘となり事務所を破壊した。一〇〇人程度の負傷者が出て流血の惨事となり、警察が出動して乱入者を排除、患者多数が検挙された。しかも、二回も同じようなデモが発生した。しかし、国はチッソの操業停止はおろか、排水の規制など何も対策をとることがなかった。

同時期に発生した二つの公害紛争で、東京湾の汚染の場合は、魚は死んで浮かんだが人間への被害は報告されていないのに、国は、江戸川工場に操業停止を命じている。

一方水俣では、多くの人々がもがき苦しみながら命を落とし、新たな患者が多発する危機状態にあったのに、操業の停止どころか、排水の停止もなく、何の対策も施されなかった。国の対応は、まったく逆で大きな矛盾であった。なぜ、国はこのような矛盾した対応をしたのか、その理由が分からなかった。

二〇〇五（平成十七）年、小池百合子環境大臣（現・東京都知事）の私的「水俣病に係る懇談会」の委員になり、会議に参加した時、配布された資料に水俣病裁判の記録があった。

それによると、裁判に証人として呼ばれた当時の通産省の秋山建夫元軽工業局長は、「日本の経済発展にとって、製紙会社とチッソ水俣工場は貢献度が大きく違う。製紙会社が二〜三潰れても日本の経済には大きな影響は無いが、チッソが潰れると日本の経済発展は止まってしまう。チッソの排水を規制せず、操業を停止しなかったのは比較権限の問題であった」という意味のことを述べている。

さらに続けて、「本州製紙江戸川工場に操業停止を命じたのは、東京周辺で環境問題が大きな騒ぎになれば収拾が出来なくなるから、早めに操業を停止させた」とも陳述されている。裏を返して言えば「水俣は東京から遠いので、少々の人の命が失われても日本の発展には余り影響はないので放置した」ということになる。甚だしい地方蔑視である。

この秋山証言が国の水俣病対策の本質であり、「チッソの操業を継続させることを基本とする」ということである。すべての危機管理の遅れや救済の不徹底は、この秋山証言で説明できる。

東京の本州製紙江戸川工場の事件の翌年、水質二法（公共用水域の水質保全に関する法律、工場排水等の規制に関する法律）が制定され、直ちに江戸川がその法律の指定第一号となった。水俣の排水路が指定されたのは、それより八年後であり、水俣病確認から一二年を経過していた。皮肉にも、チッソのアセトアルデヒド製造プラントが既に撤去され、メチル水銀が流される恐れがなくなった後であった。

一九七〇（昭和四十五）年に、この法律は改正され「水質汚濁防止法」となり、「指定水域」は廃止され、公共水域すべてが対象となった。

「大の虫を生かすために小の虫を殺す」という言葉がある。国民の国政に対する要求は多岐にわたり、相反するものもある。その中で国の安全を優先するなど、政策の優先順位を言ったものであると思う。

水俣病問題では、国民すべての経済的幸福の向上を目的とする経済成長が大の虫であり、水俣病の被害者は小の虫ということになる。

しかし、国の最大の使命は国民の生命を守ることである。少数であろうと国民を見殺しにすることに正義はない。しかも大多数の国民の幸福のための国策で踏みにじられた無辜の民である。経済成長の利益を受けた全国民で、一刻も早く被害の拡大を防止するとともに完全に救済せねばならないという視点が欠けていた、と言えるのではないか。

安全対策をとらぬチッソの責任

水俣病を発生させたチッソにすべての責任が在るのは当然である。その一方で、これまで見てきたように、根本の原因を追究分析していくと、すべて国の責任に突き当る。

チッソの後藤舜吉前社長が、「チッソも被害者」と発言されたと聞いたが、その言い分も分らなくもない。

チッソの最大の責任は、工場排水の安全確保の努力が欠如していたことである。水俣病発生確認以前にも、「工場排水で水俣湾が汚染され、魚が獲れなくなった」と再々漁業者から苦情があったのに、汚染に対する根本的な対策を講じないまま、見舞金などの対応で終わっている。この時点で排水の分析による原因物質の究明と浄化など、安全対策がとられていれば、水俣病公害は防げたと思われ、残念と言わざるを得まい。

次にチッソが公害発生の責任とともに厳しく責められるべきものは、人道的な罪を犯してしまったことである。

水俣病が確認されてから、その原因の究明が急がれた。前述したように、チッソも会社病院の細川一院長によって猫実験を行ない、早い時点でチッソの排水が原因であることを突き止めていた。

水俣市生まれの入口紀男熊本大学名誉教授の著書『メチル水銀を水俣湾に流す』（日本評論社）

を読んだ。

それによると「米国ノートルダム大学のジュリアス・ニューウランド教授らは、一九二一(大正十)年、『米国化学会報』の論文の中で、水銀を用いてアセトアルデヒドを製造するときに有機水銀が副生すると報告した。したがって、アセトアルデヒド製造工程で有機水銀が副生する事実は、当時の世界の化学者・当事者にとって常識となっていた」と書いてある。

優秀な頭脳を揃えていたチッソである。「化学者・当事者にとって常識となっていた」という指摘は重い。チッソは立場上一貫して「知らなかった」と主張し続けてきたが、メチル水銀副生のメカニズムも知っていたと思うのが相当であろう。細川病院長の実験と合わせ、チッソの幹部は十分に自社の排水が原因と認識していて、これを極力隠蔽し「チッソは関係ない」と主張し続けた責任は非常に重いと言える。

有馬澄雄著『水俣病――二〇年の研究と今日の課題』によると、水俣病が確認された一九五六(昭和三十一)年にアセトアルデヒドの生産は、年間約一万六千トンであったのが、一九六〇(昭和三十五)年には約四万五千トン余りと、四年間で約三倍も増産された、とある。

アセトアルデヒドはチッソを支える主力製品であり、経営が逼迫した中で救世主であったこと、需要が多かったこと、国が増産を奨励していたことなどが背景にあったと言われている。

それにしても、「排水を流し続けると、人が死ぬ。多く流すとさらに多くの人の命を奪う」、と十分承知していて、知り尽くしていて流し続けたばかりか、さらにアセトアルデヒドの大増産によって副生されたメチル水銀を大量に加えて流し続けたことは、どんな理由であれ人道的、倫理的に許されることではない。言い訳の出来ない重い罪を犯してしまったと言うべきであろう。

企業は、社会的責任と企業倫理の遵守義務がある。しかし、企業は、存立し続けるために利潤を追求しなければならない。そのために経営の合理化、効率化などの努力が必要である。それが嵩じて往々にして利潤追求優先に走り、社会的責任や企業倫理は傍らに押しやられる。その実例は枚挙に暇はない。そこで、それを監視し遵守させるのが行政の役割である。ところが、これまで見てきたように、国が、企業の倫理や責務を逸脱してひた走るチッソに、その遵守を迫った形跡はない。逆に、コースを逸脱して走るチッソを、国は煽てながら、自らも伴走してしまったと言えるのではないか。

市長退任後、熊本学園大学教授・原田正純氏や国際的経済学者として高名な東京大学名誉教授宇沢弘文氏らと対談させていただいた。その中で、「水俣病公害の発生で水俣病患者だけでなく、全市民が何らかの被害を受けた。チッソの従業員も例外ではない。現在働いている従業員は、水俣病発生には直接かかわっていないが、補償金支払いが給与にも影響していると聞く。公害企業の従業員と白い目で見られていると気を遣っている。現在の従業員も一種の被害者と言える」と話したら、宇沢名誉教授から即座に「それは間違いだ。公害を起こした責任は、当時の会社幹部は勿論、チッソという企業全体にある。被害者救済や環境復元が完全に終了するまで、会社全体がその責めを負わなければならない。公害企業から給与だけ貰って、公害発生当時は社員ではなかったから企業の負っている責めは逃れたい、という甘い考えは論外である」と、厳しい叱責をいただいた。

公害を発生させた責任は、それほど厳しいものである、と改めて実感させられた。

チッソは、重い責任を果たすために、被害者の完全救済とともに、経営の健全化を達成して、地域の発展に寄与せねばならない。そして対立のない平和な市民生活を醸成する努力も求められている。

措置をせず放置した国・県の人道的、倫理的な罪

人道的、倫理的な罪を犯したのは国・県も同じである。チッソが排水口を水俣川河口へ変更したことで、排水が水俣病の原因と事実上判明したにもかかわらず、国は「原因物質が判明しないから排水は止められない」との理由をつけて規制をしなかった。当然、海のメチル水銀汚染は増大し、健康被害は拡大して多くの人を殺し、傷つけた。

先に書いたように、水俣病は、魚介類の摂取が原因であると疑う余地はないのに、十分な調査

は行なわず、「水俣湾の魚介類のすべてが汚染されているという証拠がないので、漁獲や販売の禁止は出来ない」として何の措置もせず放置したことについて裁判は責任を問うている。

人が生命を落とす危険があるにもかかわらず、法律を規制しない方向に解釈し、何もしなかったことで、被害を拡大してしまった公務員の倫理観にも大きな問題がある。

現今、国民の道徳がおかしくなったと、学校の道徳科目が教科へ格上げされた。だが、水俣病問題を見てきて、近ごろになって道徳観がおかしくなったのではない、これまでもおかしかったのだと気づいた。

水俣病を起こした当時の加害企業の社長や幹部、そして弱者救済に消極的な政治家、行政官ともに高学歴で、かつて道徳教育を受けてきた人が多い。その結果は見てきた通りである。その一方、水俣病の被害者の生活や日常を懸命に支え、励まし続けている。支援者の中には、終戦で「修身」が停止されてから一九五八年に「道徳」として復活するまでの空白時代に学校に学んだ人もいる。何の為の道徳教育かを問いかけているのが水俣病問題であると見る。僻目だろうか。

チッソの排水が原因と知りつつ擁護した、市民の責任

水俣市のような加害企業の政治的・経済的支配力の強い小さな町では、加害企業を中心として

地縁、血縁や、個々人の利害が複雑に絡み、地域社会で起きた公害は、もはや個々人の良識を吹き飛ばし、加害者対被害者の関係を飛び越えて、被害者対地域全体、被害者対市民、被害者対被害者、市民対市民という幾多の対立や反目に置き換わり、それに政治の対応の拙さが追い討ちをかけ、悲劇は加速されてしまう。

水俣病発生初期の水俣市の対応は、その原因が分らず、奇病や伝染病説に振り回される。市民の多くは、チッソの排水の原因説が強くなるにつれ、チッソの操業停止や倒産を恐れ、水俣病患者の増大を疎ましく思うようになり、次第にチッソ擁護に傾いて行く。チッソに生活基盤を置く市民は、わが身が一番大切で、わが生活の基盤を脅かす患者との溝が深まるのは当然の成り行きであった。チッソ城下町では、患者側に立ってチッソと対立することは、一部の人を除いて極めて困難でもあった。

だが、立場はそうであったとしても、患者側の補償要求運動が大きくなるに従い、一部の市民は、「金の亡者」とか、「偽患者」とか、差別や誹謗中傷を加えて、何の罪も落ち度もない被害者を地域社会から疎外して、患者に健康被害の苦しみの上に精神的な苦痛を与えるという道義的、人道的な罪を犯してしまったのは事実であり、誠に残念なことであった。

チッソが開発し大量生産したアセトアルデヒドは、我が国の経済成長を促し市民生活も飛躍的に発展させた。だが一方では公害受難の悲惨な市民を生み出してしまった。アセトアルデヒド生産は豊かな市民と悲惨な市民に二分してしまったのである。幸いプラスの側に入ることができた私たちの豊かさは、マイナスの側に突き落とされた人々の悲惨な境遇と同根である。私たちは、二分され不運な人生を余儀なくされた人々に深く思いを致さねばならない。

今、ようやく、同じ水俣市に住む隣人として温かい思いやりの心を取り戻しつつある。隣近所で助け合い、励まし合って苦楽を分かち合う。これが大都会にない田舎の特質であろう。そのような水俣でありたいと思う。

「法的責任は、賠償を払いおえれば終わる。だが、道義的責任には、そのような期限はない。終わりが見えないという点で、本当は法的責任よりむしろはるかに重く難しい」、これは、江川紹子氏（ジャーナリスト、熊本日日新聞の「視界良好」）の言葉である。

二〇一六（平成二十八）年五月十六日、オバマ米国大統領は、広島の原爆祈念館を訪問し、講演を「私たちが選ぶことができる未来では、広島・長崎は核戦争の夜明けとしてではなく、道徳的な目覚めのはじまりとして知られるだろう」と結んだ。まさに水俣病についても言えることである。しっかり噛みしめるべき言葉である。

第4章　水俣再生の胎動期

受難のどん底から「新しい水俣」を創る

近年、全国的に、「地域おこし」「ふるさとづくり」などの取り組みが盛んになってきた。我が国は、先の敗戦で国は荒廃し、国民の生活はこれまで経験したことがない貧困のどん底に転落したが、国民の懸命の努力で世界トップクラスの経済大国を築き上げてきた。

地方自治体も経済的、文化的、社会的な基盤は確立し、効率の良い行政システムも整っている。東京と地方の間には大きな格差があるが、地方自治体の間では、どこの市や町に住もうが生活の質が大きく変わることは稀である。市長など首長が選挙で交代しても、住民の生活の質がただちに上下するということはほとんど見られない。安定している。そのような状況の中で、何故「地域おこし」であろうか。

資本主義経済の効率至上主義は、経済成長をもたらした。国民は物が溢れ、利便性の高い豊かな社会に生活しているが、ふと気付くと、大切なものでも効率が悪いと駆逐され、隣近所の連帯感、助け合い、絆はその影が薄くなり「無縁社会」と呼ばれるギスギスした社会に変容してしまっている。

そこで、「豊かさとは」「楽しさとは」「生きがいとは」という人間の根源的問題が問われだしたのではないか。人々が、知らず知らずの間に経済成長ムードの中に取り込まれている自己に気付き、自然との、人間同士との、地域との確かな手ごたえのある関係を取り戻さねばならない、と考え始めたのだろう。

「地域おこし」とは、現代社会との間に生まれた違和感を解消し、忘れてしまっている地域文化や風土に目を向けなおそう、という地域復権の試みである。また条件の異なった人々が、共に助け合い、不足を補い合って、生き生きとして楽しいコミュニティを自分たちで造ろうという運動であり、そして、ますます加速するグローバル市場経済主義の社会に危機を感じて、昨今、盛んに提唱されるローカリズム的地域づくりへの関心であると思う。

市長退任後、海外を含めて全国各地から呼ばれて講演をして回って、日本には経済的にも文化的にも目を瞠るほど発展した地域が多いのに驚かされた。比べて、水俣市の人口減少は止まらず、過疎化、高齢化が進み、地域経済も衰退の方向にある。しかし、そのような豊かな地域から「水俣のまちづくり」の講演に呼ばれるほど水俣への関心は高い。なぜなのかと考えた。

それは、今盛んに全国で取り組まれている「地域おこし」と、「水俣再生」は、同じ「地域づくり」と言っても根本的な違いがあるからである。水俣市は公害の受難で、戦後市民が営々と築き上げてきた経済的、文化的、社会的な豊かな基盤がすべて崩壊してしまった中での「新しい水俣づくり」であった。ゼロからの出発どころかマイナスからのまちづくりと言える。

すべてを失ったどん底からの再出発であったことが、当時、すべての自治体がめざしていた物質的豊かさ、利便性の高いまちづくりに拘泥せず、全国で最初の「環境都市づくり」という決断をすることができたのである。「環境、環境と叫んでいて飯が食えるか」と言われていた時代である。

また、水俣病を克服した新しい水俣づくりの試みは、「地元学」を基盤とした、現今高まってきたローカリズムに基づく地域づくりの先達でもある。

公害の悲劇があったから、二十数年も前に「環境都市づくり」、「ローカリズムに基づく地域づくり」という、極めて先進的選択を可能にした。全国から水俣が注目されているのもこの点であろう。

公害の発生は、多くの生命を奪い、健康被害を多発させた。市と加害企業チッソとが運命共同体であったことから、市民は幾つにも分裂し、地域経済は破綻、誹謗中傷・反目・抗争が渦巻く醜い社会に転落してしまった。もがけばもがくほど深みに引き込まれる蟻地獄に嵌った水俣市、その蟻地獄から懸命に這い上がろうとするその「もがき」が、水俣再生の構想を生み出したと思っている。

水俣は、福島など東北の被災地と重なる。だが福島の原発被災地の住民は、愛する故郷から追い出されてしまっている。再建すべき故郷を追われ他郷に暮す人々の虚しい心境を思えば胸が詰まる。それに比べれば、水俣には故郷が残っている。私どもは故郷に住み続けている。悲惨とはいえ、再建すべき場所があるから、再生への構想を組み立てることが出来たと思う。不幸中の幸い、と言うべきか。

市民の「水俣を何とかしなければ」という思いが高まったのが、水俣再生への芽吹きである。その鼓動が胎内から聞こえ始めたのは一九九〇年代の前半であり、私はその時期を「水俣再生の胎動期」と考えている。その動きを追って振り返ってみたい。

県が設けた異例のセクション水俣振興推進室

チッソは、長い期間にわたって工場排水を水俣湾に流し、湾内には水俣病を発生させた有機水銀を含んだ大量のヘドロが堆積し、危険な状態が続いていた。その高濃度の水銀ヘドロが堆積している湾奥部分を堤防で締切り、その中に湾内の二五ppm以上のヘドロを浚渫して投入し、封じ込めるという水俣湾公害防止事業が一九九〇（平成二）年に終わり、五八ヘクタールの広大な埋立地が出現した。

公害防止事業が終り、湾内の水銀が封じ込められ、水俣病発生の危険が薄れたことと、生まれた広大な埋立地を活用できることで、なんとなく明るい空気が市内に広がった。どんより曇っていた空から一筋の光がさしてきたようであった。


これを機に、熊本県は、企画開発部に「水俣振興推進室」という異例のセクションを設け、水俣再生に本腰を入れ始めた。当時の鎌倉孝幸室長、森枝敏郎課長補佐、田中義人参事など県職員の選りすぐった優秀な人材を水俣市に送り込んだ。

行政不信を強めていた患者と患者団体は、「県の職員は顔も見たくない」と、自宅や事務所などへ県職員が来るのを頑なに拒否していた。でも彼らは臆することなく押しかけて対話を試みる、という大胆な行動で市職員や市民を覚醒させた。

市民の若い層にも積極的に接触し、再生への意欲をかきたてた。市民のなかも「水俣湾埋立地の完成を機に行動を起こさなければ水俣は沈没する」という機運が生まれ始めた。

水俣振興推進室は、市を促して県と共催の大型の会議や、事業を展開した。世界の竹を集めた「世界竹林公園」の開設、環境モデル都市づくりの原点となった「環境に関する国際会議」や「環境創造みなまた'92」など、市民を巻き込んで広範に多彩なイベントを次々に開催した。眠っていた市も「環境水俣賞」の創設など独自の動きを見せはじめ、それに呼応して、一七の市民グループが連携した「水俣環境考動会」や地域団体の「寄ろ会」など、市民が企画するイベント、催しが続出し、春到来で一斉に開花した観であった。水俣再生への胎動がたしかに聞こえ始めた。

今思えば、多彩に展開された事業やイベントは、「環境創造」という理念で貫かれていたのに気づく。その当時から熊本県は水俣市の進むべき道は「環境意識の高いまちづくり」という指導方針を固めていたと思われる。県の上層部の方針だったのか定かではないが、水俣振興推進室が構想を練り上げたものとすれば、すごい人たちで水俣再生の影の偉大な功績者であったと尊敬している。

しかもそれを押し付けるのではなく、市民とともに考え、ともに行動を起こした。そのことで市民が環境の大切さに気づき、環境都市をめざす意志を固める原点になったと思われる。

これから、当時実施された事業やイベントを振り返ってみる。

一万人コンサートと緒方正人さん

その皮切りになったのは、一九九〇（平成二）年、完成したばかりの広大な埋立地を会場にして開催された「一万人コンサート」である。

当時人気絶頂のＮＨＫアナウンサーであった熊本県立劇場館長（当時）の鈴木健二氏の司会と

あって、そぼ降る雨の中にもかかわらず、会場は芦北町や出水市など近隣からも押しかけた一万人ほどの人々で埋め尽くされた。

ところが会場の入り口でビラを配る人たちがいた。緒方正人さんたちである。記憶が薄れたが「この埋立地は多くの人々の命を奪った水銀が埋まっている。また犠牲になった魚介類の墓場でもある。水俣病の原点であり、厳粛な鎮魂の場である埋立地で、歌など歌って浮かれるとは何ごとか」という意味の抗議が書かれてあった。

＊緒方正人さん　一九五三年、熊本県芦北町女島生まれ。水俣病認定問題に取り組むが、『チッソは私であった』という著書を出版し訴訟を離脱、「本願の会」を発足させて独自の運動を展開する。水俣から「東京・水俣展」の開催されている東京まで、木造の「打瀬舟」で航海した。「もやい直し」という言葉を初めて使用。著書に『常世の舟を漕ぎて』など。

市民誰もが、埋立地の完成は、暗い水俣が明るい水俣に転換する象徴ととらえていた。このビラの配布は、埋立地に対する市民や行政の認識を一変させることとなった。

会場の観衆が音楽に酔いしれている時、担当の県職員は雨の中で、さらに冷水を頭からかけられたような思いであっただろう。当時の細川護熙県知事は、後日「これから一切、埋立地では歌舞音曲のたぐいはしてはならない」と話されたと聞いた。

この事件が緒方正人さんとの初めての出会いであった。勿論、会話なしである。

その後、私が市長に就任して間もなく、水俣湾の親水護岸で「喜納昌吉&チャンプルーズコンサート」が開催され、若者たちが盛り上がった。この時は、積極的に動いている緒方正人さんが見かけられた。

この頃になると、埋立地は、「水俣病の原点」という認識が定着し、コンサートそのものも鎮魂の催しと理解されるようになっていた。

胎児性患者の写真展

水俣市で初めて開かれた国際会議「産業、環境及び健康に関する水俣国際会議」(一九九一年)の会場の文化会館のロビーで、「胎児性水俣病患者の写した写真を展示したい」と、カシオペア会という胎児性患者支援団体からの申し入れが、県の担当者になされた。しかし拒否されてしまった。私には拒否の理由は分からなかったが、カシオペア会に「水俣病を論議する会議に当の患者を締出すとは何事か、世界の学者に被害者の実態をよく見ていただくことが重要ではないか」と詰め寄られ、すったもんだの末にロビーの使用は許可された。

患者が撮影した写真を見た外国の学者は、「障害を持つ患者にもいろいろな能力が残されている、この残された能力を大切に伸ばしてやることが救済の一つである」と述べられたと聞いた。

この時、初めて水俣病胎児性患者を支援するカシオペア会という団体の存在を知り、それを組織し指導されている加藤タケ子さんを垣間見て、すごい人がいると感じた。

後になって、胎児性患者の福祉施設運営で深く付き合って戴くことになるとは夢にも思わなかった。

一万人コンサートと国際会議場での患者の写真展。この二つの出来事で、水俣病問題の解決や水俣市の再生に当たっては、被害者の気持ちを理解せず、意見も聞かず、行政の一方的な思い込みで患者のため市民のためと事を運んでも決して成功しないと学んだ。重要な教訓であった。

杉本栄子さんの人生哲学――「人様（ひとさま）はかえられないから、自分が変わる」

杉本栄子さん、雄（たけし）さんご夫婦に出会ったことで、私の人生は、大きな影響を受け人間としての道を学んだ。人生の師として尊敬している。

私が勉強させられただけでなく、水俣病を語る上では、杉本さんご夫妻を抜きにしては話にならないほど、患者や市民にも多くの影響を与えた人である。そこで、私が見た・学んだ人生訓と、杉本夫妻の生き様を振り返ってみたい。

栄子さんに初めてお会いしたのは市議会議員時代で、一九九二（平成四）年頃に栄子さんの講演を聞いた。「私たちは、大切な海を汚し壊してしまった。私たちが努力して、魚（いお）の湧く綺麗な元の海に帰して次の世代に渡さなければ申し訳ない。綺麗な海にかえすためには、国や県

杉本雄さん、栄子さんと
（二〇〇二年、杉本さん宅）

左から柳田邦男さん、杉本栄子さん、加藤タケ子さん
（二〇〇六年）

にお願いし漁民も懸命に努力しなければならないが、それだけでは海は生き返らない。魚たちが沢山湧く海に帰すために大切なのは、山の人たちが水俣川に綺麗でミネラルを沢山含んだ水を流し続けてくださることです」と話された。「山の人」である私は、「海の人」である栄子さんのその認識が嬉しかった。早速「その通りです。海ん者と山ん者が協力して綺麗で魚の湧く海を、楽しく希望に満ちた水俣を復元しましょう」と手紙をだした。それが交際の始まりである。

市長に就任して早速、地域全体で環境を守る「地域環境協定」を策定した。水俣川と湯出川の上流の全地域に締結してもらった。「川に物を捨てない。水路の上流で汚物を洗わない。山崩れを起こす危険のある場所の石などを採取しない」などと地域にある昔からの申し合わせやルールを文書化して市と協定して守ろうというものである。川の上流に住む人々の環境モラルの向上とその励行の約束である。現在も山の人たちの努力と協力で水俣川にはとても綺麗な水が流れている。それは、海の者と山の者との「もやい直し」の推進に大きな力になっている。

市長就任後、慰霊式で謝罪の式辞を読んだが、その決断をさせたのは栄子さんの「人様（ひとさま）は変えられないから自分が変わる」という言葉であった。

栄子さんは水俣病の病苦に加えて、周囲の人々や親戚にまで散々誹謗中傷を浴びせられて精神的にも追い詰められ、人情の希薄を嘆き、人を恨んでいたという。

それを見かねた劇症の水俣病で病床に伏す父、進さんは、「栄子、人を恨むな、どんなに恨んでも人の心は変えられんとぞ。自分が変わるこったい。自分が変われば心も休まっと」と諭されたと聞いた。

しかし、言葉では分かっても、理解し実行できるまでは厳しい難行の連続であったという。「幾度も自殺を覚悟しました」という言葉が語るように、大変な葛藤があったからである。

漁村というムラ社会には、「勝手に申請し病院にかかって、この地域から水俣病がでれば地域の魚は売れなくなる。地域全体が路頭に迷う、どうすっとか」「栄子が奇病と分かったので、親戚中の娘は嫁の貰い手がなくなる。我が家はもう親戚ではない、交際はしない」など、地域共同体を守るために、個人の権利を束縛する村八分という制裁がある。

それらから逃げられないという諦観、被害者意識、人生や生きる価値の喪失感など、残酷な現実と自分の存在の意味を問う葛藤である。

栄子さんは、見事に答えを見いだし乗り越えられた。「栄子人生哲学」の誕生である。私は、栄子さんのこの一大発想の転換、価値観、人生観の大転換を「栄子人生哲学」と呼ぶことにしている。

人生観の転換というのは、平々凡々の生活の中で、人の話を聞いたり本を読んだりするだけで簡単にできるものではない。生死を分ける激流の中で変えなければ生き抜くことは出来ない、という必然があったからであろう。

栄子哲学は「水俣病は、私にとって〝のさり〟（天からの授かりもの）でした」「人様は変えられないから、自分が変わる」という言葉に集約されると思う。その後の栄子さんの人生は大きく変わった。さらに言えば、人生に光を見出し、暗い過去も明るく変えてしまわれた。

乗り越えるとはこだわりを捨てるということだろうか、こだわりを捨てた先に新たな地平が開けた。新たな地平は、栄子さんの心に平穏をもたらしてくれたと思う。

村上和雄（筑波大学名誉教授）さんという人間の遺伝子を全部解読された最先端の科学者は、「研究を進めれば進めるほど、その先に人知を超えた偉大なものの存在に気づかされる」と言われ、それを「サムシンググレート」と呼んでいる。「科学は自然を征服する」などと豪語する人々への警告であろう。栄子さんも、水俣病の苦しみとの戦いの中で、人知を超えた偉大な存在を感じられたのだと推測している。

講演で栄子さんと再々一緒になった。栄子さんの知名度は抜群であり、どこへ行っても栄子さんの話が出る。話されたことが話題になっている。マスコミの取材の多さも群を抜いていた。

著名人の関心も高く、有名なノンフィクション作家の柳田邦男さんもその一人である。講演で栄子さんと同席し、その話に感動されて水俣においでの折には、必ず杉本家を訪問され長時間にわたって栄子さんの話に耳を傾けておられた。例をあげればきりがないほど、数多くの著名な人びとがその話に感動されている。

何故だろうか。推測すると、栄子さんの話は想像を絶する公害受難の体験談である。公害の悲惨さ、理不尽さ、非常さ、恐ろしさ、それに追い打ちをかけた地域の崩壊に起因する偏見差別、誹謗中傷、村八分、など。栄子さんの独特な水俣弁の語り口には存在感があり、抜群の説得力があり、そして聞く人に大きな衝撃を与える。それだけでもすごいのだが続いて、「水俣病は、私にとって〝のさり〟でした」とか「人は変えられないから自分が変わる」などと、水俣病を容認し、むしろ水俣病罹病を喜び感謝しているとも受け取れる意外な言葉が飛び出す。初めて聞く人は、その意外性に驚く。話を聞き進んでいくとやがて納得させられる。そして共感を覚える。という流れになり、いつの間にか独特の物語に巻き込まれてしまっている。

所謂、「栄子哲学」に対する驚きと感動と共鳴が一緒に訪れる。私も何回も聞いたが飽くことはなかった。

栄子さんは、胎児性患者が働いている福祉共同作業所「ほっとはうす」に深く心を寄せられ、理事長として、その開設や運営に渾身の努力をされた。

胎児性患者は水俣病の象徴的存在であるが、これまで自宅や施設に囲い込まれて、一般社会から隔離された生活を送っていた。劇症の患者と認定され、多額の補償金が支払われているので、十分に福祉的な救済がなされていると思われている。栄子さんは「福祉とは、障害者を生かすことではなく、一般社会の中でみんなと一緒に働き、遊び、楽しみ、苦しみ、悩む生活を支援し保証してやることである。生まれてきた喜び、生きる喜び、働く楽しさなど、いわゆる人生の生き甲斐を感じさせることである」と常々話されていた。

自ら、肉体的、精神的な苦悩を乗り越えて到達した「水俣病は〝のさり〟であった」という心境を、胎児性患者の皆さんにも体験させてやりたいとの思いがあり、その実験の場として「ほっとはうす」があったと思う。

子供たちへのハイヤ踊り[*]の指導や、講演の時の姿は、元気そのものと見えた。しかし実際はそうではなかった。栄子さんもまぎれもない水俣病患者であった。講演旅行で同じ旅館に泊まったことがあったが、講演が終わると、ぐったりして話すのも億劫という痛ましい姿だった。疲れ、苦痛に耐え、それでも与えられた使命を果たそうとする、痛ましいというより、壮烈という人生だったと思っている。

＊ハイヤ踊り　一九九七年、もやいなおしセンター「おれんじ館」で催された「もやいと出会いの夕べ」で、東京荒川座の人たちが「牛深ハイヤ」の熱気に感動、演出家の三浦恒夫さんは、「水俣再生のエネルギー」を予感された。杉本栄子さんも、「言葉だけでは気持ちは届かない」、地域の芸能の中に根づいている思いを重ねることで「もやい」が生まれると共鳴し、栄子さん、三浦さん、加藤タケ子さんが共同して創作したのが、「二〇〇一水俣ハイヤ」である。文化会館で披露され、二〇〇一年「地球環境汚染物質としての水銀に関する国際会議」の閉会式にも華を添えた。

二〇〇八年、訃報を受けて駆け付けて拝顔、美しいお顔での眠りであった。市民として、患者として、天から与えられた使命をしっかり果たした、という達成感が安らかなお顔に浮かんでいた。燃え尽きた美しさであろうか。

栄子さんの人生の後半は、「慈愛、感謝、祈り」の菩薩行であったと思う。

栄子さんばかりの話になってしまったが、夫、雄（二〇一五年没）さんを忘れることはできない。若いころ、栄子さんにぞっこん惚れ込んで、栄子さんに水俣病の症状が出始めているのを十分に承知の上、「栄子には俺が必要だ」と結婚を申し込まれたと聞いたことがある。覚悟された運命とはいえ、水俣病との壮絶な闘いが待ち受けていた。

杉本家を継いだのは栄子さんで、常に表の役割をし、雄さんは、それを支える裏の役割であり、その表裏一体の絶妙さにはいつも感心させられた。長い付き合いであったが、お二人の言葉や行動にいささかの食い違いも見出すことはなかった。完全一致である。世間が注目した栄子さんの言動は、雄さんの支えの上にあり、栄子さんと雄さんの言動は完全に重なっていて、栄子哲学は即、雄哲学であると言える。雄さんの賢明さと心の大きさが生み出したものであろう。

「水俣病は〝のさり〟であった」などの一連の言葉は、「加害企業チッソを利するもの」との批判も聞こえてきた。しかし第一次訴訟の闘争以来、激しくチッソに反省を求める姿勢は一貫していて、栄子哲学は決して加害者を利するものではない。

栄子さんと雄さんの「杉本哲学」は、悲劇に遭遇して悲惨な生活を運命と諦めるか、それを契機により良い生き方に方向転換するか、運命を左右するのは心の持ちようである、と自らの生涯で示されたものであると思っている。

コラム

食物連鎖と自然信仰

二十六歳で夭折した詩人、金子みすゞの童謡に、

海の魚はかわいそう。
お米は人につくられる、
牛はまき場でかわれてる、
こいもお池でふをもらう。

けれども海のお魚は
なんにも世話にならないし
いたずら一つしないのに
こうして私に食べられる。

ほんとに魚はかわいそう。

というのがある。また、

朝焼け小焼けだ
大漁だ
大羽鰮（いわし）の
大漁だ
浜は祭りのようだけど
海の底では何万の
鰮のとむらい
するだろう

ともうたっている。

生命を維持するためには、他の生物の命を犠牲にしなければならない。大自然には命の循環、食物連鎖という掟があり、人間もこの掟から逃れることは出来ない。当然のこととして動植物を殺めて食べている。

私は百姓。水田で作業していると、よく蛇が蛙を捕えて飲み込んでいるのに出会う。何回見ても、そのむごたらしい光景に背筋から脳裡に強烈な電気ショックが走る。蛙を助けようと蛇を打つ棒を探す。しかし自分とどう違う？　牛や豚を食べ鶏の首を絞める、大根や菜っ葉を引き抜く、八十数年の人生は殺傷の連続ではなかったか、蛇よりも酷いではないか、との思いに至り、蛇を打つのを止めて黙視して只々冥福を祈る。この繰り返しである。

農林業を営んでいると、大自然の恵みを受けて成り立っていると実感する。常に自然との良き共生を願って生活してきた。「山川草木悉皆仏性」という自然信仰が生活の中にある。

人間は、食物連鎖という掟と自然信仰の生命観の狭間で悶え悩んだ末に「食われた生物の生命は、食った生物の命として生まれ変わり、永遠に生き続ける」と考えることで悶えを消し、安らぎを得たと思われる。食べ物に感謝の念が生まれたのだろう。先人の素晴らしい英知であると感心している。

栄子さんは、漁師である。大漁を喜びながら、常に魚たちの悲しい弔いに思いを馳せられていたと思われる。「魚たちを殺す自分は、チッソと同じではないか」としんみりと話されたことがある。

水俣病は食物連鎖を壊してしまった。海に浮いた魚、汚染魚として根こそぎ捕獲された大量の魚は、ドラム缶に詰められ埋立地に埋められた。他の生物に食べられ、その生物の生命として生き続けることは叶わなかった。無駄死にと言える。
栄子さんは「火のまつり」で一心不乱の祈りを捧げていた。無駄死にした魚たちの無念な魂の鎮魂であり、慰霊の祈りであったと思う。

産業、環境及び健康に関する水俣国際会議

熊本県の企画で、一九九一（平成三）年十一月、国連大学を中心にして、熊本県、水俣市の共催で「産業、環境及び健康に関する水俣国際会議」が市文化会館で開催された。水俣市の歴史で初めて同時通訳による本格的な国際会議の開催であった。また、水俣市の再生について、世界の有識者を交えて、初めて論議が始まった記念すべき会議でもあった。会場は一〇〇〇人を越える市民で満員となった。

世界八カ国から、ローランド・フュックス国連大学副学長、水銀の研究で世界の第一人者であるフィリップ・グランジャン、デンマークのオデンス大学教授など一一人の著名な学者。国内から、原田正純熊本大学助教授、鈴木廣九州大学文学部長、舟場正富広島大学総合科学部教授、光

岡明近代文学館館長など九人、合計二〇人の学者によって三日間にわたり、「水俣の将来のあるべき方向」などについて熱い講演や討論がもたれた。

熊本県が設けた「水俣振興推進室」の鎌倉室長と森枝次長が拙宅に訪れ、私に「市民、県民を代表して、会議のパネリストとして討論に参加してもらいたい」と強く要請された。私は「何で私が？ヒラ議員ですよ。市長、議長など偉い人がいるのに。ヒラ議員が出る幕ではないでしょう」と、断った。押し問答が延々と続いた。痺れを切らしたのか、鎌倉室長の声が突然大きくなり「俺はよそ者、それでもこの悲惨な水俣をどうにかしなければと嫌われながら懸命の努力をしている。なんか、水俣の腰抜けどもが。水俣再生は議員の役目ではないか。今の水俣には、そげん弱虫議員いらん。即刻辞めたがよか」すごい剣幕であった。

「そこまで言われたらやりますよ、やればよかでしょう」売られた喧嘩を見事に買わされ、著名な学者二〇人の中に唯一の市民代表として参加することになってしまった。

開催までは、二カ月ほどの期間があったので、市民代表として恥じないよう、度々徹夜をしながら記録や関係文献を参考にして構想をまとめた。

パネリストを引き受けて約二カ月後、会場を埋め尽くした市民は、同時通訳のレシーバーを耳にして三五年間逃げ続けてきた水俣病問題と真正面から向き合い始めた。

会議のパネルディスカッションでは、次のように発言、提言を述べた。以下は、発言を項目ごとに要約し整理したものである。

（1）目指す都市像の転換――「環境、健康、福祉を大切にするまちづくり」

水俣市は、これまで「工業、観光都市づくり」をめざして大きく躍進してきた。だが工業化のリスクである企業公害の発生によって、大きな打撃を受けている。ここで、「工業、観光都市」から「環境、健康、福祉を大切にするまちづくり」に、目指す都市像を大きく転換することを提案する。

しかし、経済後進地域である水俣市は、近代文明の利便性を失ったり、経済発展を阻害されたりするのであれば、市民の合意形成は不可能である。環境活動がとりもなおさず産業活動を活発にし、かつ心の豊かさをも獲得できる社会構造を組み立てるべきである。

（2）公害被害の救済とは――崩れてしまった「内面社会の再構築」の必要性を提起

水俣病の解決とは、水俣病患者救済が第一であるが、それと共に失われた環境、自然をいかに蘇生させるか、破壊された経済や社会をどう再生するか、傷ついた市民の心をいかにして癒すか、失われた連帯感をどのようにして修復し、水俣に住む喜びや誇りを取り戻すか、多くの問題を含んでいる。

（3）水俣病の教訓の確立――悲劇をプラスの遺産に

世界には、多くの偉大な歴史遺産、文化遺産などが存在する。それらは、住民の過酷な労働や悲惨な犠牲によって建造されたものが多い。しかし、長いタイムスパンを経て観光資源などとして後世の住民は潤っている。水俣病の悲劇もプラスの遺産に価値転換して、水俣に住む後世代の人々の幸福につながなければならない。

（4）教訓の発信のあり方――語り部制度の提案

そのために、水銀ヘドロの埋立地には、水俣病資料館などを整備して、水俣で発生した「人間の愚行」を世界に発信して、二度と愚かな行為を繰り返さないよう警鐘を鳴らさねばならない。

資料館などの教訓の発信には、ハードな部分は行政が、ソフト即ち魂の部分は患者が担い、正確にしっかりと伝えたい。

（5）環境保全、循環社会を目指す

ごみ焼却場で、市民がごみの分別の規則を守らなかったことで爆発が起こり焼却場が破損した。恥ずかしい限りである。工場排水という「企業のごみ」から水俣病は発生した。その反省から、ごみの少量化、資源化、安全処理を進め、空き缶を拾う市民を誇りにするのでなく、空き缶を拾う必要のないまちを誇りにしたい。

市民生活は、生態系、自然を大切にする立場から市政全般を洗い直すことが必要である。

（6）市民が主体となる

水俣市の将来をどのように創造するか、水俣病発生から三五年経過した今、市民が主役を

演ずる時を迎えている。
と以上のように提言した。

コラム

市政への意欲に火をつけた鈴木廣九州大学教授

国際会議の打ち合わせや、控え室での会話は、すべて英語でなされ、私は何も分からない。幸い、九州大学文学部長の鈴木廣教授が、外国の学者との会話も親切丁寧に通訳してくれたので貴重な意見を拝聴できた。特に、学者との会話の中に、「水俣市の再生は、結局は、全身火傷を覚悟で火中に飛び込み、市民の再生への意欲を奮い起こさせ引っ張っていく指導者が現れるかどうかである。私たちの提言はその参考にしかならない」という強い言葉があった。鈴木先生も「吉井さん、頑張りなさいよ」と奮起を促された。これまで水俣市の現状を憂慮してはいたものの、自分が先頭に立とうとは考えていなかったので強烈な刺激となった。
鈴木廣先生は、市長当選直後、新聞に「拝啓、吉井水俣市長様」と一文を寄せてくださった。「国際会議の壇上で隣席になり、『今、ヘドロ処理も終わり、環境モデル都市に転換するために市民が主役を果すときが来た。市政の中に後世に伝えていけるような理念と哲学をつくろう』という格調の高い、長期的な視点に立った吉井さんの提言が印象的であった。水俣は、徳富蘇峰・蘆花兄弟、渕上毛銭、谷川健一・雁兄弟、石牟礼道子など、特異な文人の系譜がある。新市長のまちづくりの理念、哲学の中に、美の創造、心の美しい水俣という都市像を考えていただきたい」と述べられていた。市長任期中常に心に刻んでいた言葉である。

この会議にパネリストとして参加したことで、原田正純先生や舟場正富先生などとお会いし、親しく会話ができるようになったのは、私の将来に大きなプラスをもたらしてくれた。

産業による環境破壊と地域再生、水俣の教訓を世界へ

一九九二（平成四）年、前回に続いて二回目の国際会議が開催された。

今回の会議は、鈴木健二県立劇場館長の司会で、原田正純、丸山定巳、舟場正富の各先生、外国から四名の学者による講演があり、続いてパネルディスカッションでは、水俣病患者代表として、川本輝夫、濱元二徳、石田勝、橋口三郎の四氏と、市議会を代表して私が参加した。

患者代表が公の場で思いを訴え、有識者らと意見の交換をしたのは初めてのことであり、患者

の話を聞いた多くの市民は、水俣病被害者の実態と悲劇の深刻さを知ることになった。

私は、パネルで、水俣の憂慮すべき現状、求める新しい水俣の姿、水俣病対策の問題点などを述べた後、次のように提言した。

（1）産業活動と自然環境の調和を図るために、企業のあり方について基本的な考え方を確立し、生態系を尊重した農林漁業対策を策定すること。

（2）水俣病被害者をはじめ、高齢者や障害者に対する医療、介護支援、社会復帰のための施設や法人組織の整備。住民の健康管理システムの構築など、環境都市とともに、福祉モデル都市づくりをめざすべきである。

（3）市の環境政策の方針を示す、「環境基本条例」「環境基本計画」の策定を急ぐこと。

（4）市民のライフスタイルは、物質的豊かさだけに執着せず、物心両面の豊かさを同時に求めるライフスタイルを創造すべきである。

（5）チッソについて――水俣病補償の完遂と地域雇用を確保するためにチッソの存続、経営強化を目的とする県債発行を市あげて要請し続ける。さらに、チッソが環境先進企業のモデルになれるよう経営方針の刷新を望みたい。

（6）水俣市再生へ、市民主導の時を迎えている。立場、価値観の違いを超えて、対話のできる「市民の会」を結成し、強力なアクションを起こし国を動かそう。

全国市町村議員たちと北欧研修視察へ

一九九二（平成四）年、ヨーロッパ四カ国を視察する「都市政策と行政事情視察団」に、全国一〇市町村の議員三三名と水俣市議会から共産党の嘉松健三議員と私が参加した。私の視察の重点は、北欧の福祉政策とデンマークの環境政策であった。

デンマーク人はゲルマン民族で金髪、碧眼、幅が狭くて高い鼻、高身長である。そんな彼らに囲まれて私は身体的劣等感に襲われた。デンマークは国土の七五％は農地で酪農王国と聞いていたが、実際には、農業就業者は七％で、半導体産業中心の工業国であった。

スウェーデンとともに世界トップの福祉国家で高齢社会福祉は勿論、教育・医療もすべて無料で、それを支える租税負担はＧＮＰの約五〇％を占める高負担で驚きであった。

「北欧では福祉病で、働く意欲を失い、高齢者などが公園に放心したようにたむろしている」と聞いていたが、日光浴を兼ねて散歩する老夫婦は、朗らかで生き生きとしていて、見ると聞くとでは大違いであった。

デンマークのコペンハーゲン市の環境政策には大きな刺激を受けた。缶ビール、缶ジュースは製造されず、ビールもジュースもすべてびん詰であった。使用済みびんの一〇〇％近くが再生使用されている。びんのリユースリサイクルが省資源、資源再生の優等生であることに気づかされ、水俣市のリサイクル工場誘致につながった。

自動販売機が見当たらないので、聞くと「そんな物は作らないし、必要もない」との答えが返ってきた。我が国は山の中まで至る所に自動販売機がある。喉が乾けば何時でも飲める。これが高度に発展した社会であると誇りに思っていたが、デンマークを見て「素晴らしい社会」という概念に対し、全く思い違いをしていたことに気づいて恥ずかしくなった。

一般廃棄物は一四種類に分別、リサイクル率五八％と驚きである。ごみ発電などの再生・資源化が、デンマークでは二十数年前に実際に動いていた。環境衛生局の責任者に「このような見事な環境政策はどうして可能になったのか。市民の意識を高めるために、どう努力されたか」と質問したら、「まったく反対です。市民の意識が高く、行政は市民から突き上げられて後追いです」との答えが返ってきた。

環境政策は、市民意識と共鳴するものでないと成功しないことをしっかりと学び、環境行政の組織、行政と市民との関係、企業と産業廃棄物対策などを詳細に勉強した。

フランス、イギリス、オランダでは、福祉行政を主に研修し、その充実ぶりに驚かされた（詳細は省略する）。

駆け足の研修旅行であったが、初めて肌で感じた欧州の感触は、本を読み、話に聞いて描いたイメージとはほど遠く、とても強烈で、環境問題や福祉の取り組みなどでは開眼させられた。

ブラジルでの国連環境開発会議（国連環境サミット）に参加

一九九二（平成四）年六月、ブラジルのリオデジャネイロ市で環境サミットが開催された。その会議の一つ「国際都市フォーラム」という会議が、クリチバ市であった。

世界五三カ国から都市の代表、約七〇〇人が出席して環境問題を論議する会議である。熊本県から要請があって、県の魚住環境公害部長、鎌倉水俣振興推進室長、田中参事や関係職員らとともに、水俣市から小松助役、松本満良市議会議員、宮崎芳博市職員、それに私が参加した。

ブラジルは、地球儀で見ると日本の正反対側にあり、最も遠い国であり、世界最大の熱帯雨林と全長六五〇〇kmの巨大なアマゾン川で有名である。

クリチバ市は、世界でも有名な環境都市で緑地や公園が至る所に設けられた美しい街であった。環境関係の官庁や会議場は美しい森林公園の中にあった。

だが二十数年前のブラジルは、開発途上国で貧富の差が大きく、市街地には高層のビルが立ち並び、活気溢れる商店街。一歩郊外に出ると道路の両側にはバラックの貧民街が延々と続いている。ちぐはぐの景観に驚いた。

ところで、クリチバ市は、一九六〇（昭和三十五）年には、市の環境計画が策定され、日照権の保護のため高層ビルの高さは制限があり、工場団地は住居地帯から完全に分離するなど環境整備に予算の五〇％を投入。バスを中心に公共交通システムが完備し、整然と車が流れ、大半の車はサトウキビから作ったバイオ燃料で走っていた。その当時でも世界から注目されている素晴らしい環境都市であった。開発途上国であっても「やればできる」ということである。

熊本県と水俣市は、会場の一角に水俣の特設コーナーを設けて、水俣病の悲惨な実態と教訓をパネルで掲示し、資料を配布して水俣病公害の発信を試みた。舟場正富広島大学教授が代表して講演をされた。水俣病に初めて触れた多くの国の参加者が関心を示し質問してくれた。

会議に参加した都市は、それぞれ環境への取り組みを発表し、非常に参考になった。会議では、論議の結果を「すべての市民への基本的サービスは環境を劣化させてはならない」「廃棄物の量を最小限にして最大の経済的効果を上げる」など九項目を盛り込んだ「クリチバ宣言」にまとめられた。これは水俣市の環境都市づくりの指針にもなっている。

ところで、水俣市の公害経験を世界に役立てたいと大変な意気込みで参加したが、サンパウロの日本語新聞を見て愕然とした。

「ブルントラント委員会は、日本の提唱で設置されたものだが、それなのに他の国から見ると、その後も日本の経済は無茶苦茶に走り、国内のみならず世界各地で環境破壊を続けている。その結果で得た果実を途上国に援助として撒き、これだけ金を出しているのだからと言っても通じない。今、問われているのは日本のそうした成長体質だ。持続可能な発展は可能かという命題は日本、アジアで解かなければならないのに、NGO（非政府組織）を含めてその自覚が余りにも希薄だ」と述べて、さらに「ブッシュ政権にも環境重視の姿勢は全く見当たらない。日本はどうか。アメリカと違うのは景気が良かったことだけだ。ゼロ成長とか一～二％の低成長でもやっていける社会システムをつくり上げねば、やがて環境政策も後退してしまうのではないか」と、厳しい指摘がなされていた。親日派のブラジルにしてそうである。

日本が高度経済成長の過程で行なった世界の森林の乱伐や、海外に進出した日本企業による目に余る公害が指摘されて久しい。私もラオスで乱伐された森林の無残な跡地を見て唖然としたことがある。強い反省が必要である。

私は、この新聞を読んで、世界の先進都市の指導者に求められているのは、地域限定型の公害を含めた地球環境破壊をどう防ぐか、さらには、地球の有限な資源を再生不能な形で使い果たし、子孫に犠牲を強いてはならないという人類共通の哲学「持続可能な発展」を、いかに現実のものにするかである、と考えた。

サンパウロ新聞の指摘は「日本にはそれが欠けている」というのである。水俣市が目指す新しい都市づくりの根底に、この人類共通の哲学「持続可能な発展」が脈打っていなければ、世界に範となる環境都市にはなれない、との思いを深くして帰った。

研修・学習などで保守派の環境意識変革を進める

私が市議会議員時代の水俣市政は、チッソを中心にする保守とチッソ労組を核とする革新が激しく対立していた。自民党とチッソの新労組（会社側の労組）を基盤とする市政同友会が与党を形成し、合同化学産業労働組合傘下のチッソ旧労組を基盤とする社会党や共産党などが野党であった。

市政は、議会の多数党の動向でほぼ決定する。特に、市の将来像・将来計画は議会の全面的な賛同を得ないと実現しない。

環境サミットから帰った私は、これからの水俣の歩む道は「環境を大切にする都市」しかないと思っていた。しかし市民の保守派には、資本主義経済による国づくりを基本とする長期政権与党とのパイプを通して工業を発展させ、大都市の活力がもたらすトリクルダウンで地方も豊かになると信じていた。特にチッソ城下町として栄えてきた水俣であるから、チッソの復活で工業都市を強化し水俣市を再生したいという願望が強かった。

県の水俣振興推進室の活動で、「環境を大切にする水俣づくり」という考え方が浸透して、保守派の議員の思考も大きく変わってきたが、チッソ寄りの市民を基盤とする保守派議員が、「工業・観光都市」という看板をはずして「環境モデル都市」に掛け替えることに賛同するか、どうかは予断ができなかった。

「環境モデル都市」への看板の掛け替えは、革新系の野党議員は積極的に推進していたが、多数派の自民党議員をはじめとする与党議員が賛成しないと実現しない。保守派議員の意識変革が進むかどうか、が市長選挙立候補の分岐点であった。

ある飲み屋での出来事である。ひどく酔ったある自民党議員が、県の水俣振興推進室の鎌倉室長に「よそ者が太か面して。環境のまちづくりなどと、水俣ばかきまわすのは止めろ」と噛みついた。怒った室長は「お前こそ議員面して、その太か態度はなんか。水俣づくりには何にも出来んくせに」と立ち上がって、胸倉を掴んで喧嘩が始まった。中に入って引き離し宥めながら、保守派議員の中には、胸中にもやもやしたものが残っているのを知らされた。

市議会議員は信念を持った政治のプロであり、単なる説得で意識を変えられるものではない。自らの内発的意識改革が起きなければどうにもならない。意識の改革は本物を見る、本物にふれる、本物の話を聞かなければ生まれないと思っていた。そこで私を含めて、環境都市づくりの構想をしっかりと固めるために、本物にふれる議員研修が出来ないかと考えた。

オーストラリア研修で環境都市行政を学ぶ

一九九二（平成四）年、国際会議の後、当時、日豪友好国会議員連盟の会長であった魚住汎英参議院議員（当時）から、「初めて熊本空港からメルボルンへ直行のチャーター便を出す。八代から親善訪豪団が参加するが、一緒に行かないか」と誘いがあった。本物を見る研修に「渡りに舟」いや「渡りに飛行機」が現れた。五名の自民党市議会議員と共に、環境国家オーストラリアに自費研修を敢行することにした。

航空機がオーストラリアの領空に入ると、「これから禁煙です。オーストラリアでは公共施設など禁煙で、指定の場所以外での喫煙は罰金を取られます」と機内放送が流れ灰皿が片付けられた。空港に着いてロビーに出ると、四人とも私に「頼む」と荷物を預けて走り去った。「喫煙場所はどこだ」と血眼で右往左往。四人ともヘビースモーカーであった。

入国と同時に「環境都市とは他人に迷惑をかけないまちである」と聞いてきたが、環境国家・福祉国家の厳しい一端を垣間みた。

事前に、日豪友好議員連盟の会長の魚住参議院議員に、「議員五人が豪州旅行団に参加するのは環境行政についての研修が目的です」と伝えておいた。

おかげで、メルボルンでは、ビクトリア州副首相の出迎えを受けた。私たち五人と八代市の議員の六人は観光団体とは別行動で、環境局や観光局の企画業務部長らから、オーストラリアの環境・観光都市づくりの理念や取り組みについて説明を受け、意見交換をすることができた。

タスマニア州の首都ホバート市では、政府主催の夕食会に招かれ、後でピーター・ホフマン環境大臣や環境担当係官から環境行政の説明をいただき意見交換し、次いで環境都市で有名なデボンポートの市長を表敬訪問し、市の環境行政について説明を受け、市内の環境関係施設を視察研修することができた。

デボンポートは、町そのものが公園で、公園の中に住居がある。週末は一斉に庭の芝刈りが行なわれ、自宅周辺の道路も一緒に清掃される。環境管理費は市の予算の二五%とのこと。市の衛生課のごみ収集などの清掃作業は早朝に行なわれ、市民が出勤したり仕事が始まる前には終わっている。極めつけは「ごみ焼却場は」との問いに市長は「ありません」と澄ましている。ほとんどリサイクルするという。「リサイクルできないものは」と尋ねると「リサイクルできないものは基本的には製造しないが、製造元に送って処理させる」「少しの利便さのために環境を破壊するより、不自由さをみんな工夫しながら楽しみます」と。

徹底した環境に配慮したまちづくりに瞠目した。「環境都市づくり」を簡単に考えていたが改めて強い覚悟が必要であると実感した。

タスマニア島は、十九世紀頃には英国の犯罪者の流刑の島であったと聞いた。ポートアーサやロスという町には、監獄や強制労働の遺跡があり、当時の悲惨な受刑者の生涯が偲ばれる。その子孫は、営々と島を開拓し、牧場など産業を起こし、豊かな美しい島を築き上げてきた。島民には罪人の子孫という僻み、自己卑下は毛頭もなく、英国に対する怨念もない。むしろ英国の王室をとても尊敬している。そこには、自力で島を豊かに美しく築きあげてきた自信と誇りが、これまでの苦難のすべてを解消し、過去の悲劇を乗り越えてきた逞しい開拓者の魂が覗かれた。世代を超えた禍福の転換である。

我々も、いつの日か、水俣病の悲劇を見事に次代の幸福に転換しなければならないと強く決意することになった。

タスマニア島の産業や美しい景観形成の歴史に感銘を深くした私たちは、夜はホテルで研修の感想や水俣市の将来について話し合った。その結論は、これから世界の進むべき道は、環境を保全し持続可能な都市づくりであると認識するに至り、環境破壊の公害を被った水俣がその範を示すべきである、と思いは一致した。オーストラリア研修で、議員団の政治意識は大きく変わった。


市長に就任した翌年一九九五（平成七）年、オーストラリア・タスマニア島の中心にあるデボンポート市と姉妹都市の仮提携をし、翌九六年四月に、水俣市議会議場に、ジョン・スクイップ市長や議会議員ら二一名の友好使節団を迎えて、水俣市会議員全員と多数の市民が出席して、友好姉妹都市提携に調印した。

姉妹都市を提携してから何回もデボンポート市に市民交流団を派遣し、環境都市づくりについて学ぶとともに、ホームステイによる海外旅行を楽しんでもらった。

デボンポート市は、水俣市のようにリアス式の海に面し、市内を一本の川が流れ、周囲を山林が囲んだ公園のような綺麗な二万五千人の都市である。市民の公徳心や環境意識がとても高いので、環境都市づくりを目指す水俣市民にとっては立派な実物見本である。

竹下総理時代の地方創生基金を積立てていたのを利用して、中学生をデボンポートの市民家庭でホームステイをさせ、現地の中学校で勉強するという研修旅行を実施した。英語の研修や豪州の市民生活の実体験は大変効果があったと思っている。

デボンポート市との姉妹都市提携を機に、「水俣市国際交流協会」を立ち上げた。

私が市長を退任してからも、姉妹都市と国際交流協会の交流は続いている。うれしい限りであるが、中学生の研修旅行は「経費がない」と取り止めになったと聞いて少し寂しい思いである。

恋路島にコアラの動物公園か、環境大学を

オーストラリア研修には、もう一つ「コアラなどの自然動物公園の可能性について」という研修課題を持って行った。デボンポート市と姉妹都市提携ができたら、タスマニア島だけに生息するコアラ、ワラビー、ウォンバットなどの有袋類を輸入して、有袋類自然動物公園を建設しようというのである。

そのために八代市の小薗純一市議会議員と、氏の母校である日本獣医畜産大学の野生動物学教授の和秀雄(にぎ)博士らに同道してもらって指導、助言をいただくことにした。

ワールド・ライフパークにある有袋類の自然動物公園を訪ね研修した。園ではアンドロ・ケリー副園長から親切に説明をいただき、「コアラの自然公園開設を決断されたら、当園が研修生を受

オーストラリアを視察した
自民党議員研修団と
八千代市小薗純一市議会議員
（一九九二年一一月デボンポート市の丘で）

右からタスマニアのジェフ・スクイッ
プ市長、長野諭氏（長野建設社長）、
松下君代氏
（一九九五年六月）

デボンポート市と姉妹都市調印式
（一九九六年四月）

け入れますよ」と積極的な支援を約束された。

コアラの食物はユーカリの葉である。ユーカリには多くの種類があるが、コアラが食べるのは極く限られ数種類であるという。その種子をいただいて持ち帰り、山手町の区長さんらが試験栽培を始めてくれた。順調に育っていて、開園すると産業になるはずであった。

市長選挙公約の一つに「有袋類の自然公園」を掲げた。菊池郡旭志町（当時）にすでにワラビー、ウォンバットなどの有袋類の動物公園が開設されていたので視察したり、専門家の意見を聞いたりと検討を重ねた。その結果は有袋類の動物公園の経営は極めて難しいということが分かってきた。特に貴重な種類の動物であり、もし死亡させることになると、「生物の命を大切にする水俣」にとってダメージは大きい。私は牛、豚、鶏、ヤギなどの家畜を飼った経験があるので、経営の危険性は理解できて断念することにした。研修に参加した自民党の議員からきついお叱りを頂戴した。

恋路島

実は、その自然動物公園の立地は、恋路島を考えていた。恋路島は水俣湾に浮かぶ緑の無人島である。島の森に放し飼いにして自由にその生態を観察できる公園にしたいと思っていたが実現しなかった。

郵便はがき

料金受取人払

牛込局承認

7198

差出有効期間
平成29年6月
21日まで

162-8790

（受取人）

東京都新宿区
早稲田鶴巻町五二三番地

株式会社 藤原書店 行

ご購入ありがとうございました。このカードは小社の今後の刊行計画および新刊等のご案内の資料といたします。ご記入のうえ、ご投函ください。

お名前	年齢

ご住所 〒

TEL　　E-mail

ご職業（または学校・学年、できるだけくわしくお書き下さい）

所属グループ・団体名　　連絡先

本書をお買い求めの書店	
市区郡町　　書店	■新刊案内のご希望　□ある　□ない ■図書目録のご希望　□ある　□ない ■小社主催の催し物案内のご希望　□ある　□ない

書名

読者カード

●本書のご感想および今後の出版へのご意見・ご希望など、お書きください。
（小社PR誌『機』に「読者の声」として掲載させて戴く場合もございます。）

■本書をお求めの動機。広告・書評には新聞・雑誌名もお書き添えください。
□店頭でみて　□広告　□書評・紹介記事　□その他
□小社の案内で　（　）　（　）　（　）

■ご購読の新聞・雑誌名

■小社の出版案内を送って欲しい友人・知人のお名前・ご住所

お名前　ご住所　〒

□購入申込書（小社刊行物のご注文にご利用ください。その際書店名を必ずご記入ください。）

書名	冊	書名	冊
書名	冊	書名	冊

ご指定書店名　住所

都道府県　市区郡町

恋路島には想い出がある。一九五〇年頃の夏には、弟二人と明神崎から恋路島まで水泳を楽しんでいた。潮が引くと岩場についた牡蠣を割って生のまま腹いっぱい食べた。山の者には何よりのご馳走である。もうその頃は危険だったのだろうが気にもしなかった。

恋路島は私が市議会議員になったころ、鹿児島の個人が所有していたのを市が買収した。買収価格やその利用について多くの論議があった。その後一時キャンプ場として利用されたようだが、水俣湾内の水銀汚染魚の回遊を防ぐために、恋路島を囲んで水俣湾仕切り網が設置され、それ以後は島に渡る人はほとんどなくなった。島にはハマナツメなど数種の希少種の植物が見られ、タブノキの純林があり、生物学的にも貴重な島であると言われている。

話は変わる。先に大学誘致について述べたが、その中で最も望ましいのは、馬場昇代議士の「国立環境大学」構想であった。だが、坂田道太代議士をはじめ地元選出の自民党国会議員の消極的な反対に合い実現しなかった。

市議会の一般質問にも、環境大学問題が取り上げられ論議された。浮池市長は「誘致は非常に難しい、それに広大な敷地を準備しなければならない」と答弁された。

大学誘致には大学用地が必要である。私はその用地には恋路島を提供すべきだと考えていた。不知火海に浮かぶ環境大学である。島の周辺には森を残し、中央にキャンパスを設ける。運動場は埋立地の運動公園を利用する。という構想である。

恋路島に渡るには橋が必用であるが、私は明神崎から海底トンネルにしたいと考えていた。ただのトンネルではなく、途中をガラス張りにして水銀に汚染された海底の変化を観察できる海底水族館、海底博物館兼用である。海上に浮かぶ大学と合わせて観光的な価値も生まれる。

市長に就任後、不知火海を管轄にしている運輸省（当時）の第四港湾の局長にお会いできた機会に、「恋路島に大学を誘致して、国に水族館兼用の海底トンネルを造って貰いたいと考えている」と話してみたら、「興味のある構想です。可能でしょう。ただ、海底のガラス張りは藻が付いたりして不透明になります。常にメンテナンスが必要でしょう」と話された。

しかし肝心の「コアラ自然動物公園」や大学構想が、早々に自滅したので、起こるであろうと思っていた市民のトンネル反対の声は聞かないまま、壮大な構想は眠ってしまった。

二〇〇二（平成十四）年に、「不知火海の水銀汚染を悼む有志」の日吉フミコ会長ら数名が市長室に見えられた。「恋路島の先端の妻恋岩に、水俣病を記憶する碑を設けたい」という申し出であった。

妻恋岩は、かつて、薩摩の島津軍の若き武将、川上左京が出軍する時、新妻は恋路島で夫の出陣を見送った後、岬に石を積んで夫の無事を祈り続けたが、夫との再会は叶わず病で世を去ってしまったという。帰ってきた左京は、亡き妻が築いた石積を抱きしめて慟哭したという伝説がある。

私は日吉会長に「水俣病は残念なことに市民の心を分断してしまいました。悲劇を乗り越え水俣を再生するために全市民が心を一つにすることが大切で、できるだけ市民同士が対立しないよう配慮したいものです。記念碑建設の趣旨には賛成です。だが恋路島にはロマンを感じている市民も多く、反対の声も聞こえています。碑は皆が喜んで賛成できるような親水護岸など、適当な場所を探してはどうでしょうか」と答えて、「水俣病の碑を恋路島に」というお願いは諦めていただいた。

恋路島は水俣湾の景観の中核であり、ロマンの島（恋人の聖地）であり、環境の象徴であり、水俣病公害のすべてを見てきた島である。この水俣市の宝の島をどう生かすか、活用するか、慎重にかつ大胆に検討し構想しなければならない、と思っている。

コラム

ホームステイ

「姉妹都市訪問市民の会」を結成した三〇名ほどの市民が一九九五年、一週間にわたってタスマニア島を主にしてメルボルンやシドニーなど研修旅行を実施した。姉妹都市デボンポート市では全員がホームステイでお世話になった。

海外旅行は初めてという人も多かった。私も家内とスクイップ市長宅に宿泊させていただいた。ホームステイは初経験であった。二人とも英語はダメであったが、何とか食事をいただき夜も良く眠った。拙宅はどの部屋も荷物の山で物置みたいに雑然としているが、市長宅はどの部屋も最少限度の物しかなく、すっきりして端正で綺麗であった。利用度の少ないものは買わないそうで、ここでも省資源、省エネの生活態度があり、環境に配慮した生活を学んだ。

さて、訪問団員は昼間の共同行動が終わって、夕方それぞれのホストに連れられてはしゃぎながら分かれていった。翌朝会ったら「楽しかった」という者、「大失敗をした」という者、話に花が咲いた。

その一つ二つを紹介する。楽しく夕食をいただいて寝室に案内されたSさんとMさん。ベッドがある。ベッドに寝たことがないお二人は「ベッドにはしっかりとカバーがかけてあるが布団がない。しかたがないのでカバーの上にごろりと寝たが寒い。余りに寒いので二人が一つのベッドに抱き合って寝た。それでも寒い。脱いでいたジャンパーなどをかき集めて上にかけた。オーストラリアの寝室は寒い」と報告。

Kさんの朝食はコーンフレークだった。「初めて見た食品である。食べ方が分からない。尋ねても言葉が通じない。意を決して薄いトウモロコシをむしゃむしゃ食べて牛乳を飲む。食べては飲み、飲んでは食べて美味しかった。家族みんながにやにや微笑んでいた」と。

そのように、お互いに失敗を気にせず、表面だけでなく家庭生活の内側まで覗ける交流ができるのは、姉妹提携都市だからである、と市民に理解していただいた。

タスマニア島のロスに泊まっていたら、前夜の宿泊地のホテルの人が、一日がかりで追っ駆けてきた。置き忘れたネックレスをわざわざ届けにきてくれたのである。ネックレスを忘れた女性は涙をながして感激していた。

空港で出発ゲートを出る寸前に「土産を買った時に財布を忘れている」と、店員が息せき切って駆け付けた。諦めていた市民は「ありがとう」と何回も言って握手して喜んでいた。オーストラリアは公徳心の高い国とは聞いてはいたが、実際に目の前にして一同心を打たれ、「オーストラリアは凄い国だ」と絶賛していた。

ゴールドコーストの有名な海上レジャー施設シーワールドでショーを楽しんで外に出たら、通路の先方で若い婦人が大声でわめいている。言葉は分からない。急いで近くに行ってみた。五歳ぐらいの男の子が植え込みの中から紙屑を拾って出てきた。状況から判断すると、お菓子を食べ終えて包み紙をポイ捨てした子供を、母親が大声で叱って拾わせたと推測できた。若い婦人は、子供が屑紙を自分のバッグに入れるのを見届けて、満面笑みを浮かべて頭をなでながら、何事もなかったように人ごみの中に消えていった。周囲の人々は、婦人の大声に驚いた風でもなく、特に注目するでもなく通り過ぎていく。このような光景は日常茶飯事であろうか。

オーストラリア人の倫理・道徳・環境意識などは、このような子どもの頃からの家庭環境や躾によって形成されていると思った。水俣市の家庭版ＩＳＯや学校版ＩＳＯもそれを目指さなければならない。

国内の視察

自民党議員団は、国内の環境先進地の視察を計画し、まず北海道の富良野市を視察した。「混ぜればごみ、分ければ資源」のキャッチフレーズで有名になったごみ分別の先進地である。農業の廃ビニールと一般家庭の燃えるごみで固形燃料を作り、施設やハウスの暖房用燃料に。生ごみは、畜産廃棄物と混ぜて堆肥をつくり、野菜生産農家へ。出来た野菜は都市の家庭へと、廃棄物は形を変えて産業と家庭、生産と消費の間を循環していた。資源化率五三％。見事。ここに廃棄物処理等の見本を見つけた。他にも町田市、我孫子市、善通寺市など、国内のごみ分別の先進地を徹底的に視察し、その長所を取り入れることにした。

北海道の富良野市の環境保全の政策と高度なリサイクルの取り組みに驚嘆の声を上げ、町田市、我孫子市、善通寺市などの資源ごみ分別に目を見張った。その研修の結果は、自民党議員の意識を変えてしまった。その後の市議会の一般質問で、自民党の議員から「環境保全の必要性について」、「水俣病犠牲者の市主催の慰霊式の開催について」、「資源ごみの高度な分別について」などと、環境問題や水俣病問題への積極的な発言や提言が相次ぎ、議会の「環境都市づくり」の論議を主導してくれるようになった。

また、自民党議員団会議に水俣病支援団体「水俣病センター相思社」の当時のリーダーであった吉永利夫氏を呼んで水俣病問題について意見交換をした。自民党議員には、吉永氏のように市外から水俣病患者支援に入ってきた人たちは、水俣病患者の支援を通して共産主義革命を水俣から起こそうと企む危険分子という思い込みがあった。しかし吉永氏の話を聞いて、彼らのことを理解し、警戒心が和らぎ、やがて患者支援団体とも意見交換ができるように変わっていった。

さらには、水俣病患者闘争の猛者として知られる川本輝夫氏は、チッソの水俣湾への排水口近くに石仏を置いて、水俣病犠牲者の慰霊祭を毎年行なっていた。その慰霊祭に自民党議員全員が参列して冥福を祈る、という変化が見られるようになった。

市の夏祭り（当時は港まつり）では、自民党議員団は「ごみの分別を進めよう」「ごみの分別は、他人に言うより我が家から」「混ぜればごみ、分ければ資源」などとプラカードを掲げて仮装行列を実施し、沿道の両側を埋め尽くした市民に、徹底したごみ分別を呼びかけた。このように、保守の議員たちにも市民が水俣病問題、環境問題に関心を深めるように積極的に啓発する動きが出てきた。

私の保守の意識改革の願いは徐々に実現していった。感性豊かな若い議員の成長は早い、やがて私が後を追っかけねばならないように逆転してしまった。

国内外の会議、視察を通して学んだもの

まちづくりは広く住民の声を聞く、即ち住民の発想が基本でなければならないと言われている。その通りであろう。しかし、小さい町の住民は、ほとんど同じ視点で、多くは保守的であり、地方の改革・革新という決断は非常に難しいものがある。将来の世界情勢、経済の動向、科学やテクノロジー発展などを洞察する力が弱いからである。深く幅広い知識を有する人も多くはいない。どうしても各分野の専門家、有識者などの高度な知的誘致が必要である。

国際会議では、国内外の著名な学者や有識者から、水俣再生について市民の考えが及ばない幅広い、高い知識に裏打ちされた多くのアドバイスをいただいた。先進地の視察では、目を瞠る環境政策の成功事例に感服した。

だが、それが即、水俣の再起の処方箋になるかというと、一概に肯定することは難しい。全国の自治体のまちづくりでも、コンサルタントなどに委託した設計が成功した例は極めて稀である。

水俣の現実を熟知する市民や市のリーダーたちが、外部からの提言や示唆をしっかりと受け止め、咀嚼し、当事者としての「熱い思い」の中で発酵させ、自らの知見として高める能力と情熱

親水護岸からみた恋路島

北海道・富良野市のごみ処理を学ぶ

自民党議員団によるごみ分別ＰＲ
（一九九三年七月）

がないと、「いただいたありがたい立派なご提案」と飾り物で終ってしまいかねない。アドバイスを受けた地域住民が、それに呼応する意識をもち、知的興奮が起きるかどうかであると思っていた。その知的興奮が起きたのだ。

私も、これらの国際会議や先進地の研修を通し、水俣市が目指す将来の都市像は、自然環境の保全と経済的発展の相克を乗り越え、物質的豊かさと心の豊かさが調和した「質の高い市民生活」の実現であり、しかも、その根底に人類の永続的な繁栄に貢献できる、という人類共通の哲学がなければならないと確信した。

その目標に向けたプロセスを確立することができないと、市の指導者としての資格はないと考えるに至った。

前述したように一九八九（平成元）年、『議員人生あれこれ』という本を出版したときには、私の所属する自民党の議員や青年部が企てた批判集会に呼ばれて散々吊し上げられ、反対に革新の野党議員たちから出版祝賀に呼ばれるという珍事で面食らった。

続いて一九九三（平成五）年に出版した『続　議員人生あれこれ』という本は、先に述べた「産業、環境及び健康に関する国際会議」や「ブラジルの国連環境サミット」、「北欧視察」、「オーストラリア視察」、「富良野などの国内研修」などの報告、それに水俣病犠牲者慰霊式開催の提言などを内容とした。環境都市づくりへの提言書みたいなものである。

1989年11月創立　1990年4月創刊

月刊
機
2016
12
No. 297

一九九五年二月二七日第三種郵便物認可　二〇一六年一二月一五日発行（毎月一回一五日発行）

発行所　株式会社 藤原書店©
〒一六二-〇〇四一　東京都新宿区早稲田鶴巻町五二三
電話　〇三・五二七二・〇三〇一（代）
FAX　〇三・五二七二・〇四五〇
◎本冊子表示の価格は消費税抜きの価格です。

編集兼発行人
藤原良雄
頒価 100円

元水俣市長による「もやい直し」運動と「環境モデル都市」としての水俣の再生

「新しい水俣」をつくろう

――『「じゃなかしゃば」新しい水俣』の刊行――

元水俣市長　吉井正澄

吉井正澄氏（一九三一―　）

「じゃなかしゃば」（これまでの社会システムとは違う世の中の意）をつくろう――一九九四年五月一日、市長就任直後の水俣病犠牲者慰霊式で、行政の長として初めて謝罪し「もやい直し」運動を展開する。爾来二期八年、混迷を深める〝水俣病〟問題に真正面から取り組み、疲弊し傷ついた水俣の再生をかけて、「環境モデル都市」への道筋を示す。

本書は、生涯を賭けて水俣の行く末を案じてきた元市長の魂の記録である。

編集部

● 一二月号 目次 ●

元水俣市長による「もやい直し」運動と水俣の再生
「新しい水俣」をつくろう　吉井正澄　1

〝記憶論的転回〟をもたらした、大論争の書！
エジプト人モーセ　安川晴基　6

ナチズムとソ連・東欧共産主義体制に通底する論理を看破
西洋一神教の世界　平川祐弘　8

ロシアのスパイたちが見た戦前・戦後の「東京」の裏面史！
東京を愛したスパイたち1907-1985　村野克明　10

世界情勢への危機感から、日本の国の大本に迫る大プロジェクトの成果
日本発の世界思想はあるか？　東郷和彦　12

〈リレー連載〉近代日本を作った100人33「福田徳三」田中秀臣 14　今、世界はⅢ―9「マルクス主義と青年文法学派」田中克彦 16　〈連載〉『ル・モンド』から世界を読むⅡ―4「ウラジーミル！」加藤晴久 17　沖縄からの声Ⅱ―6「沖縄人を〝土人〟呼ばわりする本土人の傲慢」大田昌秀 18　花満径9「若い人たちがなあ」中西進 19　生きているを見つめ、生きるを考える21「地球の生命を支える熱帯雨林」中村桂子 20　力ある存在としての女性9「〝社会主義的女性抑圧理論〟の広がり」三砂ちづる 21　女性雑誌を読む104「純芸術雑誌――『番紅花』2」尾形明子 22　11・1月刊案内／読者の声・書評日誌／イベント報告／刊行案内・書店様へ／告知・出版随想

行政側の貴重な記録

水俣病発生が公式に確認されてから六〇年が経過した。

その間の水俣病問題の記録は、患者、支援者、医学者など、広範な有識者によって詳細に記述されている。だが、加害者側は勿論、水俣病問題に関わった行政者が見解を記述したのは皆無と言ってよい。批判を恐れるということもあるだろうが、行政は個人ではなく組織全体の責任で動く。個人の見解を述べると組織全体に誤解が及ぶ恐れがある。沈黙、それは組織人のモラルであろうか。

しかし、水俣病公害の歴史には、加害者、被害者、行政それに市民のそれぞれの立場からの記録が、できるだけ揃っていなければならないのではないか。

そこで、市長として一九九四年から八年間、水俣病患者と国・県との対立の最も激しい時期に、新しい水俣「じゃなかしゃば」（これまでの社会システムとは違う世の中）をめざした右往左往の道程を振り返って記述することにした。新しい水俣「じゃなかしゃば」は、市民の継続した努力の積み重ねの上に完成すると思う。そのための積石の一つになってくれればと願いながら。

歴代市長と水俣病

水俣病公式発見から六〇年、その間、水俣病問題と関わってきた市長は、第二代市長橋本彦七氏から現在の第十八代市長西田弘志氏までの八人である。

橋本彦七市長（一九五〇―五八・一九六二―七〇）は、市長就任前は日本窒素株式会社の元水俣工場長で、「日窒方式」と言われるチッソ独自のアンモニア製造設備を設計するなど、チッソを日本最大のアセトアルデヒドの製造企業に躍進させた優秀な技術者であり経営者であったと聞いている。

橋本氏の市長時代に水俣病の発生が公式に確認され、氏が任期途中で死亡される少し前に、「水俣病は、チッソの排水に含まれていた有機水銀が原因である」と、チッソは公害企業に認定されている。水俣病という巨大な悪魔が姿を現したのは、皮肉なことにチッソ出身の橋本市長の時代であった。

チッソの大躍進が期待され、水俣市が工業都市として大きく発展するという希望が一瞬にして暗転し、チッソも水俣市もともに奈落の坩堝に突き落されてしまった。

以来、後継市長たちは、市長権限が及ばないその巨大な悪魔に、否応なく対峙し翻弄されるという宿命を引き継がされることになった。

　橋本市長は、一九五三（昭和二十八）年に、水俣市立病院を開設されている。一九五八年、市立病院内に水俣病専用病棟を建て、患者二九人を公費収容し、続いて一九六五年に、市立病院の付属として水俣湯之児病院を開設された。公立では全国初のリハビリテーションセンターで、その名は全国に知られた。共に水俣病患者の治療・療養のための水俣病対策としての施設である。

　水俣病の発生は確認されたが、まだチッソの排水が原因と判明していない時であり、チッソ出身の橋本市長は、既に水俣病発生の責任を強く感じられていたと推測できる。

　次の中村止（とどむ）市長（一九五八―六二）時代には、チッソの排水停止を要求して、県漁連が主催した数千人の総決起大会で、デモ隊がチッソの工場に乱入し大乱闘となる大事件が発生した。

　中村市長は、これに対抗してチッソを守ろうと市民団体を糾合し「工場排水を止めないでくれ」と知事に陳情するなど、チッソ擁護の市政を鮮明にされている。

　三人目の市長浮池正基（ふけまさもと）氏（一九七〇―八六）は、「全国民を敵に回すことになっても、私はチッソを守る」と発言して、患者サイドから激しい抗議を受けた。その一方では「水俣病が東京湾で発生していたら、国はこのような対応では済まさなかっただろう」と国の姿勢を鋭く批判するなど、市長としての考えを積極的に述べられた。

　また、一九七二（昭和四十七）年に、重度心身障害者施設市立「明水園」を創設され、胎児性水俣病患者一三人が入所している。また、一九六九年に、湯之児病院内に胎児性水俣病患者のための教育機関として、水俣第一小学校湯之児分校、続いて一九七五（昭和五十）年に、第一中学校湯之児分校を開設された。

水俣病に深入りしない市長たち

　それ以後、各市長は議会やメディアの質問に簡潔に答える以外、積極的に水俣病問題に関する市長独自の見解などを表明されたのは、寡聞にして私の記憶にはない。

　また、第一一～一二代市長岡田稔久（としひさ）氏（一九八六―九四年）が一九九三年に市立水俣病資料館を建設された以外には、市独自の水俣病対策は見られない。

　それは、水俣病をめぐって被害者と国・県の対立や、市民間の確執が激しくなり、その中で踏み込んで発言すると、その内容次第では双方から批判され、市政執行に支障をきたす恐れがあるからである。

初めて行政側として謝罪

私を市長候補として推薦してくれた先輩や友人は、「水俣病には、絶対に深入りするな、票にはならないばかりか火傷する」とか「水俣病問題は市長のする仕事ではなか、国の言うことだけをすればよか」などと進言し、警告をしてくれた。

だが私は、立候補の公約の第一番に「水俣病問題の早期全面解決」を掲げた。市政最大の課題である水俣病問題を、逃げたり避けたりしないで真正面から取り組む、と決めていたからである。

水俣病問題への初仕事は、私が市長に就任間もない一九九四（平成六）年五月一日に開催された第三回の水俣病犠牲者慰霊式の式辞である。

市議会議員時代から考え続けてきた水俣病問題や市政の構想を、式辞という形で表明した。公式確認から実に満三八年を経過していた。（略）

当時はようやく水俣再生の胎動が感じられ始めていたが、行政の水俣病対策は試行錯誤を続け、患者の行政不信は激しいものがあった。市長に就任したら何としても、ここで「流れを変えなければ」と決意していた。

そこで、率直にこれまでの行政の非を認めお詫びを入れて、市民みんなが融和を取り戻し、「新しい水俣をつくろう」と呼びかけることとした。

水俣市では、何の落ち度も責任もなく平穏な生活をしていた人々が、突如水俣病に襲われ必死になって救済を求める水俣病被害者と、それを救済する責任がある行政とが激しく対立する、という異常な事態が発生していた。それは政治、経済などの権力を持つ側が、自らがよって立つ既得のポジションを全く変えることなく、収めようとするところから発生しているのではないか。その対立を解消するためには、権力を持つ行政側が反省し謝罪し、これまでの態度を見直すことが肝要であると考えた。

水俣市長が優先すべきことは、まず患者の救済なのか、それとも大多数の市民の生活の基盤で、かつ市の経済の中心であるチッソの存続を優先すべきか、という二者択一ではなく、チッソの存続も患者の救済も同時になすべきであり、被害を受けたすべての市民と、公害で疲弊した地域を漏れなく対象にすべきである、との考えを表明したのである。

（構成・編集部）

（よしい・まさずみ／元水俣市長）

西洋の人文学に〝記憶論的転回〟をもたらした、大論争の書！

エジプト人モーセ——ある記憶痕跡の解読

安川晴基

記憶史の一つの実践

モーセは、西洋のアイデンティティの根幹をなすユダヤ＝キリスト教の発端に位置する、神話的な人物だ。旧約の出エジプト記によれば、神は燃える茨の茂みに顕現し、ヘブライ人モーセに、エジプトで奴隷となり圧迫に苦しむ彼の同胞を、約束の地に導き出すよう命じた。イスラエルの民を率いたモーセは、シナイ山で律法を授かり、ヤハウェのみを崇拝する民族の創建者となった。

ヤン・アスマンは本書で、一神教の誕生神話に登場する、このモーセという途方もない人物に迫る。しかしアスマンが問うのは、モーセが実在していたのかどうか、もし実在していたとしたら何者だったのか、聖書が伝えるようにヘブライ人だったのか、それともエジプト人だったのか、あるいはミディアン人だったのか、ではない。これらの問いは事実史の領域に属する。そうではなく、アスマンが注目するのは、古代から現代にいたるまで、西洋の文化的記憶の中に現れてきた「想起の形象」としてのモーセである。本書の重要性はまずこの方法論上の転回にある。つまり、姿をさまざまに変えながら繰り返し立ち現れる過去のイメージを通時的に跡づける記憶史の実践によって、従来の事実史では考察の対象外におかれてきた次元（ある現在が過去に付与する意義）を、歴史研究の対象として提示する。こうしてアスマンは本書で、西洋の文化的記憶の驚くべき伏流を明るみに出す。

「モーセの区別」

一神教誕生の神話に描かれる根源的な行為、すなわち、真の宗教と偽の宗教を分かつ行為を、ヤン・アスマンは「モーセの区別」と名づける。アスマンによれば、一神教の目印は、神の単一性か多数性かではない。そうではなく、一神教に内在する排他性にある。一神教の根本的な新しさ、多神教の世界が知らない革命的な性格とは、己が体現する絶対的な真理への固執と、他者の否定だ。それゆえヤン・アスマンは、一神教を「対抗宗教」とも呼ぶ。なぜならそれは、自己に先行するものや外部にあるものを「虚偽」として排除する、否定の潜勢力を内に含んでいるからだ。

　聖書で想起される「ヘブライ人モーセ」は、このモーセの区別を象徴している。この区別は、この根源的なエクソドスの神話では、「イスラエル＝真理」対「エジプト＝虚偽」という敵対の布置となって現れる。この場合、エジプトは、自己の輪廓をそれとの対照によって画するために、繰り返し想起されねばならない否定的な他者の像だ。「ヘブライ人モーセ」は、ユダヤ＝キリスト教的西洋の反対像としてのエジプトのイメージを、西洋の文化的記憶に鮮明に保ってきた。

▲J・アスマン氏（1938- ）

　他方で、この「ヘブライ人モーセ」に対して、モーセをエジプト人とする、それゆえにモーセの告げ知らす真理の起源をエジプトに求める試みが、繰り返しなされてきた。「エジプト人モーセ」を想起することは、「イスラエル＝真理」と「エジプト＝虚偽」の対立の布陣を脱構築し、モーセの区別を克服することを意味する。ヤン・アスマンは本書で、ヘレニズム時代から二十世紀のユダヤ人迫害の時代にいたるまで、聖書のエクソドス神話に対する、対抗的な想起の系譜を掘り起こしていく。

（全文は本書所収「訳者解説」）

（やすかわ・はるき／名古屋大学准教授）

ナチズムとソ連・東欧共産主義体制に通底する論理を看破した問題作

西洋一神教の世界——『竹山道雄セレクション』II

平川祐弘

見て・感じて・考えて・書く人

『竹山道雄セレクション』第II巻は『西洋一神教の世界』という文明史的なタイトルでくくられる。竹山は、第I巻所収論文でわかるように、二・二六事件のあとには皇道派の将軍たちを、一九四〇（昭和十五）年、日本が三国同盟を結ぼうとした時には、ナチス・ドイツを真正面から批判する『独逸・新しき中世?』を発表した人である。竹山は戦前は日本軍部を、戦中はヒットラーを批判したのみか、戦後は東ドイツ、ソ連、中共をふくむ全体主義の実状を生き生きと報じた、勇気ある筆の人だった。

しかし竹山のルポルタージュは国際関係論的な「全体主義事情」という視角内のみでは収まりきれない部分がある。自分の眼で見て、感じて、考える現地観察を行ない、さらに突っ込んだ、宗教文明論的な掘り下げを行なう。竹山は独仏英の書物を広く深く読んだ人である。ナチスのユダヤ人焚殺の背景をさぐるうちに、その議論は『聖書とガス室』（本巻に収録）の学問的考察に及ぶ。歴史を鳥瞰してキリスト教とアンチセミティズムの関係にまで踏みこんだところに竹山の思想家としての面目が認められよう。第II巻を『西洋一神教の世界』と名付けた所以である。

ユダヤ人問題への巨視的視座

竹山は一九二六（大正十五）年、東大独文学科を卒業するや直ちに第一高等学校教授の職を得たが、翌年にはヨーロッパへ留学し、一九三〇（昭和五）年に帰国する。若き竹山教授はそれから十年ほどは気軽な独身で、日本にいたドイツ人たちと交際することがすこぶる多かった。

そんな竹山はナチス・ドイツの動向にも敏感に注意を払っていた。一九三三年のヒトラーの登場以後の在日ドイツ人教師の混迷ぶりを目のあたりにしていたからで、その右往左往について『剣と十字架』（本巻に収録）の「ペッツオルト先生

▲竹山道雄（1903-84）

の思い出」に書いている。

竹山は外国の新聞雑誌にもよく目を通していた。一九三八年十一月九日夜、全ドイツで発生した反ユダヤ人暴動（「クリスタルナハト」）には衝撃を受けた。米国の前大統領ハーバート・フーヴァーは、ドイツ官憲黙認の下に行なわれたユダヤ人襲撃事件について、全米向けラジオ放送で「中世におけるスペインからのユダヤ人追放以来のもっとも忌まわしいユダヤ人迫害」と非難した。おそらくこうした表現が竹山に深く印象されたに違いない。一九四〇（昭和十五）年四月、竹山は雑誌『思想』にナチス・ドイツ批判の大論文を発表したが、竹山がそれにつけた標題が「独逸・新しき中世？」とあるのは中世スペインにおけるユダヤ人迫害の再来としてナチス・ドイツの蛮行を把握していたことを示唆している。

そしてそのような巨視的な歴史把握を強いられた竹山だからこそ、ナチス・ドイツによるユダヤ人の焚殺はヒトラー一派の特殊な犯行ではなく、キリスト教によるユダヤ人迫害の長い歴史の一齣として捉えるべきことを自覚したのであろう。それが戦後のヨーロッパ再訪の際の『妄想とその犠牲』『剣と十字架』『聖書とガス室』（いずれも本巻に収録）などの見聞と思索に発展するのである。

＊構成＝編集部／全文は第II巻所収
（ひらかわ・すけひろ／東京大学名誉教授）

ロシア・スパイたちが見た戦前・戦後の「東京」の裏面史！

東京を愛したスパイたち 1907–1985

――オシェプコフ、ゾルゲ、ロマン・キム――

ゾルゲだけではないロシア・スパイ

二〇〇三年の処女作『対話』以来、話題作を立て続けに発表してきたアレクサンドル・クラーノフ氏は、今日のロシアで最も脂の乗り切った日本学者の一人である。一昨年の秋、氏はモスクワのヴェーチェ出版社から『スパイの東京』を上梓した。本書は、このロシア語版に基づいて大幅に加筆・修正を行ない全四章にまとめた日本オリジナル版である。

じつはクラーノフ氏には内容的に本書に先行する著作、『昇る太陽の蔭に』がある。これは戦前の対日ロシア諜報員九名の「小伝」を集成したものであった。その半数ほどが、ＪＲ御茶ノ水駅近くの東京復活大聖堂（通称ニコライ堂）の敷地内にあった正教神学校の出身者で、**オシェプコフ**（愛称ワーシャ）がその代表格だった。そしてこの本の第二部で同校以外の出自をもつ諜報員を扱ったのだが、なかでもとりわけ目立った存在が**ロマン・キム**であった。そこで著者は『スパイの東京』では、この二人に独立した「章」を振り当てた（第一章と第三章）。さらに、オシェプコフの東京での後釜とも言える**ゾルゲ**とその仲間たちを取り上げた（第二章）。また、戦後の変貌しつつある東京で活動した諜報員たち（**ラストヴォロフ**、**コーシキン**、**プレオブラジェンスキー**、**レフチェンコ**）にも言及した（第四章）。その結果、本書ではオシェプコフ来日の一九〇七年からプレオブラジェンスキー追放の一九八五年までを扱うことになった。

V・オシェプコフ

「サンボ」の創始者、探偵小説の元祖ら

本書の各章の前半は、それぞれの人物の「小伝」が占める。なかなか読みごたえがあるが、その理由としては、日本人の読者には珍しいロシア側の資料を用いていることが大きい。

これまでロシアでは、オシェプコフは

村野克明

格闘技サンボの創始者としてのみ、ロマン・キムはソ連流の国際探偵小説の元祖としてのみ評価されてきたが、著者はそうした傾向に甘んじず、主人公たちの隠された部分に光をあて、各人の「生活と仕事」の全体像を示そうとしている。

「スパイの見た東京」を自らの足で歩く

各章の後半は、東京の埃っぽい路上を闊歩する著者自身の足音がじかに聞えて来るような「探訪記」となっている。ロシア人の諜報員たちが当時の東京のどこで何をやっていたのか、どの辺に住んでいたのか、どこからどこへどう移動していたのか、などを明らかにしようと、著者は、

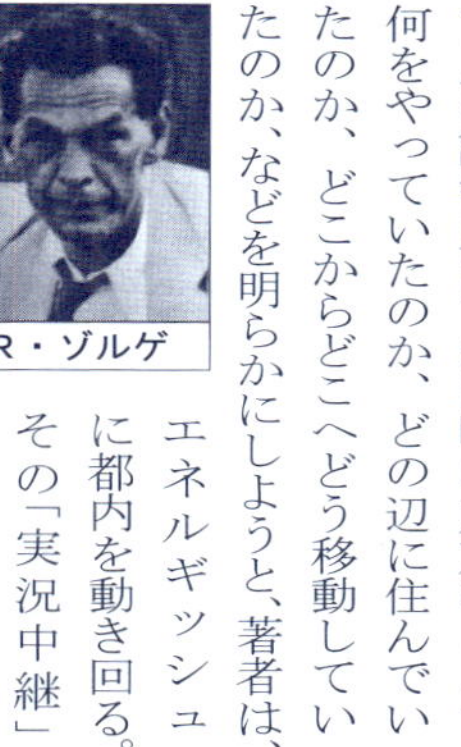
R・ゾルゲ

エネルギッシュに都内を動き回る。その「実況中継」がそのまま文章になっている、とでも言ったらよいか。だから、動きのない静的な「スパイゆかりの土地案内記」とは一線を画する。

ロマン・キム

同時に著者は、本書の主人公たちの目には当時の東京市の人と街はどのように映っていたのか、という問題意識を強く抱いて、今の都内を歩いていく。たとえば、オシェプコフは乃木希典の家の近所に住んでいたからして必ずやその家を目にしただろう、という予想を立てると、当時の様子を復元するために、戦前訪日した作家ピリニャークが書いた文章を引用する。要は、主人公たちの生活と活動の拠点と、それらの周辺をめぐって、その過去と現在の間を果敢に行ったり来たりするのである。

＊構成＝編集部

（むらの・かつあき／ロシア語翻訳者）

世界情勢への危機感から、日本の国の大本に迫る大プロジェクトの成果

日本発の世界思想はあるか？

東郷和彦

中国の巨大な影がさす現在

本書は、世界問題研究所の二〇一二年以来の問題意識と継続的な努力によって形をなすに至った。このプロジェクトをやりたいと考えた最大の理由は、国際情勢に対する危機感からである。私は、一九六八年に外務省に入省し二〇〇二年に退官してから、オランダで二年、アメリカで二年、さらに台湾・韓国等で二年、計六年間、外国の大学で教鞭をとってきた。この間、外国から日本と周辺の情勢を見るに、かつては東アジアの成長の星であった日本の影が薄れ、「台頭する中国」という巨大な影が諸外国の圧倒的な関心をあつめるという事態につきあたった。

二〇〇〇年代の初めの中国の台頭は、圧倒的に経済力が中心だった。七八年の鄧小平改革が始まって以来、八〇年代には、二桁経済成長によって躍進し、世界の工場として生産と貿易がこれからどのくらい伸びるのか、予測のつかない事態がおきていた。九〇年代には、この経済力は、APECへの加盟を始めとして、東アジアの地域協力をすすめる政治力に転化していた。二〇〇〇年代も後半になると中国の台頭の中核として海軍力をはじめとする軍事力が取りざたされるようになった。二〇〇八年のアメリカ発の金融危機が顕在化した時から、中国は「韜光養晦（とうこうようかい）」（才能を隠し、内に力を蓄える）の旗を下し、国益を前面にだすようになったとの評価が一般化した。

日本としての国の大本は何か

私は、外務省退官後中国を見るにつけ、この国が、一九世紀なかばの阿片戦争以来の一〇〇年の屈辱をのりこえ、中国共産党の指導の下に、いまこそ世界の第一の強国になろうとするならば、経済・政治・軍事としての発展は、必ず「文化」にくると考えてきた。アメリカをも超える世界の帝国たらんとすることは、かつての中国の栄光をとりもどそうとすることであり、それを「文化」の言葉で言う

ならば「新しい中華思想」の発布になるにちがいないと、考えてきた。

その時に日本に対し、日本外交に対し、必ずや突きつけられる問いがある。それは、「新中華が中国発の世界思想になったとき、日本発の世界思想はなんですか」という問いである。もちろん日本には、明治以来、そして太平洋戦争敗北以来経験してきた「欧米化」の流れがあり、その流れの中で創ってきた経済大国としての国造りの目標や、民主主義と市場原理という価値もある。

▲東郷和彦氏（1945- ）

けれども、それでは、自由・民主主義・市場原理といったアメリカの価値を遵守し、日米同盟を外交の基軸に据えていれば、それですべてが満たされると日本人は考えるのか。そうではあるまい。その時にかならずや、日本の国としての大本は何なのかという問いに迫られる。その時に日本は何を語れるのか。語ることが何もない日本なら、経済・政治・軍事の分野ですでに影が薄くなっている日本は、今度こそ徹底的に影の薄い存在になるにちがいない。手遅れになる前に、日本として世界に発する思想はなにかという研究を進めておかねばならないと思った。

これが、中国問題を勉強するに従い、一種の強迫観念のように、私に取り憑いて来た思いだった。それが「日本発の世界思想はあるか」という問題提起となっていったのである。

＊全文は本書所収

（とうごう・かずひこ／京産大世界問題研究所長）

リレー連載　近代日本を作った100人　33

福田徳三——福祉社会の先駆

田中秀臣

進む再評価

福田徳三の再評価が加速している。明治後半から昭和初頭にかけて日本の経済学をリードした巨人は、福田徳三と河上肇だった。福田と河上は、当時の経済論壇をリードし、その貢献はアジアや欧州でも広く認知されていた。両者の死後、ふたりの評価は最近までかなり非対称的なものだったといえる。河上には優れた編集による著作集や全集が早くに完備し、彼の業績についての研究や一般への啓蒙も盛んだった。他方で、福田の評価は長く放置されていた。状況が変化しだしたのは、二十世紀の終わりごろからであった。東西冷戦の終焉をうけ、世界がグローバル化をすすめる中で、先進国の経済体制——福祉国家レジーム——の見直しが検討されてきた時勢と一致する。福田の専門的研究が複数の異なる分野（経済、法律、政治など）で意欲的に開始された。一橋大学図書館を中心とする書誌学研究も一挙に進んだ。この流れは、二十一世紀の今日、筆者も関係する『福田徳三著作集』（福田徳三研究会編、信山社、刊行継続中）などに結実している。またＮＨＫが福田徳三を日本の近代を生んだ人物のひとりとして紹介するなど、再評価は一般レベルでも進んだ（『日本人は何を考えてきたか』大正編）。

では、福田はどういう意味で日本の近代を生み出したのだろうか？　一言でいうと、福祉社会の先駆としての意義である。福田の経済学は、ドイツ歴史学派とイギリスの厚生経済学の伝統を受け継いだものだった。今日のグローバリズムの思想的基盤ともいえる「市場原理主義」的な見方と、福田の考えはまったく異なる。市場はそのままで放置すれば、働く人たちや経済的な弱者を困窮化させる過酷な機能を持っている。福田は、市場メカニズムは、国家や社会との対抗や協調の中でこそ、上手く機能するだろうと考えた。

社会はそれ自らの力で、または社会が国家に働きかけることで、この市場の暴力を抑制することが必要である。具体的には、国家が人々の生存権を認めること、労働法規の整備、組合活動への社会的支援、賃金・待遇の改善、失業者対策などである。今日の憲法では、すべての国民が「健康で文化的な最低限度の生活」を営む権利が保障されている。この戦後の生存権の保障は、日本の福祉社会の法的基盤のひとつである。もちろん本当にこの生存権が保障されているかは、深刻な課題のままだ（参照、立岩真也他『生存権』同成社）。

福田と今日の憲法との関係は自明ではない。ただ現行憲法の人権関係の条文に伏在する理念の多くが、福田の生存権を中心とした発言の数々に、明示的に読み取れることは確たる事実である。日本国憲法の理念はその意味では、単なる占領軍の「押し付け」の産物ではない。日本の社会に根をもっていた。

▲福田徳三（1874-1930）。日本の近代経済学の父。ドイツ歴史学派のブレンターノに師事。マーシャルやピグーらのイギリス新古典派経済学の影響も受ける。生存権の社会政策を唱え、今日の福祉社会論の先駆者のひとりである。東京高商（現一橋大学）や慶應義塾大学の商業教育、経済学教育に重大な足跡を残した。特に前者では中山伊知郎、後者では小泉信三らが、「福田経済学」の代表的な後継者である。
　福田はマルクス経済学の日本への導入にも重要な足跡を残していて、また同時に最も手ごわい批判者としても君臨した。河上肇はその意味での終生のライバルであった。現在、福田の業績を総覧できる『福田徳三著作集』が刊行中である。

女性の労働状況改善を訴える

福田の経済学の特徴を、女子労働問題に即して簡単にふれたい。福田はマルクス主義に対して非常に強い対抗意識を持っていた。マルクス主義の女性（労働）観を、唯物史観に基づく階級主義的なジェンダー平等論として福田はとらえた（ジェンダーという用語を福田はもちろん利用してはいないが）。他方で、彼はマルクス主義の唯物史観を、膨大な人類学的知見から否定し、独自の史観を提起することで、彼なりの女性（労働）観を鍛えた。

福田の歴史観は、「流通社会論」と総称できるものだ。人類はその歴史の始めから強者と弱者の経済的な力の差が顕在化する交換（＝流通）社会である。女性は典型的な経済的弱者の地位に甘んじているとし、製糸工場の女工の過酷な待遇や、関東大震災で被災した女性たちの失職状況を特に念入りに調査し、その現状の改善を福田は訴えた。

福田のジェンダー論的な側面も含めて、その福祉社会論の今日的意義は尽きることはない。（たなか・ひでとみ／上武大学教授）

連載　今、世界は（第Ⅲ期）9

マルクス主義と青年文法学派

田中克彦

近代科学としての言語学はいつ成立したか――この問いに答えるには、この「科学」をいかに解釈するかによるが、「自然科学」という風に考えておこう。とすると、青年文法学派の形成をもってと答えるのが適当であろう。H・オストホフ、K・ブルークマンなど十人ばかりのグループは、ヨーロッパ諸語の音の対応がいちじるしい規則性によって貫かれていることを発見した。たとえばドイツ語の語頭の **d-** が英語では規則的に **th-** で現われる。たとえば **drei-three, dank-thank, durst-thirst**（のどのかわき）のようにである。このような音変化の規則が、ある時代のある言語の中で作動して、一斉に音変化が起きる結果、新しい言語が生まれるのであると。ここではドイツ語 **d-**―英語 **th-** の一つの例しかあげなかったが、数多くの例をあつめて、それらを「音韻法則」と名づけたのである。

一八七八年に、オストホフとブルークマンは連名の論文の中で、「この法則は盲目的に例外なく貫徹する」と述べたのである。人間の行為の所産である言語にも、こうした自然現象にも似た法則が発見されたというので、言語学は、人文科学の中でも最も進んだ地位にたつ科学だと自らも信じ、他の学問領域からも、深い敬意が払われた。

興味ぶかいことに、まさにこの同じ年に、エンゲルスは『反デューリング論』（一八七八年）の中で、商品生産についての諸法則もまた「生産者の意図にかかわりなく」、「盲目的に作用する自然法則として自己を貫徹する」と述べたのである。言語学はふつう隣接科学からの影響を受けて発展するが、このばあいは言語学の方がさきで、勉強家のエンゲルスが言語学から学んだ形跡がある。

いま私の興味をひくのは、どちらが先かという問題ではなく、十九世紀の半ば以降は、諸科学がつながりを持って発展していたことに驚かされるのである。現代は、経済学者が言語学の論文を読むなんてことはほとんど有り得ない。

（たなか・かつひこ／言語学）

Le Monde

■連載・『ル・モンド』から世界を読む[第Ⅱ期] 4

「ウラジーミル！」

加藤晴久

共産党独裁下の東ドイツでは、友人知人が自分について国家公安局（Stasi）に密告しているのではという疑心暗鬼のなかで、すべての住民が過ごしていた。アンゲラ・メルケルも三五歳までそうだった。だから、ひとを見る目が鋭敏である。ロシア語に堪能だから、プーチン大統領と通訳なしで渡り合う。彼女のプーチン評は冷徹だ。「ひとの弱味は何か調べる。それにつけ込む。KGBの手口そのものです」。プーチンは、ベルリンの壁が崩壊したとき、ソ連国家保安委員会少佐として東独に駐在していた男である（九月四／五日付）。

一〇月九日、アメリカ政府は、ロシア当局がハッカー集団に指示して、民主党の最高機関である全国委員会（DNC）にサイバー攻撃をしかけて大量のデータを盗ませ、ウィキリークスを介して公開させ、大統領選の動向に影響を与えようとした、と公式に非難した。じつは、ロシアと米英独仏とのあいだでは、経済・産業・軍事面で、年来、壮絶なサイバー戦争がおこなわれている。ただ今回は、アメリカの政治過程そのものに介入してきたことが許せない、というのである。KGB出身の独裁者が関与していないとは信じがたい。（一〇月一六／一七日付）。

さらに、米欧諸国とロシアの新たな冷戦を深刻化させているのはシリア情勢である。ロシアはアサド政権を操る一方、アレッポ空爆を止めようとしない。一〇月一九日、ベルリンに招いたプーチン大統領に、メルケル首相とオランド大統領はロシアの「戦争犯罪」をきびしく非難した。しかし外交問題に軍事的力関係のタームで対処するプーチンは、北方艦隊とバルチック艦隊を、すでに地中海艦隊が存在する海域に向かわせる示威作戦に出ている（一〇月二一日付）。

つい二年前、隣国の領土クリミア半島を併合してしまった男を、「ウラジーミル！」と呼んで親しさを誇示している日本の首相。「北方領土、自分たちの時に解決を」、と語り合ったのだと（朝日新聞一〇月一三日夕刊）。

甘い。軽い。手玉に取られて、お腹が痛くなるのでは？

（一一月四日記）

（かとう・はるひさ／東京大学名誉教授）

■〈連載〉沖縄からの声［第Ⅱ期］6

沖縄人を"土人"呼ばわりする本土人の傲慢

大田昌秀

またか、と沖縄の人々を憤慨させる発言が、本土から派遣された大阪府警の機動隊員から発せられた。以前にも、沖縄にオスプレイを配備するのに反対する人々が、銀座でデモ行進の最中、反対派からヘイトスピーチを浴びせられた前例があったからだ。

しかも今回は、本土から派遣された機動隊員たちが高江・安波のヘリパッド建設現場で建設に反対する市民に対して「土人」「シナ人」呼ばわりをしたのである。この発言には本土人の沖縄差別の「本音」が露骨に出ているとして怒りを買っているのだ。

とりわけさる六月にはヘイトスピーチ対策法が施行され、翌七月には大阪市ではヘイトスピーチ抑止条例が全面施行されているにもかかわらずだ。基本的人権を原理とする平和憲法下でかかる不当な発言が発せられるとなると、日本の民主主義自体が問われる。しかも本来ならばヘイトスピーチを取り締まるべき警察官による差別発言となれば、これまで以上に対沖縄差別が拡大浸透していくことになろう。

イギリスでは、一九六五年に公的な場で肌の色や人種などを理由に脅迫的、もしくは侮辱的な言葉を用いたりした場合には犯罪として刑罰を科す法律が制定された。またドイツでは、一九六〇年に刑法に「民衆扇動罪」を設け、「特定の人間の尊厳を攻撃する行為」の犯罪としての法定刑を、それまでの侮辱罪より重くしている。一方アメリカでも、一九六四年にヘイトクライム（憎悪犯罪）と立証された犯罪には、通常より重い罰則を適用する法律を成立させている。

ところが日本ではどうか。大阪府の松井一郎知事が暴言を吐いた機動隊員を訓戒するどころか、擁護する発言をしている体たらくだ。同知事はツイッターで、機動隊の労をねぎらい、暴言者を「たたくのは違う」と述べている。こんな人が知事では、大阪府の人々のマイノリティ・グループに対する蔑視や差別構造は解消されることはあるまい。

それどころか、鶴保庸介沖縄担当相が、この発言を「差別と断じることは到底できない」などと述べて人々の怒りに油を注いでいるからには、傲慢な本土人の対沖縄差別は拡散する一方に違いない。

（おおた・まさひで／元沖縄県知事）

■連載・花満径　9

若い人たちがなあ

中西　進

一二月八日がめぐってくる。一九四一年、この日の朝は寒気が凝り固まったように冷え、空が限りなく透明だった。ラジオが興奮ぎみにニュースを告げると、傍にいた父が「とうとうやった」とつぶやいてわたしに鋭い視線を向けた。わたしはこの朝をいまも鮮明に覚えている。うめくような音声だった。

真珠湾攻撃のニュースである。

父の感想は、当時の一般人の、絶望的な日本の未来像だったにちがいない。

その中でこの時七四歳だった作家・幸田露伴は、自宅を訪れてきた小林勇に、「若い人がなあ」といって涙を流したという（『蝸牛庵訪問記——露伴先生の晩年』岩波書店、一九五六）。

戦争をどう捉えるか。有名な中国の古典『孫子』にしても戦争の方法に多く筆を費し、巨大なクラウゼヴィッツの『戦争論』も思想としての戦争を見る。

それにひきかえ、露伴は兵として死を強いられる若者をまっ先に見つめたのである。露伴が近代国家として誕生する日本の在り方を処女作に示したことは、この連載の最初に見た。にもかかわらず、いま戦争となって、何よりも思いやったのは、戦死する若者であった。

じつはこの開戦と一対をなすように一九四四年、敗戦のきざし濃い中で、同じく若者の死に思いを致した歌人がいる。半田良平。彼は三男がサイパン全滅の戦いで、命を失う。その時、こう歌った。

若きらが親に先立ち去ぬる世を　幾世し積まば国は栄えむ　（『幸木』）

国家は戦争をし、勝利によって繁栄すると考えるだけでよいのだろうか。そのことを、太平洋戦争の発端と終末に、強く告発した人物が幸田露伴と半田良平であった。

先達としても、大町桂月らによってはげしく論難された与謝野晶子がいる。

ちなみにアメリカが徴兵制にふみきった時、議員の中で対象者に当たる親族をもつ議員は、一人だったと聞いたことがある。

ふたたび言おう。

戦争論とは国家論や哲学なのだろうか。

（なかにし・すすむ／国文学者）

〈連載〉生きているを見つめ、生きるを考える㉑

地球の生命を支える熱帯雨林

中村桂子

世界のすべての国が温室効果ガスの排出削減努力をするという画期的な「パリ協定」が発効し、熱帯雨林の重要性が再確認された。熱帯雨林というと思い出す人がある。日本の熱帯雨林研究の基礎を作った井上民二元京都大学教授である。研究現場を訪れるために乗った飛行機が現地で墜落し、還らぬ人となったのが残念で、今も口惜しい。

「熱帯雨林に入り込んで、まず気づくのは独特の荘厳さである。林床（森林の地面近くの空間）は一日中薄暗く、空気はたっぷりと湿気を含んでいて動かない。そのなかに均整のとれた巨大な木の幹が数十メートル間隔で立っている。見あげると、最初に枝がでてくるのは地上四〇メートルほどのところである。木の高さが七〇メートルを超えそうであることを確かめるころには首が痛くなってくる。

熱帯雨林はジャングルとか密林とよばれるが、林床は意外にすけていて歩きやすい。樹木が、何重にも枝や葉を広げているため、地面には一パーセントほどの太陽光しか届かない。そのため、林床近くにはあまり葉がしげっていない。気温も二八度を超えることはないので、じっとしていればすごしやすい（一部省略）。」

彼の遺著『生命の宝庫・熱帯雨林』（NHKライブラリー）の書き出しで、地球の生命を支える場が心に深く刻まれる名文だ。この森こそ炭素の貯蔵庫なのである。植物には大気中の二酸化炭素（七〇〇〇億トンほど）とほぼ同量の炭素が貯蔵され、その九〇％は森林である。森林の土壌にも腐葉土などの形で大量の炭素がある。目先の開発でこれを壊すのは地球上で生きる者としての礼儀をわきまえない行為である。

生きものの歴史は絶滅の歴史でもあるのだが、昆虫の科数は、その誕生以後の五回の大量絶滅でもほとんど減っておらず、時を追って着実に増えている。植物も科数はほとんど減っていない。大騒動が起きたのは動物界ということになる。どんなことがあろうと地球の生態系を支える力をもっているのが、昆虫と植物なのである。

（なかむら・けいこ／JT生命誌研究館館長）

連載　力ある存在としての女性 9

“社会主義的女性抑圧理論”の広がり

メアリー・ビーアド『歴史における力としての女性』を読む

三砂ちづる

社会主義の理論は女性の地位に関して、「元々女性は男性に従属的な存在ではなかったが、私有の概念と資本主義の勃興とともに女性は抑圧されていく」ということ、そして、「女性の解放は富と雇用において男性と平等になることによってではなく、すべての人に対して生産手段と雇用の提供が〝社会化〟されることによってのみ達成される」という二点において、**ウルストンクラフト**や、前回言及した**ジョン・スチュアート・ミル**の『女性の解放』議論とは異なっていた。

この女性抑圧理論の社会主義バージョン（と、メアリーは呼ぶ）は、多くの著作を通じてまずドイツで知られるようになり、その翻訳を通じて世界中に知られていくが、もっとも女性たちに大きな影響を与えたのは、ドイツ社会民主党の創設者の一人**アウグスト・ベーベル**（1840-1913）であった、とメアリーは言及している。

ベーベルはドイツのフェミニストたちの法的政治的権利獲得への闘いを支持するものの、本当の自由は労働者階級が資本主義を打倒するときにこそ訪れる、と説き、工場における女性のプロテストを応援し、社会主義の達成によってこそ女性たちは歴史的な家父長制社会による抑圧から自由になり、革命の元でこそ個人として尊重され教育を受けることができる、と主張した。彼の影響のもと、多くのドイツ女性たちは社会主義運動に参画していった。

そして、社会主義と共産主義のプロパガンダが世界中に広がっていくにつれ、「女性は抑圧されている」「歴史において女性は何ものでもありえない」という言説もまた、世界中に広がっていく。

メアリーは「地球上の四つの海を越えて広がっていき、東洋の考え方や信条にまで影響を与えていくことになる。社会主義的な発想に影響された東洋の思想が、また、斬新な考えとして西洋に戻ってきて、新たな東洋の知見として知られるようになったりした」という。社会主義思想の広がりにより、かくして、歴史における女性の抑圧に関する世界のイメージはほとんどゆるぎなく統一されていったのだ、と。

（みさご・ちづる／津田塾大学教授）

連載　女性雑誌を読む　104

純芸術雑誌——『番紅花』2

尾形明子

一九一四（大正三）年三月一日『番紅花』が創刊される。富本憲吉の表紙、二二九頁の創刊号は、同じ月の『青鞜』が一三三頁だから、かなり厚い。

巻頭は森林太郎（鷗外）「サフラン」。漢方医だった父親との思い出や書斎で冬を越したサフランの鉢植えについて描き、『番紅花』創刊の応援とした。三浦環とならんで国際舞台で活躍したプリマドンナ原信子がプッチーニからの私信を紹介して「プチニーの歌劇」を書いた。松井須磨子の「復活劇の梗概」は、主人公カチューシャを演じる須磨子が自ら『復活』のあらすじを紹介した。『青鞜』の作家小笠原貞「さふらんの香」は短編。都会の生活に疲れ果てた女主人公が、出産のため兄夫婦と母親の住む海辺の家に戻る。母と兄嫁の労わりと生まれてきた赤ん坊に心も体も癒され、母が入れてくれたサフラン茶の香りに包まれる。

神近市（市子）は「わかれ来しすべての人々にさゝぐ」と記した小説「序の幕」に、卒業間際の女主人公信夫の日々を描く。津田塾卒業時の神近自身の記録であり、バッシングの渦中にあった『青鞜』や平塚らいてう等が浮かびあがる。

小林哥津の戯曲「春のすゑ」も佳品だが、尾竹一枝（紅吉）「自分の生活」に驚かされる。俊ちゃんに宛てられた夏樹の手紙は、紅吉に宛てた平塚らいてうの手紙そのものなのだろう。二人の愛と揺らぎ、新たな恋の予感に抗うらいてうの心が伝わる。私信の公開は『青鞜』の特色だったが、プライバシー侵害の概念もない。

「編集室にて」に、をだけ・かづゑ（尾竹一枝）が創刊までの事情を書いている。帝劇でサロメを演じる松井須磨子の化粧部屋で相談し、一月一八日には「番紅花」の名前も決まる。六人の同人は「自分たちの好きな仕事をしたり、好きな、価値あるものを作ったり」して「ずうつと純藝術雑誌として大切に育ててゆく決心」であると明言する。

編集が伊藤野枝に変り、女性解放や社会主義運動にさらに傾斜した感のある『青鞜』とは一線を画した、ということなのだろう。面識のない森鷗外のもとを訪ね、執筆を依頼した経緯も興味深い。

（おがた・あきこ／近代日本文学研究家）

十一月新刊

「男らしさ」の変容を描く初の大企画！

男らしさの歴史（全3巻）

A・コルバン＋J－J・クルティーヌ＋G・ヴィガレロ監修

発刊！

鷲見洋一・小倉孝誠・岑村傑監訳

I 男らしさの創出 ——古代から啓蒙時代まで

G・ヴィガレロ編　鷲見洋一監訳

コルバン他編大好評企画『身体の歴史』（全3巻）の続編！　第I巻では「男らしさ」がいかにして創出されたのか、古代から十八世紀の啓蒙時代までを扱う。

A5上製　七九二頁　八八〇〇円　カラー口絵48頁

冷戦後の世界で、なぜテロは続発するか!?

世界はなぜ過激化（ラディカリザシオン）するのか？

歴史・現在・未来

F・コスロカヴァール

池村俊郎・山田寛訳

9・11米同時多発テロ、『シャルリ・エブド』襲撃、パリ同時テロ……なぜイスラム過激主義が、豊かな社会で勃興するか。格差拡大などの政治・経済的問題、個人が抱える孤立、不安、絶望……様々な視角からテロの淵源を捉え、脱却の可能性を探る。

四六上製　二七二頁　二八〇〇円

「出雲」発の人びとの移動の歴史を足で辿る

出雲を原郷とする人たち

岡本雅享　地図・写真多数

出雲から遠く離れた列島各地に、出雲という地名や神社が数多く存在するのはなぜか？　全国の「出雲」を訪ね歩くとともに、神話・伝承・考古学・郷土史を博捜し、出雲文化の広がりを解き明かす異色の移住・文化史。

四六判　三五二頁　二八〇〇円

アレッポを知るための必読書、新装復刊！

商人たちの共和国〈新版〉

［世界最古のスーク、アレッポ］

黒田美代子　新版序文＝黒田壽郎

商都アレッポのスーク（バザール）での積年のフィールドワークから迫る、イスラーム伝統経済の真髄。イスラーム研究の碩学による序を附し、破壊前の貴重な写真を増補して新装復刊！

四六上製　二五六頁　三〇〇〇円　カラー口絵8頁／モノクロ16頁

漢詩の魅力を軽妙にそして深く描く、名随筆集

漢詩放談

一海知義　一周忌記念

昨年惜しまれつつ逝去した中国文学の第一人者、一海知義さん。陶淵明・陸游らの漢詩人はもとより、夏目漱石・河上肇ら優れた漢詩を残した日本の文人にも目を向け、漢詩の魅力を余すところなく捉えた、著者ならではの名随筆を集成。

四六上製　三六八頁　三六〇〇円　口絵2頁

従来の歴史学を覆す〝岡田史学〟とは

モンゴルから世界史を問い直す

岡田英弘編

「世界史は13世紀モンゴルに始まった」という衝撃的な〝新しい世界史〟を提示。約40人の論客が熱論。

田中克彦／木村汎／倉山満他

四六上製　三七六頁　三二〇〇円

＊製作上の止むなき理由で、12月25日配本になりました。悪しからずご了承ください。

読者の声

「大正」を読み直す■

▼貧困問題、社会主義の衰退等の今日の状況と幸徳、大杉の圧殺、河上肇の『貧乏物語』がきっちりとつながり、津田批判の和辻、大川挫折後の昭和全体主義への流れ、大正という視点からの鋭い分析に魅了されました。（兵庫　僧侶　**笹倉成文**　68歳）

レンズとマイク■

▼永六輔さんの本を待っていました。大石さんとの対談で、大石芳野さんの人となりがわかり、心がホッとしました。これから大石芳野さんの写真も自分の中でチェックです。二人の対談ありがとうございました。永さん、大石さん、お二人ともお元気で！

（兵庫　**山﨑明**　64歳）

岡田英弘著作集Ⅶ　歴史家のまなざし■

▼「歴史家のまなざし」のタイトルに違わず著者の歴史観をベースとした重層・多岐にわたる〝まなざし〟による論評は時に読み手の意表をつきあるいはその意味の深さに感嘆させられ大冊ながら正に巻を措く能わずの面白さだ。

（神奈川　**内田誠二**　66歳）

アルメニア人の歴史■

▼このたび『アルメニア人の歴史』を拝見しました。大著なので読了するのに時間がかかりましたが、何度でも読み返す価値のある書物だと思います。

　多くの民族に支配され苦労を味わっても、すぐれた芸術家を輩出したことは、高く評価すべき事実です。

（宮城　元ピアノ教師、元日赤石巻看護専門学校音楽講師　**橋本宗子**）

佐野碩―人と仕事■

▼久しぶりに重厚長大な一冊の本と出会うことができました。演劇人・佐野氏については、数年前に出版された評伝によって、大まかには知っていました。が、本書には、佐野氏自身の諸論考が豊富に掲載されていて、より当時のインターナショナルな演劇活動を知ることができました。

　それにしても、一九三〇年代のスターリン専制体制が確立される激烈な時代、メイエルホリドとともに演劇活動を進めながら拘束を免れメキシコに転移できた疑問は残されたままです。

　困難な時代状況のなかで、自ら志向する演劇を切り拓いてゆく意志力に驚かされます。現在の日本の文化状況を見ると、なおさらです。

　ありがとうございました。

（埼玉　**山川貫司**　63歳）

知の不確実性■

▼二十世紀を代表する社会学者ウォーラーステイン氏が、一分の隙もない論理で説く。唯一、歴史学こそが、政治、経済、哲学といった各社会学を総合し、科学としての社会学になれるということを。

　科学としての歴史、つまり「史的社会科学」は、自然科学の限界を超える。ニュートン力学は一時的均衡を説明するが、それは特殊な事例で、自然も人間社会も時間とともに不可逆的に分岐し、複雑化していく。社会の分岐点、いわゆる危機の時代において、人々は選択を迫られ、行動が未来をつくる。人間の意思にもとづく行為は予測ができず、不確実なままだ。

　一方、科学としての歴史は法則（長期持続）を持つがゆえに、将来の予測もまた可能である。複雑な現象を一般化し、現実を説明し、予測を行い、人々に合理的な選択肢を助言する。ここに、社会科学の本懐があり、有用性がある。

　ウォーラーステイン氏が理想とす

る史的社会科学に、一番近いものを作り上げているのは、現在、フランスの歴史家エマニュエル・トッド氏をおいて他にはないと、私は思う。

（大阪　**志賀和則**　34歳）

心の平安■

▼本には（人にはと言い替えても）出会う時と場所があるんでしょう。それを逸すると折角の玉も石になり果てて終ってしまう。今回こちらの容量不足のせいで残念ながらその豊潤さを受け留めそこないました。「いつか」など二度と来ないまま遠い彼方へ飛び去る彗星のようにその後ろ姿を見送る魯鈍な私です。目についた一行を。「僕たちはお互いを愛しているのだろうか、それともボスフォラスを愛しているのだろうか?」。

（山口　**岩崎保則**　62歳）

米軍医が見た　占領下京都の六〇〇日■

▼幼い頃、私の生家の近くにもGHQが接収した家があり、アメリカ兵に金魚をもらってうれしかったことを覚えています。

　当時のことを書き残して下さって有難く思うと共に著者の多大な御努力に頭が下がります。

　巷の本屋さんにはさ程内容があるとは思えない新刊本があふれています。それなのにこの本のように立派なものが簡単には出版して頂けなかったとの事、あとがきで知って驚きました。この本を出版して下さった藤原書店様に感謝いたします。

（兵庫　主婦　**下井賀代子**　68歳）

骨のうたう■

浩三さんよかったです!

（京都　ケアマネージャー　**竹内誠**　54歳）

易を読むために／易経㊤■

▼御社の『機』二〇一三年八月号を拝見させて頂きました。ながいこと見馴れてきた黒岩重人……というお名前が、上田正昭先生と肩を並べて活字になっているのに私は感動をおぼえました。「黒岩先生よかったですね……」と。わずかな人数で続けていたかつての勉強会が頭をよぎりました。そしてあの中に「風水」の講義がなかったならば……と、私の晩年を支えて貰った研究はあり得なかった……と、からだの震える思いでした。

　膨大なご著書の上田先生からはアジアからの史観を。志の高かった黒岩先生からは易と陰陽五行を。たしかな学問を頂きました。只ただありがとうございましたと念じながら合掌でございます。

（東京　**近藤美智子**　83歳）

歴史と人間の再発見■

▼思想を同じくする「人」を又見つけた思いです。

　三月二十一日に高麗美術館にいき（二回目）、上田先生の書籍があり購入しました。

　上田先生名と印の領収証は記念品にします。早くから死期をさとり、書籍を残されたことに感謝し、自分の「襟を正します」。

（大阪　電気設備管理技術者　**越川定**　65歳）

竹山道雄と昭和の時代■

▼拝啓、お忙しいところ失礼いたします。

　このたび『竹山道雄と昭和の時代』読ませていただきました。

　竹山道雄については児童文学者の佐野美津男が『児童文学セミナー』（季節社、一九七九年）に著した『ビルマの竪琴』についての見解がありますので紹介したくペンを取ったしだいです。

　佐野によりますと、竹山道雄とは「ニーチェを信奉する哲学者あるいは思索家」といった人物であり、『ビルマの竪琴』とは竹山のニーチェ思想を具現化したものであるといいます。『竹山道雄と昭和の時代』にある「人間をただ一つの観念体系にしばりつけて強制するのではなく、そのもろもろの可能性を生かそうとする自由」とは、まさにニーチェ思想に基づくものではないのでしょうか。

　そして『ビルマの竪琴』の本当の主題とは、戦争責任といったものは水島一人にまかせて、あとの多くの兵隊は戦争・戦後責任といったものに思い悩みかかずらうことなく戦後復興に挺身せよ、というものであるといいます。小乗仏教の国ビルマで死んだ日本兵の死体を葬るという大乗仏教の思想にのっとった行為をさせるのも、水島を戦争責任に殉ずる者として造形するための竹山がとった「からくり」であるとのことでした。

　つまり〝水島のことを思ったら、戦争は誰が悪かったかなどと言い争っている場合ではない。我々がやるべきことは戦争で荒廃した祖国日本を建て直すことだ〟ということであるとともに、水島にとっても私たちが日常生活を支えていればこそ死者の弔いに専心できるというものです。

　続けて「日本資本主義の復興は成り、さらに高度の成長を遂げたのだ。それを支えた戦後思想とは、水島上等兵ひとりをビルマの地に残して日本へ引揚げてきた隊長はじめとする多くの人びとの生きざま以外ないだろう。竹山の目的の成就とはそのことをいうのである。戦後日本は竹山の思想に領導されたとさえいえるのではないか。」と言っているのですから、『ビルマの竪琴』を正しく読むことは戦後日本を考え直すことになるかもしれません。

　この竹山道雄とニーチェ思想、『ビルマの竪琴』の関係を正確に書いたものは、文学辞典にも見当たりませんでした。

　それは西尾幹二氏も同様で、『少年少女文学館16　ビルマの竪琴』（講談社、一九八六年）の解説においては、「戦後のいわゆる経済繁栄を謳歌してきたわれわれ日本人一般の生き方に反省を求める、一種の文明批評の役割をも果している」、元日本兵の横井さん、小野田さんや中国残留孤児のことを例にしながら、『白骨遺体』は置き去りにされたままだったのである。日本人はその上に繁栄し、水島上等兵はついに現実には実在しなかったと言っていい。」「現在あるいは未来の日本をも予言する見通しの深さを持っている」とまで言っています。

　佐野によれば、「予言」ではなく「領導」なのですから、これはまったくの誤読なのですが、戦後批判としては正しいというなんとも倒錯した結果になっております。

　現在『ビルマの竪琴』を読まない人でも、ニーチェ思想ということであれば、八〇年代の「ポストモダン」の言説を含めて「脱イデオロギー」、「正義を疑う」、「～に囚われない」といったかたちで認識されているのではないのでしょうか。

　キリスト教の土壌もなく、共産主義国でもない日本において、反キリスト教であるニーチェ思想がどのような役割をはたすのか考えてみる必要があると思います。竹山の言う「自由」が現出させたものは、「モラトリアム人間」かもしれません。

　佐野が児童文学者として問題としたのは、『ビルマの竪琴』における「子どもの論理の不在」であり、「児童文学者のだれもが『ビルマの竪琴』におけるところの、子どもの論理の不在を追究しなかったことによって、戦後民主主義そのものが、子どもの論理を欠落させたものとなったと考えることすら可能だからである。」ということでした。

　竹山道雄、ニーチェ思想、『ビルマの竪琴』の関係についてご考察いただけましたら幸いに存じます。

敬具

（北海道　**青柳誠**）

※みなさまのご感想・お便りをお待ちしています。お気軽に小社「読者の声」係まで、お送り下さい。掲載の方には粗品を進呈いたします。

書評日誌(九・二一〜一一・九)

(書)書評 (紹)紹介 (記)関連記事
(TV)テレビ (イ)インタビュー

九・二一 (書)現代女性文化研究所ニュース(no.44)「沖縄健児隊の最後」

九・二〇 (紹)日本生物地理学会通信(第49号)「絶滅鳥ドードーを追い求めた男」

九・二五 (書)京都民報「古代史研究七十年の背景」(「人生観伝わる大家の絶筆」/鈴木重治)

一〇・一〇 (書)AERA「サマルカンドへ——ロングマルシュ 長く歩くII」(「読まずにはいられない」/「悟りも陶酔もない 生きる希望への旅」/星野博美)

一〇・一四 (紹)週刊金曜日「レンズとマイク」

一〇・一五 (記)朝日新聞(別刷be)「苦海浄土 全三部」(「作家の口福」/「ミナマタ、フクシマ、輝くごはん」/赤坂真理)

一〇・一六 (記)西日本新聞「真実の久女」(「春秋」/「北九州市小倉北区の堺町公園に句碑がある杉田久女が…」)

(記)読売新聞(よみほっと日曜版)「真実の久女」(「名言巡礼」/「杉田久女 一九三二年」/「白妙(しろたえ)の菊の枕をぬひ上げし」/「生前かなわなかった句集」/「脱『伝説』広がる再評価」/「北九州市」/「軍都から『文学の街』へ」/佐々木亜子)

(書)読売新聞「絶滅鳥ドードーを追い求めた男」(「才気溢れる奇人」/牧原出)

(書)静岡新聞「古代史研究七十年の背景」(「独自の史学生んだ歩み」/春名徹)

(記)西日本新聞「真実の久女」(「春秋」)

一〇・一七 (書)毎日新聞「真実の久女」(「詩歌の森へ」/酒井佐忠)

一〇・一九 (記)熊本日日新聞「苦海浄土 全三部」(「石牟礼道子さんを初訪問」/「作家・赤坂真理さん『苦海浄土』解説」/「『明るさ 全身で味わって』」/飛松佐和子)

一〇・二二 (イ)週刊東洋経済「『ル・モンド』から世界を読む 2001-2016」(「Books & Trends」/「加藤晴久氏に聞く」/「日本の新聞にはない徹底的なリアルの追求」/「生前退位の意向表明に込められた天皇の真意」/中村陽子)

一〇・二三 (書)朝日新聞「幕末の女医、松岡小鶴」(「風変わりな漢文ににじむ人生」/蜂飼耳)

(紹)東京新聞・中日新聞「『ル・モンド』から世界を読む 2001-2016」

(書)琉球新報「沖縄健児隊の最後」(「過ち繰り返させない信念」/普天間朝佳)

(書)朝日新聞「時代区分は本当に必要か?」(「中世とルネサンス 揺らぐ境界」/五十嵐太郎)

一〇・三〇 (書)産経新聞「「海道東征」への道」(「『戦後』への根源的な問い」/中山恭子)

(書)信濃毎日新聞「『ル・モンド』から世界を読む 2001-2016」(「日本メディアへの批判的な目」/山本圭)

(紹)西日本新聞「沖縄健児隊の最後」

一〇・三一 (紹)公明新聞「幕末の女医、松岡小鶴」

一〇月号 (書)GALAC「レンズとマイク」(三原治)

一一・六 (紹)サンデー毎日(増大号)「「フランスかぶれ」の誕生」

一一・九 (記)毎日新聞(夕刊)「アルメニア人の歴史」(「クリップ」/「第53回日本翻訳文化賞・第52回日本翻訳出版文化賞(日本翻訳家協会主催)」/「特別賞受賞」)

『「海道東征」への道』が話題の新保祐司さんの出版記念会

「海道東征」が銀座に鳴り響いた夜

新保祐司

私は、八月に藤原書店から『「海道東征」への道』を、九月には「港の人」から『散文詩集鬼火』を上梓した。この二冊の出版記念会が、藤原良雄社長と「港の人」の上野勇治さんの御尽力により、十一月十七日の夜、銀座七丁目の「音楽ビヤプラザライオン」で開かれた。

発起人には、尾崎左永子、川本三郎、酒井忠康、澁澤龍子、高橋睦郎、辻原登、福田逸、三木卓の八氏になって頂いた。当日は幸い、九十名近い多彩な方々の御出席を賜り盛会であった。

まず、発起人代表として、作家の辻原登氏が登壇され、その後、祝辞を産経新聞社代表取締役会長の太田英昭氏、評論家の西尾幹二氏、評論家の川本三郎氏が述べられた。

そして、乾杯の音頭は、産経新聞社取締役相談役の清原武彦氏が取られた。

歓談の後、祝辞の中でも度々触れられた、昨年十一月大阪で復活公演された交声曲「海道東征」のライヴ録音のCDから八章「天業恢弘」が会場に流された。

その後、再び祝辞となり、演出家の福田逸、産経新聞社専務取締役で大阪代表の斎藤勉、元「新潮」編集長の坂本忠雄、文藝春秋の専務取締役を務められた寺田英視、英文学者の富士川義之の五氏が登壇された。最後に、上野さん、藤原さん、そして私が謝辞を述べて閉会した。

祝辞は皆、心のこもったもので、聞きながら、思わず感極まるようなこともあった。辻原さんがお話の終わりに、『散文詩集 鬼火』の最後の詩「雪の朝の道」の末尾「私はまだ二十二年しか生きていなかったのか……」を引用され、「新保さん、私はまだ六十三年しか生きていなかったのか……という気持ちでこれからも」という風に語りかけられ、とても有難かった。この記念会を一区切りとして、さらに前に進んでいきたいと強く思った晩秋の一夜であった。

（しんぽ・ゆうじ／文芸評論家、都留文科大学教授）

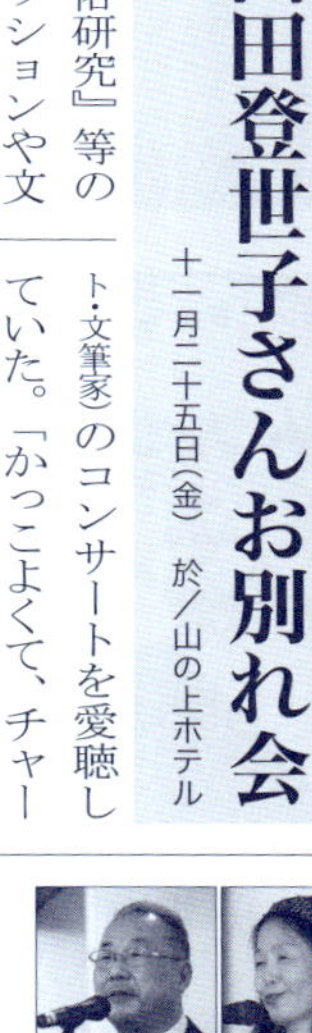

『「フランスかぶれ」の誕生』の山田登世子さんを偲ぶ

山田登世子さんお別れ会

十一月二十五日(金)　於／山の上ホテル

バルザック『風俗研究』等の優れた翻訳、ファッションや文化史の鋭い評論など、多面的に活躍された山田登世子さんが八月八日に急逝された。「お別れ会」では、様々な人々が思い出を語り合った（司会＝藤原良雄）。

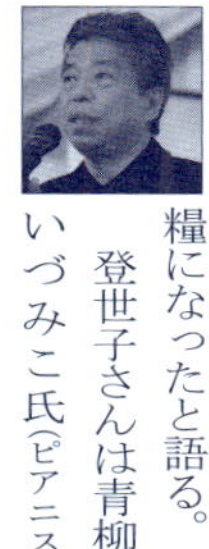

鹿島茂氏（フランス文学）は「バルザック『人間喜劇』セレクション」を共同編集。「ダサいことが嫌い」な登世子さんとの仕事では、歯に衣着せぬ率直なコメントをお互いにし合い、大きな糧になったと語る。

登世子さんは青柳いづみこ氏（ピアニスト・文筆家）のコンサートを愛聴していた。「かっこよくて、チャーミングな女性だった」と。

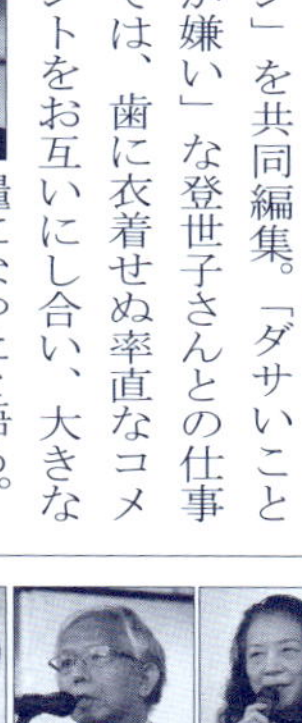

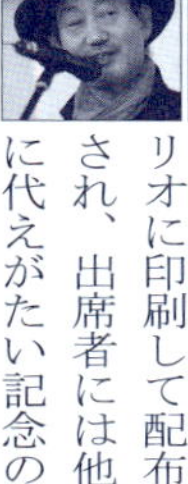

献杯は石井洋二郎氏（フランス文学）。「東大をもっとオシャレにして」とずばり指摘されたという思い出話に、「さすが登世子さん」と会場に笑いが広がった。

今福龍太氏（文化人類学）は、レヴィ＝ストロースについての登世子さんの凛とした文章を素敵なフォリオに印刷して配布され、出席者には他に代えがたい記念の品となった。

三砂ちづる氏（疫学）とは、藤原書店「河上肇賞」選考委員として知り合い、特に晩年、親しく語り合った。急逝は本当に残念だが、ご夫君の腕の中で亡くなったのは登世子さんらしい、とも。

清水良典氏（文芸評論家）とは、愛知淑徳大学時代の同僚であり親友。黒いドレスに真っ赤な帯で、新学期のキャンパスを颯爽と闊歩していたお姿を懐かしむ。

臼田信行氏（中日新聞社取締役編集局長）。六年に亘る連載「中日新聞を読んで」他、他にない艶やかさのある文章が印象的だった。

小室真氏（イエス・キリストもみの木教会代表）はクリスチャン仲間。逝去前日の集いからの帰途、坂を昇っていった姿に「きっとあのまま天国に召されたのだと信じる」。

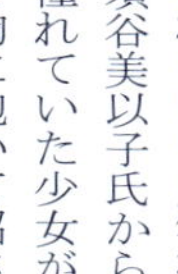

他にも多くの方が思い出を語られたが、紙面ではご紹介しきれないのが残念。

実姉の須谷美以子氏から、父の本棚に憧れていた少女が、大好きな本を胸に抱いて召されたと。最後に、夫の山田鋭夫氏。人一倍病弱だったが感受性と探究心は誰にも負けなかった登世子さんが、多くの方に支えられ仕事を続けられたことに、深く感謝を述べられた。（記・編集部）

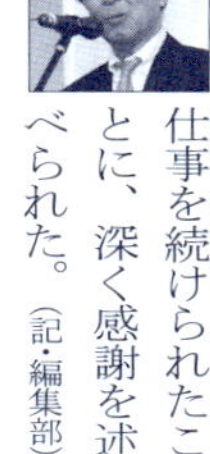

＊小冊子「追悼　山田登世子」ご希望の方は藤原書店まで（送料込五百円）

一月新刊予定

＊タイトルは仮題

ブルデュー唯一の「ジェンダー」論

男性支配

P・ブルデュー

坂本浩也・坂本さやか訳

アルジェリア・カビリア伝統社会と、ヴァージニア・ウルフ『灯台へ』。一見唐突に見える二つの事例の精緻な分析を通して、男性を女性の優位におく社会秩序（男性支配）が、「なぜ〝自然〟なものとされてしまうのか」、その客観化に取り組み、象徴暴力としての「男性支配」のありようを暴き出した問題作。

韓国の国民的作家による長篇代表作

関釜連絡船（上・下）

李炳注（イ・ビョンジュ）　橋本智保訳

戦中は学徒兵として「日本人」を生き、戦後は高校教師として朝鮮戦争に至る烈しいイデオロギー的対立の渦中に巻き込まれた主人公、柳泰林。植民地下の朝鮮半島・釜山と下関とを結んだ「関釜連絡船」に象徴される、戦中／戦後、日本／朝鮮という時間・空間の非対称性・複数性を通じて、植民地という歴史的経験の意味を根底から問う、国民的作家による長篇代表作、ついに邦訳。

「女性にとって小説は有害」!?

読書する女たち
十八世紀フランス文学から

宇野木めぐみ

十八世紀フランス小説に描かれる女性の読書体験、絵画に描かれた、本を読む女性たち。自由と自立を求める女性が増えながら社会の様々な実態において不平等を強いられていた当時、もともと本を書き本を読む男性の世界とは異なったイメージとして、女性の読書は捉えられていた。女子教育、道徳などの観点から、女性と小説の黎明の時代を明かす。

国際的な執筆陣で呈示する！

日本発の「世界」思想
哲学／公共／外交

東郷和彦・森哲郎・中谷真憲＝編

中国の巨大な影が兆し、日米同盟に盲目的に依存するだけでは立ちゆかない今、日本から何を発信しうるか。

□目　次

序章　東郷和彦

第一部　無からの包摂――「世界」問題

〈問題提起〉森　哲郎

秋富克哉／ロルフ・エルバーフェルト／氣多雅子／森哲郎／ブレット・デービス／福井一光／川合全弘

第二部　〈間（あわい）〉としての公共

〈問題提起〉中谷真憲

小倉紀蔵／金泰昌／中谷真憲／岑智偉／焦従勉／植村和秀

第三部　〈和（やわらぎ）〉としての外交

〈問題提起〉東郷和彦

中西寛／東郷和彦／滝田豪／王敏／ロー・ダニエル／高原秀介／北澤義之

終章　無、間、和　中谷真憲

12月の新刊

タイトルは仮題、定価は予価。

「じゃかしゃば」新しい水俣 ＊
吉井正澄
四六上製 三六〇頁 三二〇〇円

東京を愛したスパイたち 1907-1985 ＊
A・クラーノフ 村野克明訳
四六上製 四三二頁 三六〇〇円

エジプト人モーセ ＊
ある記憶痕跡の解読
J・アスマン 安川晴基訳
A5上製 四三二頁 六四〇〇円

竹山道雄セレクション（全4巻）
Ⅱ 西洋一神教の世界 ＊ 〔第2回配本〕
平川祐弘編
解説＝佐瀬昌盛 寄稿＝苅部直 口絵二頁
四六上製 五九二頁 四八〇〇円

モンゴルから世界史を問い直す ＊
岡田英弘編
四六上製 三七六頁 三二〇〇円

1月以降の予定

日本発の「世界」思想 ＊
哲学／公共／外交
東郷和彦・森哲郎・中谷真憲＝編

男性支配 ＊
P・ブルデュー 坂本浩也・坂本さやか訳

好評既刊書

関釜連絡船（上・下） ＊
李炳注 橋本智保訳

読書する女たち ＊
18世紀フランス文学から
宇野木めぐみ

男らしさの歴史（全3巻）
A・コルバン＋J-J・クルティーヌ＋G・ヴィガレロ監修
Ⅰ 男らしさの創出 ＊
古代から啓蒙時代まで カラー口絵48頁
G・ヴィガレロ編 鷲見洋一監訳
A5上製 七九二頁 八八〇〇円

世界はなぜ過激化（ラディカリザシオン）**するのか？** ＊
歴史・現在・未来
F・コスロカヴァール 池村俊郎・山田寛訳
四六上製 二七二頁 二八〇〇円

商人たちの共和国〈新版〉 ＊
世界最古のスーク、アレッポ
黒田美代子 新版序文＝黒田壽郎
カラー口絵8頁／モノクロ16頁
四六上製 二五六頁 三〇〇〇円

出雲を原郷とする人たち ＊
岡本雅享 写真・図版多数
四六判 三五二頁 二八〇〇円

漢詩放談 ＊
一海知義 一周忌記念
四六上製 三六八頁 三六〇〇円

竹山道雄セレクション（全4巻）
Ⅰ 昭和の精神史 ＊ 〔第1回配本〕 発刊
平川祐弘編
解説＝秦郁彦 寄稿＝牛村圭 口絵四頁
四六上製 五七六頁 四八〇〇円

プーチン 内政的考察
木村汎
A5上製 六二四頁 五五〇〇円

水俣の海辺に「いのちの森」を
宮脇昭・石牟礼道子
B6変上製 二一六頁 二〇〇〇円

地域に根ざす民衆文化の創造
「常民大学」の総合的研究 口絵四頁
北田耕也監修 地域文化研究会編
A5上製 五七六頁 八八〇〇円

ひとなる
ちがう・かかわる・かわる
大田堯・山本昌知
B6変上製 二八八頁 二二〇〇円

作られた不平等
日本、中国、アメリカ、そしてヨーロッパ
R・ボワイエ 山田鋭夫＝監修 横田宏樹＝訳
四六上製 三二八頁 三〇〇〇円

待つ女
M・ダリュセック 高頭麻子訳
四六上製 二七二頁 二四〇〇円

＊の商品は今号に紹介記事を掲載しております。併せてご覧戴ければ幸いです。

書店様へ

▼『トランプ・ショック』をも予言していたと各紙誌等メディアに既にひっぱり凧の**エマニュエル・トッド**が、今度は11／25（金）「報道ステーション」にもインタビュー出演！ 既刊ロングセラータイトルも合わせ「世界の今を長期的な視座で読むために エマニュエル・トッド」フェアをぜひ！▼11／27（日）『日経』で**マリー・ダリュセック**『**待つ女**』が澤田直さんに絶賛書評！「巧者ダリュセックならではの仕掛けが満載で、サプライズの結末まで長いトラベリングに読者は安心して耽ることができよう」。▼9月のNHK-Eテレ「100分de名著」での一カ月にわたる大々的な紹介で大反響の後も、各紙誌絶賛書評・紹介の続いております**石牟礼道子**『**苦海浄土 全三部**』が、今度は11／21（月）『産経』「巨編に挑む」欄での絶賛大紹介でさらに大反響！▼11／20（日）『日経』で**ロベール・ボワイエ**『**作られた不平等**』が根井雅弘さんに絶賛書評！「歴史的な政治経済学の可能性に関心のある読者なら一読して多くのヒントを得られるだろう」。 （営業部）

2017年の大型企画！

金時鐘コレクション 全12巻

初の詩集『地平線』（一九五五）から、近年復元された幻の『日本風土記II』を含め、最新の『失くした季節』他の詩、そして随筆、評論、講演を集成。

多田富雄コレクション

世界的免疫学者にして新作能作者の珠玉の精選集。寛容と希望／自己とは何か／生の歓び／人間の復権／死者との対話他（予定）

中村桂子コレクション

「生命誌研究館」を構想・設立し、「いのち」を中心にした社会の具体的なありようを模索する、稀有な女性科学者の全体像とエッセンス。

映画『花の億土へ』『海霊の宮』上映！

石牟礼道子さん主演の映画「花の億土へ」（二〇一三年）「海霊の宮」（二〇〇六年）を上映。
日時：1／2（月）～13（金）
於：シアターセブン（淀川文化創造館、大阪市淀川区、「十三」駅
＊お問合せは劇場か小社まで

出版随想

▼今年も秒読み段階に入った。いつも十一月の下旬から気ぜわしくなるが、今年は中でもとにかく日が経つのが早く感じる。中部、関西や九州の出張が数日入ったせいかもしれない。しかもおめにかかって打合せする方々が、拙の大先輩ゆえ、やはり残り時間を考えると悠長な仕事はできず、焦りを禁じえない。自分の歳を考えると、卒寿前後の方はさぞ大変だろうなと思ってしまう。昨春、足を痛めてから靴を履かない日が続いている。勿論、草履に洋服ともいかず、和服三昧の生活だ。どこへ行くにもそういうスタイルが身についてしまった。

▼以前、鶴見和子さんとお附合いさせていただいた時、あのお着物姿が美しい「女書生」和子女史に見惚れたものだ。「姿勢は、姿の勢いよ」と背筋をピンと張ったお姿の和子さん。拙は、勿論そうはいかないが、何とか着こなしの術を身につけないといかんと思っている。

▼今年も、多くの方々のお力添えで何とか過ごすことができそうである。しかし、電車の中でも書物を読み耽っておられる方はごくわずか。せいぜい新書や文庫。それに図書館の押印のある単行本。あとは殆んどが、スマホやケータイをじっと見ておられる。先日、前に座っている中年の方のスマホが見えた。新聞の紙面。スマホで新聞の記事は読めるだろうが、ローテク人間としては、あの紙の新聞の全体を一覧して、大見出しを読みつつ、全体の中での個を位置づけながら読まないと読んだ気にならんのではと思いつつ眺めていた。今や新聞社も紙は減りインターネットは増えているようだから致し方ないのかもしれんが。

▼それと逆行するかの如く、今秋小社の出版物は、『苦海浄土全三部』の千頁余を皮切りに、『プーチン　内政的考察』六二〇頁、『竹山道雄セレクション』（全四巻）各六〇〇頁、『男らしさの歴史』（全三巻）各八〇〇頁……と大著が次々と誕生している。そのどれもが、目下のところ好評を博してジワジワと読者を獲得してきている。これも、こういう火を消しては国が崩壊するという心ある方々が支えてくれているからではと思う。来年もしっかり足元を見つめながら一歩一歩歩みを進めたいものだ。（亮）

ところが、この『続　議員人生あれこれ』には、オーストラリア視察に参加した自民党議員も見聞記を書いてくれた。前回の『議員人生あれこれ』の出版のときは、激しく批判し吊し上げた自民党議員や青年部員も、なんと『続　議員人生あれこれ』の出版では、積極的に市民に読むよう推薦し、普及に努めてくれるように変化していた。おかげで、市内四〇〇〇世帯ぐらいの人々が目を通してくれたのではないかと思っている。自民党議員や青年部の意識改革は、同時に市民の環境都市づくりへの認識を高める効果もあった。

国際会議からたった二年である。この短い期間に、自民党議員の環境に対する意識が驚異的な変化を見せた。市の将来像を「工業・観光都市」から「環境モデル都市」に転換する最大の障壁は崩れた、と今後の展開に自信が湧いてきた。

水俣の「環境都市づくり」には、多くの有識者のそれぞれの立場からの論評がある。私が読んだ著書や論文の中で、議会多数の保守が果した役割に言及されているのは見当たらないが、ただひとつ雨宮昭一獨協大学教授（当時。一九九九（平成十一）年、茨城大学教授のとき、東海村原発の臨界事故の解明のための科学研究費によって、水俣の調査・研究を実施された）は、水俣の再生に際し、マイノリティ―マジョリティの関係を双方からどう変えたか、について、マジョリティの側に焦点を当てて保守のあり方を評価され、東海村の今後に多くの示唆を与えてくれている、と書かれている（『戦後の越え方――歴史・地域・政治・思考』日本経済評論社）。

水俣病問題の早期・全面解決と地域再生を推進する「市民の会」が誕生

国際会議「産業による環境破壊と地域再生」の項で、私は、パネルディスカッションで「今や、いろいろな立場を越えて、水俣病被害者救済と市の再生振興のために、市民がこぞって参加する『市民の会』を結成し、強力なアクションを起こし、国を動かそう」と呼びかけた、と書いた。

その反応は驚くほど速く、その後の議会で、自民党の高山議員は議会の一般質問で「水俣病早期解決を願う市民が、市民総参加の仮称『市民の会』を結成して行動を起こすべきだ」と述べるなど、与党・野党を問わず全議員が賛同し設立の論議を始めた。

各派代表者の会議で、「言い出した吉井議員が会長になるべきだ」と会長就任を勧められたが、「市民の代表は市長であり、当然会長は市長であるべき」と言って辞退した。

会派代表が揃って市長に会長就任を要請し、岡田稔久市長も快諾され、一九九三(平成五)年五月一日「水俣病問題の早期・全面解決と地域の再生・振興を推進する市民の会」(以後、市民の会)が発足した。原一夫商工会議所会頭と市議会議長の私が副会長に推薦された。

ほとんどすべての市民団体、それにチッソ労組、患者団体が参加したが、水俣病患者連合などの一部団体は「市民の総意の美名のもとに水俣病の幕引きを目論むもの」と警戒し不参加、という不完全な門出であったが、やがて大きな力を発揮することになる。

「市民の会」の陳情。右から橋口三郎（被害者の会会長）、江口隆一、山本秀久（県議会議員）、一人おいて著者、徳冨勲（市議会議長）、石田勝（平和会会長）、滝下松雄（漁民の会会長）各氏。

「市民の会」の目的に、水俣病問題の早期・全面解決を掲げたが、市民の中には、患者の過激な行動に反発し、救済には異論を持つものも多く、市民の多くの参加は不可能であった。そこで、「地域の再生・振興」という項目を加えることで、市民の多くが賛同することになった。国への陳情の際にはさらに、「チッソの存続・経営強化」という陳情項目を追加したので、チッソ労組やチッソ下請け企業もこぞって参加した。

浜グラウンドで開催された発会式には、プラカードを立てた参加団体が会場を埋め尽くした。仮設の舞台の上から見る市民の顔には、水俣病発生以来四〇年近く胸に秘めつづけた「何とか水俣を再生したい」という願望が、晴れやかに顔に滲み出ていた。

市議会の決議で水俣市の進行方向を表明

国際会議での提言や国連環境開発会議に参加したことで、

私の水俣市の再生ビジョンは、ほぼ固まった。そこで、一九九二年六月市議会に、「環境と健康と福祉を大切にする水俣づくり宣言」という決議案を提案した。議会決議とは市民に対して、市議会の意志の表明である。水俣病問題をめぐる対立で、多くの会派に分裂していた議会での論議は白熱したが、全会派・全議員が賛成して可決された。

同時に市は、一九九二（平成四）年、岡田稔久市長が「環境モデル都市づくり」を宣言した。内容は大要、つぎの通りである。

水俣市は、近代工業化の過程で、世界に類を見ない公害の発生で、多くの生命を失い、人びとの心を蝕み、地域の存立さえも危うくし、市民は三六年間余の長きにわたり苦悩を重ねてきた。水俣市は、この経験を貴重な教訓として、自然の生態系に配慮した「環境モデル都市」を目指すことを決意し、さらに、水俣病の教訓を広く世界に伝えたいと考えた。

私たちは、二度と再び、このような不幸な出来事を繰り返さない、という使命感とともに次のことに努め、その成果を内外の人びとと共有したいと念願する。

1、水俣病の教訓を学び後世につたえる。

2、水俣病被害者の救済と市民の融和を図る。

3、循環する自然生態系の中の、人やその他の生物に配慮した産業活動の転換を促す。

4、生命の基盤である海、山、川を大切に守り次の世代に引き継いでいく。

5、文明社会の在り方を問い直し、有限な資源を大切に利用することを基調とする社会システムづくりを進める。

「環境創造みなまた'92」が開催された本年を、水俣市の新たな出発の年にするため、ここに宣言する。

一九九二年六月市議会の「環境・健康・福祉を大切にするまちづくり宣言」と同年十一月の「環境創造みなまた'92」における市長の「環境モデル都市」宣言で、水俣市の都市づくりの方向転換が決定した。九二年は水俣市にとって画期的な年となった。

市長選挙へ

先述した自民党議員五人でのオーストラリア研修の折、毎夜、ホテルでウイスキーを飲みながら「今、水俣は、将来への方向を大きく転換すべき重大な時期を迎えている。我々が結束し、その先頭に立とう」と話は高まった。

同道した中で、二人の若い議員は、自民党議員団の中堅であり、青年部のリーダーで、それまでは、反吉井の急先鋒であった。その彼らから呼び出されて室に行くと、「二人は変わった。水俣を変える。市長に立候補してくれ」と、市長選挙への出馬を強く迫られた。

驚いた私は、即答はしなかったが、彼らの真剣なまなざしを見て感激した。

出馬した者にしか分からないと思うが、選挙はその人の人生最大の賭けである。落選したら支持者の払った膨大なエネルギーを無駄にして期待を裏切ることになる。身の置き所はない。面子も何もなくなる。人生の進路は狂ってしまう。

それでも立候補するのは、すごい自惚(うぬぼ)れがあるからである。「自分でなければ」という思いが煽てに乗って背中を押すからである。

しばらくたった一九九三（平成五）年十一月、熟慮の上、出馬を決意した。その頃には、私の胸の中に、水俣のまちづくり、即ち水俣再生構想がほぼ固まり、市民の願望に応えることが出来る、といううぬぼれが生まれていた。

私が決意した時には、既に知名度の高い有力な二名の候補が運動を始めていて、マスコミなどの各種の予想では、私の当選の可能性は低く、大方の予想はよくても次点、という厳しいものであった。しかも「水俣の再生振興が出来るのは自分しかいない。それは天命である」という強い自惚れがあったので、厳しい選挙戦は苦ではなく、むしろ楽しいものであった。

一九九四（平成四）年二月、私は市長に当選、二月二十二日に就任した。

第II部

水俣市長時代そして以後

市長室にて（1994年）

第5章　市長に就任

水俣病問題と真正面から向き合う

一九九四（平成六）年二月二十二日、水俣市長に就任した。実際に水俣病問題に取り組んだのは、その年の五月一日の水俣病犠牲者慰霊式で、患者に対して謝罪の式辞を述べたのが初仕事だった。

これまで、市議会議員から市長選挙に至るまでの経緯を述べてきた。その間、水俣病と出会い、学び、考え、それを整理し、新しい市政の方向として示したのが謝罪の式辞である。これから、その式辞で約束した新しい市政の実現について、どのように努力してきたかについて書いてみたい。

市政は、市の将来を見据えた長期の計画と当面する問題の対応に分かれる。

長期の計画は、都市計画をはじめ新幹線や高速自動車道の建設などで早くて一〇年、高速自動車道のように三〇年経っても完成しない長年にわたるものもある。だが、その間も、継続して多額の経費と労力を注ぎ続けなければならない。

市長の任期は四年である。次の選挙を考えると、四年間で目に見える成果を出さなければ、再選はおぼつかない。したがって、何れの首長も四年間で結果の出る人気とり政策に力を入れることになる。

水俣市は、そんな贅沢は出来なかった。公害で苦しむ患者の救済、疲弊し混乱した市民生活の立て直し、倒産寸前のチッソ対策と、一刻を争う緊急事態に総力で取り組まねばならない。そのために市長就任早々の水俣病犠牲者慰霊式の式辞で「水俣病問題の解決」「環境、健康、福祉を大切にする産業文化都市づくり」「崩れた内面社会を再構築するためのもやい直し」を約束した。

まず陣容を固める

実際に市長職に就いてみると、小さな市であってもかなりの権力が与えられている。為政者に権力がないと政策を早急に、確実に執行できないからである。しかし、その反面、ことによっては権力は暴走する。為政者の心を腐敗させる。そして住民の信を失う。そこで、市長の独善、独走を防ぐ手立てが必要となってくる。

政策の立案、推進については、優秀な職員がいるので、さして心配はしなかったが、常に諫言、苦言をする補佐役が必要であると考えた。熟考の末、有村嗣郎先生（元熊本県立玉名農業高校校長）

水俣市長選挙の出陣式
（一九九四年一月、久木野住吉神宮）

水俣市長に当選
（一九九四年）

水俣市役所

水俣市助役・有村嗣郎氏

に助役就任をお願いした。有村先生は、芦北農林学校の二級上の先輩である。宮崎大学に進学し、卒業と同時に芦北農林高校に教師として赴任された。

先生が芦北農林高校の教師に赴任された時、私は、六・三・三の学制改革でまだ高校の三年に在学中であった。

「吉井市長は礼節をわきまえていない、自分の先輩で恩師を部下にするとは何事か」という批判が聞こえたが、その通り事実であり釈明はできなかった。

市長当選の祝いに、渡瀬代議士（旧衆院熊本二区選出）から「千人之諾々（せんにんのだくだく）、不如一士之諤諤（いっしのがくがくにしかず）」という書をいただいた。小さい町の市長でも、人事や予算編成など大きな権限があり、周囲は美辞麗句を並べ機嫌をとり迎合する。それを真に受け有頂天になると市政を誤る。法を犯しかねない。常に忠告し諫言してくれる数少ない人を大切にしなければならない、という諫めの書である。

しかし、嫌われるのを覚悟で、あえて忠告する人は極めて稀であり、待っていても一士が現れるとは限らない。自らつくる必要がある。有村先生に助役をお願いしたのは補佐役としてではなく、お目付け役としてであった。先生も「野放しにしては危ない」と、ご心配でお引き受けなったようで、恩師を助役にしたのは、おそらく全国初の出来事であったと思う。

助役選任に際し、以上の意味を含めて「市民に希望を持たせる役所にしたい、市長をはじめ職員すべてが、それにふさわしいように指導監督をお願いします」と頭を下げた。

期待に違わず有村助役は見識整った高邁なお人柄で、六年余り行動を共にしたが、その間、人の悪口と自慢話は聞いたことはなかった。このような人が側にいるだけで、自ずと身は正される。初めて市長室においでの客は、助役に丁寧に挨拶し用件を話される。市長と間違えられているのである。助役が話の途中で、私に「市長さん」と話しかけると、横に立っているスポーツ刈りの用心棒みたいなのが市長だと気づかれる。人格は、容姿や言動に表れるということか。

有村助役をはじめ、収入役、部課長、秘書の諸君に人を得たことで、ほぼ順調に市政を正しく推進することが出来たと感謝している。

もう一つ「私は、二期八年で古稀を迎えます。それを機に政治から引退する覚悟です。その間、一緒によろしくお願いします。なお辞めると分かると求心力を失います、時がくるまで秘してください」とお願いした。

市民の幸福を左右する市長職は、最高の体調で務めなければならない。七十歳で政治から身を引くという理由は、例外もあるが多くの人が七十歳を境にして急に体力、知力、胆力が落ちるのを見てきたからである。

多選出馬の弁の多くが「やり残した仕事がある」と言う。再選して切りを付けたい気持ちは分かるが、やり残した仕事はさらに増えていく。政治の仕事には終りがない。必ずしもその人が、最後までやり終えなければならないものではない。

私がお願いしたのは、慰霊式の式辞で市民に誓った市政の実現を短期決戦で果たしたいということである。助役は了解していただいたが、約束の日を待たずに突然の病で他界されてしまった。残念の極みであった。

コラム

もう一つの「世界に類例のない水俣」

水俣病は、世界に類例のない公害であると言われている。

その理由の一つは、それまで公害は毒物に直接暴露して発生していたが、水俣病は海中に流された排水の中の毒物が食物連鎖を通して高濃度に蓄積した魚介類を摂食した人が罹災した初の公害だからである。

次に、母親の胎盤は、母親が摂取した毒物を阻止して胎内の胎児を守るという医学の常識を破って、メチル水銀は胎盤をやすやすと通り、胎児性水俣病患者が発生した。

さらには、血液脳関門は、毒物を阻止して大切な脳を守ると言われてきたが、メチル水銀は血液脳関門を通って脳細胞を壊した。

これらの「世界に類例がない」という新しい事実は、これからの公害を防止する上で極めて重要であり、水俣病の教訓として世界への発信が強く望まれてきた。

ところが、もう一つ「世界に類例のない水俣」があった。

米州開発銀行という国際機関がある。中南米諸国とカリブ諸島の国々三〇カ国近くを支援する機関である。その銀行の中に「ジャパン・プログラム」という橋本龍太郎元総理がつくった日本の支援組織があり、経済・文化など広範な支援を行なっているという。

市長退任まもなくの頃、拙宅に米州開発銀行ジャパン・プログラムの岡田要事務局長が訪れて「二〇〇三年にメキシコで『日本の発展とその環境問題』と題して各国の総理や担当大臣の会議が開催されます。橋本総理の挨拶の後、『水俣市の環境都市づくり』について基調報告をしてください」と要請された。私は驚いて「何で水俣がテーマで、報告者が退任後の私なのでしょうか」と尋ねると「世界には大きな公害が数多く発生していますが、それを克服し、その公害の教訓を活かして見事に環境都市として再生した水俣市は『世界に類例のない都市』です。中南米にも多くの公害が発生していますが、その再生は難しいのです。そこで水俣市から学びたいと思っています」と話された。

これまで「世界に類例がない」とは負の面で語られてきた。ところが事務局長は、プラスの「世界に類例がない水俣」を語れと言う。これが一番世界の役に立つと言う。

喜び勇んだが物事はそうたやすくは運ばない。間もなくして私は大腸がんが発見されて摘出手術を受けた。中南米の会議までに体力は回復しなかった。

水俣市民は「世界に類例がない奇跡」と言えるように、公害の克服と環境都市づくりを見事に成し遂げねばならないと思う。

語り部制度の創設

市議会議員時代に、広島・長崎の原爆資料館を何回も視察した。陳列された多くの遺品から原爆の悲惨さが想像されて、全身の震えが止まらなかった。人類有史以来最大の愚行への反省と核廃絶を強烈に迫ってくる。

水俣病公害も人間が犯した大きな愚行であり、二度と繰り返さないよう世界に訴えていかねばならない。しかし、水俣病資料館には、残念なことに広島・長崎の資料館と違って遺品が非常に少なく、その弱点を何かで補完しなければならない、と常々考えていた。

前述したように、一九九〇（平成二）年に水俣市で開催された「産業・環境及び健康に関する国際会議」にパネリストとして参加した時、「水俣病の教訓を世界に発信するためには、資料館が必要であり、そのハードの部分は行政が、ソフトの部分、即ち魂の部分は患者が担いしっかりと伝えなければならない」と発言した。

市長に就任して、早速水俣病患者と親しく交流していた市職員吉本哲郎君の提案で「語り部」を創設することにした。しかし、いざとなると難しい問題に直面した。

広島・長崎の原爆の加害者は米国であった。日本の国民はその米国を憎み非難する。米国の行為を弁護するものは一人もいない。しかし、水俣病公害では、加害者も被害者も、そのほとんどが水俣地域に住んでいる。利害や立場が相反する市民が分裂し、醜い近親憎悪が起き、患者に対する差別や激しい誹謗・中傷が渦巻いている。患者は、その精神的迫害を避けるために、水俣病患者であることを必死に隠し続けたのである。そのような中で、「語り部」を引き受ける人はいなかった。

「語り部」として、水俣病の苦しみ、苦難の生活、それにプライバシーまで公開して欲しい、という残酷な相談であり、誰もなり手がないのは当然である。お願いにまわる職員は行き詰まり苦労した。

しかし職員の努力は続いた。やがて就任を承諾してくれる人が現れた。濱元二徳(つぎのり)さんである。劇症型の水俣病患者で、車いす生活を送っておられた。

「私が水俣病で苦しんできた人生を語ることで、患者救済が促進され、二度とこのような悲劇が起こらないように防げるのであれば、恥や外聞を捨ててお話ししましょう」と。この報告を聞いて大変うれしく、また感謝した。

濱元二徳さんは、第一次水俣病訴訟の原告の一人であり、勝訴して現在の補償制度を勝ち取られた。また、一九七二（昭和四十七）年、北欧スウェーデンの首都ストックホルムで開催された第一回国連人間環境会議に、胎児性患者の坂本しのぶさん、母フジエさんとともに、原田正純先生らと参加され、水俣病公害を世界に知らしめた。初めて世界に向けて水俣病の教訓を発信した患者の一人である。その濱元さんが語り部を承諾されたので前途は開けた。

これをきっかけにして、橋口三郎さん、杉本栄子さん、雄さん、佐々木清登さん、石田勝さん、上野エイ子さん、開田（現在吉永）理巳子さん、金子スミ子さん、川本ミヤ子さん、と次々に多くの語り部が誕生した。現在は、胎児（小児）性患者の永本賢二さんや前田恵美子さん、南アユ子さん、患者二世の川本愛一郎さん、杉本肇さんらも参加している。

二〇〇〇（平成十二）年に市は、『水俣市民は水俣病にどう向き合ったか』という本を出版した。水俣病の混乱期の一般市民の考えや見方を記録に留めるためである。その中に、匿名の座談会の記事がある。「認定されたら、急に具合が悪うなる。運動会では一等で走らすのに」「やっぱり金でしょう、いやらしい」などと、患者誹謗が続出。さらに「一部の患者は、水俣病を話すのが仕事、あっちこっちに行って、話して講師料を稼いでいる」というのがあった。これを読んだ語り部たちが、「金稼ぎにやっているとは何事か」と怒って市長室に押しかけた。「辞めさせてもらいます」と大変な剣幕であった。

困った私は、逆に「こんな、何も分かっていない人たちがいるから、語り部が必要です。水俣病の本質を皆に十分に理解してもらうために、我慢して頑張って下さい」と頭を下げてお願いした。お陰で、資料館の見学者への講話だけでなく、日本全国、ときには外国からもお呼びがあり、健康不安をかかえながらも頑張っていただいている。

水俣病資料館は、国の内外から多くの見学・研修者が訪れる。今や水俣を代表する施設となり、語り部たちも水俣を代表する人々となっている。

水俣病発生から六〇年、生存する患者は高齢となり、少なくなった。患者二世の語り部も活躍されているが、これから水俣病の教訓をどう伝えていくのか、検討が急がれる。

全市民が国に迫り第三次訴訟が和解の方向へ

市長に就任した時は、第三次訴訟の和解への動きが活発に論議されていた。

一九九〇（平成二）年、東京地裁が第三次水俣病訴訟で和解勧告を行なった。熊本、福岡、京都の各地裁と福岡高裁もそれに続いた。

第三次訴訟の原告は、「水俣病被害者・弁護団全国連絡会議」を結成し、団長は橋本三郎さんであった。

原告の患者の皆さんは、「裁判の判決が出るまでは長い時間がかかる。判決を待っていたら死んでしまう。生きているうちに救済して欲しい」と悲痛な叫びをあげていた。これを受けて被告の熊本県とチッソは和解に同意の意向を示していたが、国は頑なに拒否しつづけていた。

議員時代から、何とか原告のその悲痛な願いを叶えてやりたいと思っていたが、原告だけでどんなに叫んでも、国が動く様子は見えない。

国を動かすためには、市民全体・被災地全域挙げての応援と、特に全患者団体が一体となってぶち当たることが重要であると考えた。それを実現するのが市長の仕事である、と心に決めた。議員時代に「市民の会」結成に努力したのもその為である。

しかし、市民に「患者救済を支援しよう」と呼びかけても、「補償金の増大がチッソを潰す」と心配する市民が乗ってくるはずはなく、「チッソから金をもぎ取る患者に、何で加勢せんばならんと」と厳しい声が返ってきた。

そこで「市民の会」の陳情目標を、「患者の早期完全救済」だけでなく「水俣市の再生・振興」と「チッソの存続・経営強化」を加えて、三本立てにした。立場の違う市民すべてが、それぞれの願望を達成するために、一緒になって国に迫る体制づくりである。

その結果、患者団体は「患者の早期完全救済」を、商工会議所や一般市民は「水俣の再生・振興」を、チッソ労組や下請け企業などは「チッソの存続・経営の強化」を、それぞれ期待して市民の会に積極的に参加してくれた。ようやく市民・地域が大きくまとまった陳情行動が実現した。

水俣病発生以来初の快挙である。

＊**「水俣病被害者・弁護団全国連絡会議」** 通称「全国連」は、第三次訴訟の、東京、大阪、京都、福岡の裁判所の訴訟原告と各弁護団の全国的な合同組織。代表は橋本三郎氏。「水俣病不知火患者会」は、一九九五年の未認定患者の救済政治解決後に結成、ノーモアミナマタ訴訟を提訴した、「全国連」の姉妹団体。会長は大石利夫氏。共に共産党系の組織で事務局は水俣協立病院内。

まずは、対立している患者団体間の協調を図る

水俣病問題を考える時、常に疑問を感じていたのは、患者団体が、国・県・チッソという巨大な相手に、幾つもの小さい団体に分裂して個々に交渉しているが、なぜ、全患者団体が力を合わせて当たれないのか、ということであった。その原因は何だろうかと思い続けていた。

一九九四（平成四）年二月の選挙で市長に当選し、市長就任まで約三週間の期間があったので、患者の代表たちに個別に会って真意を伺いたいと考えた。しかし、当時は患者や患者支援団体の行政に対する不信感は根強く、行政との対話は途絶えていたので、市長が患者宅を訪問すると分ると拒否されるに決まっていた。そこで一人で不意打ちの訪問を計画した。

当時、水俣病患者団体は、全国には二〇団体以上もあり、水俣市周辺でも一六団体を数えた。そのすべてを訪問するのは難しいので、比較的大きな主な団体を対象にして、まず水俣病患者連

合会会長の佐々木清登さんを、芦北町女島のご自宅に訪問した。歓迎されないどころか毛嫌いされているところへの訪問は、決して気持ち良いものではなく、かなりの勇気が必要であった。

佐々木さんの玄関の前でしばらく逡巡したが、意を決して玄関で来意を告げた。出てこられた佐々木さんは、変なやつが来たと当惑顔で、しぶしぶ「ま、上がんなさい」と座敷にあげられた。まず、来意を告げ、「市長として患者救済問題の解決に努力したいので、率直な意見をいただきにまいりました」と挨拶して、以後もっぱら意見や要望を聞くことに専念した。

やがてなごやかな雰囲気が生まれ、話が弾みだした。おかげで多くの新しい知識を得ることができた。この会談で佐々木さんとは親しい間柄になり、さらには私の水俣病問題解決のための動きに、大いに協力していただくことになった。人は親身になって話を聞くと、堅い心の扉を開く。対話は聞くことから始まる、と悟った。

佐々木さんとの会談を皮切りに多くの患者代表や指導者、支援者に個々にお会したことで、各会派の本音を聞くことができたのは有難かった。

患者を代表する人たちの話を聞いて意外だったのは、患者団体間には対話がまったくないということであった。それどころか、救済についても考え方、闘争方針が大きく異なっていて、お互いに対抗意識が強く、極めて冷めた関係にあることがわかった。「患者団体」とひとくくりに出来ないと実感し、水俣病患者救済問題は前途は容易ではない、と肝に銘じた。

対立の原因は、患者団体の結成の経緯、歴史の違い、運動方針の違いである。加害企業チッソ

初代語り部の濱元二徳さん（左）、石田勝さん（中央）、杉本栄子さん（右）と（二〇〇六年）

胎児性水俣病患者の金子雄二さんと

子どもたちに水俣病の体験を語る濱元二徳さん（水俣病資料館）

との距離、政党や支援者のイデオロギーの影響、患者同士の感情のもつれや主導権の争いなどがあり、それに混迷する地域社会の投影も否定できないと考えられた。また、後で分かったが、二〇〇九年の「水俣病被害者の救済及び水俣病問題の解決に関する特別措置法」にみられたように、行政の意図的分断策も影響していると思われる。

特に最も大きな患者団体である「水俣病被害者の会」*と「チッソ水俣病患者連合」*「チッソ水俣病患者連盟」*の対立は熾烈を極めた。

＊**「水俣病被害者の会」**は、一九七三年に水俣病第三次訴訟の原告が中心になって結成された。会長は橋本三郎氏。**「チッソ水俣病患者連合」**は水俣病未認定患者の団体で、「水俣病被害者の会」に次ぐ大きな会である。**「チッソ水俣病患者連盟」**は認定患者の団体。ともに水俣病センター相思社に事務所を置く。

「被害者の会」の方針は裁判闘争であり、原告数千人というマンモス訴訟を起こしていた。対する「患者連合・連盟」は、チッソとの自主交渉を方針と定め、一九七一（昭和四十六）年から、チッソ東京本社前に座り込み、補償を求めて自主交渉闘争を開始した。チッソ幹部との激しい補償交渉は一年九カ月に及んだと聞いている。患者が首都の玄関口東京駅前に座り込んで行なったチッソに対する抗議と補償交渉は、水俣病問題の存在を都民や全国民に知らしめることになった。それが全国に多くの患者支援者が生まれ、物心両面で支援活動が活発化することにつながっている。

水俣病問題解決のために全市民が結集して「市民の会」を結成しようとの運動が起きた折、患者団体の全参加をめざして、松本満良市議会議員（会派は社会党系「無限」に所属）が中心となって患者団体に統合を呼びかけ、意欲的に活動されたが、団体間の確執は根深く、水俣病患者連合などの抵抗があって、まとまるまでには至らなかった。

私は、前述のように、市長就任直前に患者団体の代表たちの意見を拝聴したことで、統合の困難は十分承知していたので、市長就任後、「それぞれ会の結成の経緯や運動方針などの違いがあり、全患者団体の統合は困難でしょうから、現状のままで、重大な事柄については十分話し合って統一した行動をしましょう」と呼びかけた。

患者団体の統一行動は一挙には実現しなかったが、九五年の「未認定患者の政治解決」での陳情行動で、徐々に統一行動が見られるようになった。

これから、いよいよ国・県へ働きかけをはじめる。会談の内容は、同席した吉本哲裕秘書係長が詳細に書き残してくれた記録帳に基づいて書いたものである。相手は総理をはじめ、環境庁長官、水俣病問題にかかわる与野党の国会議員、各省庁の関係官僚など、極めて多くの方々にお会いしたが、その中の主なものについて書いてみたい。

広中和歌子環境庁長官に陳情

市長就任直後の一九九四（平成四）年四月五日に、細川護熙内閣の広中和歌子環境庁長官を単独訪問し、市長就任の挨拶をした。

広中長官にお会いするのは二回目で、最初は長官就任以前で、私が市議会議長の時、熊本県選出の紀平悌子参議院議員の紹介でお会いしていた。お二人はお友達だそうで、参議院議員会館に呼んでいただき、小松市助役と一緒に会談した。

環境庁における広中長官との会談では、水俣市の状況を詳しく説明し、水俣病問題の解決の促進、特に当面の課題である第三次訴訟の和解による解決に、国が積極的に関与することを要望した。

翌日、「市民の会」八人の代表が上京してくるのを待って合流し、正式に広中長官を訪ねて、水俣病問題の早期解決を求める陳情書を手渡し、代表それぞれから意見と要望を延べた。長官は、「国としては和解に臨むことは困難なことが多い」と返答。解決への方策など誠意のある回答は何にも聞けなかった。

細川護熙総理は、熊本県知事のときは、和解に同意し「国も和解に応じるべきだ」と強く主張されていたが、総理に就任されると、「総理は、県知事と立場が違う」と一転和解拒否の発言をされていたので、広中長官の言葉には別段驚きはなかった。

陳情を終えた私は、翌日も吉本哲裕秘書と二人で各省庁を回り、夕方、くたくたになって鹿児島空港に着くと、ロビーに人だかりが出来ていた。覗き込むと、テレビで細川総理辞任のニュースが流れていたので唖然とした。「市民の会」の代表とともに、多額の経費と多忙な時間を費やして上京、陳情したばかりである。私が自宅に帰り着かないうちに、突然すべてが消滅してしまっている。

「徒労」という言葉が頭に浮んだ。これからも何回もあることだろう、と疲れきって家に着いた。その一方、細川護熙総理の参議院議員や県知事選挙には、自民党水俣市支部幹事長として懸命に選挙運動をやったが、私が立候補した市長選挙のとき、細川佳代子夫人が陣頭指揮をされた日本新党公認の市長候補と熾烈な選挙戦を展開し私が当選したので、細川総理にしてみれば、歓迎しない市長であった。おそらく総理は会ってくれないのではと思い、これからの国との折衝は厳しいと覚悟していたので、首相が代わると、むしろ好転するのでは、と淡い希望を抱いたのも事実であった。

羽田孜内閣の折、環境庁増原課長の言葉

細川政権が倒れ羽田孜内閣が生まれ、環境庁長官には浜四津敏子氏（公明党）が就任した。「連立与党水俣病問題プロジェクトチーム」が設置されたので大きく期待したが、その活動は何も見えないうちに、内閣は倒れてしまった。二カ月足らずの内閣であった。その間、全国市長会などで二回ほど上京したが、長官と会う機会はなかった。

代わりに、環境庁の関係課に挨拶回りをすることができた。まずチッソ金融支援の窓口である増原課長を訪ねた。

挨拶の後、チッソに金融支援の継続をお願いしたら、開口一番「水俣病問題は、チッソを潰してしまった方が一番早い解決法ですよ」と言われたので面喰った。一瞬、からかっておられると思ったが真顔であり、初対面で冗談はないだろうと考えて本音と判断した。

そこで机の前にあった椅子に腰掛けて「これまで国は『ＰＰＰ』を守るためとチッソを前面に立てて、国は身を後に引いて支援してきた。そのためにチッソ側に立つ市民と、患者や支援者の間には抗争や反目が深まり、被害者も市民も長い間の紛争で散々な目に遭い疲れきっている。今になってチッソを潰すとはどういうことですか。チッソを潰すのが最も早い解決法であるなら、何故、入り口で潰してそれなりの対策を取らなかったのですか。これまで混乱させた責任をどう

とられるのか、地域住民の苦しみをどう償われるつもりか、御聞かせください」と詰め寄った。いろいろと説明をいただいたが、納得できなかった。最後に課長は「そのようなことも考えられるということです。私どもも、チッソを潰さないようにして補償を完遂させるために努力しているのです」という言葉を聞いて、「よろしくお願いします」と言って退室した。大蔵省はチッソを潰すことを真剣に考えている、と噂されていたが、大蔵省出身の課長の言葉を聞くと真実味があった。

だがその後、増原課長には、チッソ金融支援に真剣に取り組んでいただき感謝した。

増原課長が言う「チッソを潰して解決」は、これまでも論議されてきたものである。全国の各地で水俣病問題の講演をすると、多くの人から「チッソは生きているのですか」と怪訝な顔で質問される。公害を起こし、実力以上の補償金を支払えば倒産するのは常識だからである。だがチッソは生きている。なぜか、疑問を持つのは当然である。

国はなぜ四〇年間もチッソに金融支援をしながら生かし続けてきたのか。それは、国策企業であったチッソが倒産すると、国の補償責任がさらに厳しく追及され、患者救済のすべてを背負うことになりかねないこと、チッソが経済成長の最大の担い手で、チッソの操業継続の支援が必要であったこと、など国側の事情があったからである。

加えて、水俣市をはじめ被災地にも、チッソが潰れると雇用の激減、下請企業の倒産、患者補償継続の不安、市民の精神的動揺など、地域の経済の破綻や社会的混乱が起きる、など大きな危惧があった。このように国、被災地域双方の思惑が一致したことで、「チッソを生かして救済の完遂」を旗印にして、チッソへの金融支援など多くの不合理や矛盾を抱え、厳しい批判を浴びながら、四〇年間もチッソを生かすための努力を続けてきたのである。

増原課長の「チッソを潰すことが最も早い解決法」という見解は、水俣病問題に早く幕を引くという視点だけでの論法で、過去の経緯を無視した暴論であり、むしろさらに多くの問題を惹起するだけである。現実的解決法ではないと考えた。

その後、西新橋の後藤法律事務所で、後藤孝典弁護士と会談した。後藤弁護士は、チッソ一株株主闘争で有名な弁護士である。前述したが、水俣に大学を創ろうという運動が起きたとき、拙宅にお出でになり、協力を要請されたことがあった。川本輝夫さんを主人公にして水俣病闘争を書かれた『沈黙と爆発』という本をいただき、今まで知らなかった患者サイドの多くの知識を得ることができた。以後、事ある毎に再々お会いして勉強させていただいている。

村山富市内閣が誕生

一九九四年六月三十日、村山富市内閣が生まれた。社会党、自民党、新党さきがけ三党の連立である。自民党と社会党、犬と猿が一緒に仕事をするようなもので、世間は驚いた。

だが私は大きな期待を抱いた。それは水俣病を取り巻く環境が大きく変わったからである。好機到来、水俣病解決のチャンスと見た。

水俣病の解決には、これまで多くの人々が寝食を忘れるほど努力されてきた。政治の場だけ見ても坂田道太、園田直、馬場昇、沢田一精、細川護熙、田中昭一、渡瀬憲明などの地元選出国会議員は、それぞれの立場で活躍されていた。

しかし、その成果が出なかったのは、個々人としての活躍には敬服すべきものがあったが、与野党に分かれて足の引っ張り合いで、組織的な大きな流れとはなり得なかったからである。

例えば、日本社会党の馬場昇代議士は、長年に渡って国会で総理大臣や環境庁長官に、執拗に水俣病の解決について質問を繰り返されたが、熊本県選出の国会議員で、誰も協力する者はなく、野党という壁を超えることは出来なかった。

ところが、自民党、社会党、新党さきがけの三党の連立で、しかも社会党の党首を首班とする村山内閣の出現である。特に「戦後政治課題の総解決」を全面に掲げ、原爆被害者援護法や部落解放基本法の制定とともに、水俣病問題の解決を全力で取り組むと表明している。

これまで喧嘩ばかりしていた犬と猿が一緒になって国を動かすとなると、政策の一致が必要になる。三党が一致して水俣病問題の解決方針を作らなければならない。水俣病解決の最大の機会が訪れ、道は開けた、という認識である。

村山総理・桜井長官との会談

政権発足から約一カ月経った八月一日に、「村山総理と桜井新環境庁長官が市長と会談することになった」と、田中昭一代議士から電話が入った。私はこれまで、社会党の田中代議士とはあまり接触がなかったので、数日前から社会党の松本満良市議会議員が、日程のすり合わせなど仲介をしてくれたのである。

まず、田中、渡瀬両代議士の同道で桜井長官を訪問した。

私は、「患者救済にしても、チッソの金融支援にしても、法や制度にそぐわない、などと、なかなか進展しない。この先進国、経済大国と言われる豊かな国の中に四〇年もの間、自らの責任は皆無であるにもかかわらず被害に苦しんでいる数多くの人々がいる。自らの努力で解決できない疲弊と混乱の渦中にある地域が存在している。国は温かい目を向け、和解や新たな特別措置法などを立法するなど、早急な対策をお願いする」などと、日ごろ抱いている意見と地域の状況を説明した。

長官は「市長の意見はよく分かった。世界一の技術を持った国で日本一の政党が手を握った。この政府で解決したい。市長の国際学習センター構想は賛成だ。実現を約束する」と話された。決断ができる長官がようやく誕生した、と期待が膨んだ。

市議会議員時代、原一夫商工会議所会頭、浮池正基市長らと、細川護熙参議院議員へ陳情

村山富市総理と

村山富市総理と
（一九九五年一一月）

しかしそれから半月後、自らの失言で長官は辞任された。またも会談のすべてが宙に浮いてしまい、一からやり直しとなってしまった。

桜井長官にお会いした翌日の八月二日、田中、渡瀬両代議士と吉本哲裕秘書とともに総理官邸で村山総理と直接お会いすることになった。水俣病問題とチッソ支援についてお願いをした。

先ず私は、「村山総理は、水俣病問題と、原爆被害者の救済を政府の最重要課題とすると宣言された。三党連立が成立したことで、今度こそ水俣病問題解決の合意ができる、と本内閣での解決に大きな期待をしている」と述べ、最大の努力をお願いした。

「水俣は大変じゃのう、細川前総理が解決されるもんと思っていたが。いずれにしても早く解決せねばならん。チッソの問題は水俣病の根幹だから、関係省庁に詰めをお願いしている。どこから金を出すかが問題じゃ」と、また和解の問題については「私としては、福岡高裁の判決前に和解ができれば良いがと思っている」と話された。

総理は話の端々に、膠着した状況をどうにか打破したい、と決意をにじませていたが、官僚の硬い姿勢の中でどう断行されるのか、総理の英断を期待し成功を祈らずにはいられなかった。

総理が「執務室をみませんか」と言われた。執務室には、普通一般の人は入れないと聞いていたが特別の計らいで、吉本秘書と入れていただいた。思ったより簡素で、古い大きな執務机と応接セットが置かれていた。前細川総理が巨額の金をかけて調度品を新調されたそうだが、「おれには似合わない」と古い調度品に取り換えたという。村山総理らしいと思った。

「和気致祥」という書が掲げてあり、「ワキショウヲイタス」と読み、「陰陽が相和らげば、基の気が凝って瑞祥をあらわす」という。出典は漢書・劉向傳と、総理は説明された。

水俣病問題も喧噪なやり取りではなく、心柔らかく話合うことで道が開けるのではないか、と思って書を読み返した。

午後五時二〇分から二〇分あまりの会談だった。総理会見は普通五分程度だから大変な配慮であり、総理の水俣病問題の解決に対する熱意の表れである、と感謝しながら官邸を後にした。

その後、村山総理には、「市民の会」の大陳情団とともに官邸に押しかけ、四回もお会いすることになった。

渡瀬憲明・田中昭一・園田博之・堂本暁子国会議員

私が大臣にお会いする時や、政党や官庁など国の機関に陳情する時はいつも、自民党の渡瀬・社会党の田中両代議士に同道いただいた。村山総理との会見には、新党さきがけの園田博之内閣官房副長官が立ち会われた。総理は水俣病問題には詳細な知識をお持ちでないので、バックで園田副長官が解決の決断を進言されていたと聞いていた。

このように陳情の際は、夢でも考えられない超党派の介添えをいただいた。私の政党に固執しない性格が幸いしたようである。

先にも述べたが、私は坂田道太衆議院議員の支持者だったから、その秘書であった渡瀬議員には、常に御世話になっていた。後継として衆議院議員に当選されてからも一貫して支持していた。渡瀬代議士は、秘書時代から、水俣病問題の全過程に関われて、水俣病問題に精通されていた。自民党の水俣病問題小委員会の委員長であった。

田中代議士は、若いころ水俣電報電話局に勤務されたことがあり、奥様は水俣のご出身である。選挙区は異なったが、社会党の中では水俣病問題の貴重な精通者であり、党の水俣病対策委員会の委員長であった。与党三党の叩き台として社会党の解決案を提示されるなど、常に与党の論議の中心的存在であった。

自民党の渡瀬、社会党の田中両代議士が共に私を助けてくださったのは、共に連立与党の水俣病対策委員長であったことと、何よりも、お二人の選挙区が違っていたから可能であったのである。天祐と言うべきであろう。

次章で述べる政治解決はお二人の働きに負うところが大きいのだが、その後の選挙でお二人とも落選された。水俣病は票にならないと言われている。その通りで誠に残念であった。

与党三党の水俣病問題調整会議の座長は新党さきがけの堂本暁子参議院議員。東京都出身で女性の立場から環境、人口、女性問題を中心に幅広く活躍されていた。特に生物多様性の保全に向けて活躍されている「環境族」であった。

堂本座長は水俣病問題にはあまり詳しくはなかった。患者のこと、チッソの状況、市民の動向など多くの質問を受け詳細に説明した。「対策会議の論争をみていると、地域全体が受けた被害という視点が希薄であります。このことを欠くと偽患者発言などが出て真の救済にはなりません」と申し上げたら、その後の対策会議に出された「座長案」はその半分を割いて地域振興の必要性が述べられていたが、残念なことに調整会議で半分に削られてしまったと聞いた。意見をしっかりと受け止めていただいた真摯な政治姿勢に深く感謝の念を抱いた。

第6章　政治解決へ加速、大詰に

政局がめまぐるしく転回して水俣病問題は翻弄され続けたが、村山政権が誕生して、ようやく司法の和解勧告を政府も正面から受け止めて論議がはじまった。

森仁美環境庁事務次官

森仁美氏は宮下創平環境庁長官時代から大島長官時代に至る解決案の作成の論議が盛んな時の事務次官である。この次官とは何回もお会いして考えを訴えることができた。前に書いたように私の慰霊式の式辞について、環境庁が黙殺している中でただ一人「同じ考えだ」と評価していただいたことで身内のような近親感があった。環境庁長官を訪問すると呼び止められて次官室に入り会談することもあった。

与党の水俣病対策会議が中間報告をまとめ政策調整会議に提出。水俣病問題調整会議の座長見解が出された頃、森次官から「お会いしたい」と電話があり、急遽上京した。

次官は「仮に一時金を出した場合、市民感情に問題はないか、後ろ指を指されることにはならないか」と、市民の動向を大変気にされていた。「被害者への金銭的救済に終われば問題が起きかねないと思うが、地域全体が被害者であり、地域の再生振興を同時に目に見える形で実施することで僻みは起こらないと思う」と答えた。「佐々木さん、川本さんの動向は」と水俣病患者連合を気にされていた。全国連は条件次第で解決できる可能性が大きいが、水俣病としての救済や人権、名誉の復権などを主張する患者連合が最も難しいと思っておられる。「第三者が提起した案を同時にすすめればよいと思いますか」との問いに「佐々木さん川本さんは全国連とは一線を画した独自の運動をされているが、全国連と同列の折衝が大事だと思います。話し合いによる解決を拒否されることはないと思っています。全国連先行ではまずくなります」と答えた。その他に「あなたは水俣病ですよ、と言えば落ち着きますか」「落ち着くと思います。偽患者ではないということですから」／「高等教育機関の誘致も論議されているようですがメンテナンスが大変ですよ」「だから国にお願いしているのです」／「市民と患者の融和のために、患者を別扱いにしてはならない。施設も一緒が良いでしょう」「市営住宅を改装して水俣病患者も一緒に入れています。患者も一般市民も共に利用できる複合施設建設も考えていますのでご支援をお願いします」／「座長見解も出ましたが委員にはいろいろな意見があります。市長も委員一人ひとりにお会いしてお願いしてください」「はい、懸命に訴えてまいります」などと意見交換に実が入った。

六月二十七日、渡瀬代議士の同道で総理官邸に、村山総理、園田官房副長官を訪問、その後、環境庁で宮下環境庁長官、森事務次官、石坂局長と会談した。

会談では、和解の条件と方法について市長としての見解を求められた。環境庁には、患者連合が今回の和解で最も手ごわいという認識があった。「連合、連盟を最初に手掛けるべきではないか、県は逆で全国連を先にというが」という問いに「何れを先にしても解決は困難、各団体同時に平等にお願いしたい、地元市長も頑張ります」と答えた。

社会党が解決案を提示

一九九五（平成七）年の十二月になると、社会党の水俣問題対策委員会は、田中昭一代議士が中心になって論議を重ねた結果、「水俣病問題の即時解決について」という解決素案を策定して、自民党と新党さきがけに示して協力を求めた。

水俣病問題の長い歴史の中で、初めて政党が組織的に取り組んだもので、特筆すべきことであった。素案の内容を要約すると、

（1）救済対象者は総合対策事業対象者とし、未認定者も一定期間内に申請できる。解決の基本は、福岡高等裁判所の和解案に基づく（高裁の和解案では症状の組み合わせによって13ランクに分

けて補償する)。

(2) 補償金はPPPによってチッソが支払う

(3) 和解によって訴訟は終結する

などである。

私は、患者救済だけに限り、地域の振興などには何も触れられていないので、「患者補償と地域全体の総体的救済が実現しなければ水俣病の解決はなく、混乱は続く」と田中代議士には、不満を申し上げた。

この社会党の解決素案を受けて、与党三党の協議が急速に進むことになった。

私も忙しくなった。この動きが良い方向に転がるよう、対応できる体制づくりを急がねばならないからだ。まずは、患者団体の連携の強化だった。

解決案が出ると、患者団体から反対や批判が相次いだ。意見が分かれ、折角まとまりかけたのが崩れてしまう恐れがあった。

そこで、中央の状況の変化に合わせて、原告団団長(「被害者の会」会長)の橋本三郎さんや水俣病患者連合の佐々木会長、平和会の石田会長、漁民の会の滝下会長、茂道同志会の田中会長、など各団体の責任者と、何回も、何回も個別にお会いし、その他にも、川本輝夫さん、濱元二徳さん、相思社の弘津さん、「被害者の会」事務局の中山裕二さんたちや、先に紹介した後藤弁護士にも、上京する度に訪問し意見を聞いた。

一方、チッソの後藤社長・竹下専務・寺薗水俣本部長等からも意向を伺うことができた。

渡瀬代議士の勧めで、自民党水俣病対策会議委員の福永・持永・小杉先生に、水俣の実情を説明し、水俣市を視察していただいた。また公明党・共産党などの政党本部を回ってお願いをするなど多忙を極めた。変わったところでは、田中真紀子科学技術庁長官などを訪問して協力をお願いした。

大島理森環境庁長官が誕生

一九九五（平成七）年八月八日であった。「市長、環境庁から電話です」と秘書の声、急いで受話器を取ると、「長官に就任した大島です。これから水俣市長には大変お世話になります。市長が頑張っておられることを頼もしく思います。地元市長の意向が、どうであるかが大切です。これから十分連絡を取らせていただきますのでよろしくお願いします」。

就任早々、大臣が直接、水俣市長に電話をかけてお願いされる。これは只者ではない。積極性と人を引きつける魅力があり、政治家として将来があると感じた。

それは的中した。未認定患者の政治解決はこの人の功績であった。やがて衆議院の国会対策委員長、農林水産大臣、副総理、そして衆議院議長に就任される。

九月五日に環境庁に長官を訪ねた。環境庁の最終解決案なるものが出され、患者の各団体から反発されるやら拒否されるやらで、収拾できるか危ぶまれ混乱した時期であった。

長官は「今日は市長の率直な意見を聞きたい。まず、私の気持ちを申し上げる。総理から戦後処理の一つだからしっかり頼むと言われている。与党合意がベースだが、県が調整の基本に立ってもらえないかと思い知事に会った。知事も全面的に協力すると話された。

患者団体にも意見を伺った。市長が言う『もやい直し』も進んでいるようで、調整案を開陳したが、テーブルについてくれて、整理整頓ができるようになった。ただ、裁判の原告である全国連は、『白紙撤回して裁判が示している和解条件で進めよ』と言っている。ガラリとかえることは難しい。大体の意見を三党の腹を見て詰めたい。来週あたり市長にお願いできると思っている」と話された。

私は「これまで国が前面に出て努力しなければ解決しないと言ってきた。環境庁が意を決して前面に立たれたことを歓迎したい。地域再生も同じレベルで考えていただきありがたい。患者団体には、調整案を白紙にするのではなく、それを基にしてもらいたいとお願いしている。全国連と被害者の会の大会に出席して、『解決のチャンスは今回が最後だと思う。水俣病問題は、矛盾と不合理を積み重ねた経過があり、誰でも納得できる理路整然とした解決は望むべくもない。ある程度の不満や不合理を含んだ案であっても容認することも大切である。小異を大切にして大同を求めなければならない。調整案が真っ黒になるまで修正してでも合意できるよう努力を望む。

それでもダメなら市民は応援しなくなる』と話した。他の団体も一時金の増額を強く望んでいる。また水俣病患者として救済されるのか、心配している団体もある。さらに市民から偽患者発言など出ないよう地域の総体の救済として、国が地域振興に力を入れることが重要である」と発言した。

さらに、「もやい直しセンターの建設は、今回の解決の一つであり、通常の補助で建設し、運営も市費でするのであれば、与党三党合意の包括的地域振興には当たらない。すべて国費でお願いしたい。水俣市は資料館を、県は環境センターをそれぞれ建設しているが、国の施設はない。国も同じところに水俣病に関する施設を造るべきである」とも話した。その後、渡瀬・田中両代議士を交えてより深く意見交換をした。

福岡で村山総理と患者団体が会見

市長就任直後の一九九五（平成七）年の未認定患者の政治解決では、対立する患者団体を結束させ、統一行動に持ち込むのには、一方ならぬ苦労をせねばならなかった。

まず、田中昭一社会党代議士から「七月に総理が参議院選挙応援で福岡入りするので、それを利用して総理に患者代表を会わせてはどうか」との提言があった。そこで各患者代表に連絡したが、行くか行かないか、はっきりしない。「総理に直接訴える機会はそう沢山はない、大切な機会です」と説得し、主な五団体の代表がしぶしぶ了解した。

「漁民の会」の滝下会長が行けないというので、江口副会長が漁から帰るのを待って代理参加してもらうことが決まったのは出発直前であった。これが患者団体にとって初の結束行動となった。

会見会場の明治生命会館に着いたら、田中代議士の秘書、田中悦子さんが、「日程の調整がつかないので夕方まで待ってほしい」と言う。約四時間もある。取り巻いていたメディアの記者たちが「不誠実だ」「選挙目当てだろう」などと言い出して空気が次第におかしくなり、「もう帰る」と言う人も出てきた。なだめ引き留めるのにひと苦労した。

ところが、四時間近く待ったあげくに「会場がハイアット・リージェンシーホテルに変わりました」と、秘書の田中さんが深々と頭を下げた。ぶつぶつ言いながら歩いて移動する。

現れた村山総理は、各代表と握手をしながら「遅れて申し訳ありません」と頭を下げ、「よく来ていただきました」と笑顔で挨拶された。

私が代表して御礼を申し上げ、「患者代表に明快に解決へのご決意をお聞かせください」と挨拶した。和解に賛成でない佐々木連合会長が「私たちは、自主交渉でやってきました。四〇年という長い間苦しんでいます。村山政権で解決するという首相の決断の一言が欲しい」と発言。石田平和会会長は「首相に期待しているが、今日は期待が外れた。残念です」。川本患者連盟会長は「偽患者と言う人がいっぱいいる。地域の住民が納得される、理解が得られる解決でないと、また誹謗中傷が生まれる。今日は踏み込んだ発言を期待したが失望した。首相の解決するという一言が欲しい」と、厳しい発言が続いた。

予定の一〇分間は、瞬く間に過ぎて総理は次の間に消えられた。長い時間待って、あっけない会見に不満が広まった。

帰り際に、田中悦子秘書が沈んだ表情で「市長すみません。いろいろ手違いで」と深々と頭を下げられるのを目の前にして、私は横を向いて涙を隠した。

一国の総理が分刻みで動く遊説先で、患者団体に会わせるという大仕事を、一生懸命に駆けずりまわってやった結果が非難ごうごうである。それが仕組まれた悪意であるように非難されれば、懸命に努力した人は救われない。悲しい思いをさせることになってしまった。

田中代議士とそれを支える田中秘書のあのねばり強い精力的な執念がなければ、政治解決もあるいは成功しなかったのではないか。今回の解決劇を一部始終見てきた私の感想である。

総理が福岡で患者団体に会ったから水俣病問題が即解決するものではない。と言ってこれが無駄だったと言えるものでもない。このような無駄と思えるものが積み重なって解決が訪れる。無駄と思われるものも大切なプロセスである。

理路整然とした解決を見いだせない、泥沼化した中で道を探すのだから、その中で努力する人は汚れるのは覚悟していても、その上に味方からも泥をかけられてはかなわない。

行動すれば、摩擦が起きる、誤算も生ずる。と自分に言い聞かせながら帰途についた。暗い車窓に、遠くの灯りが流れていた。

環境庁の解決最終案

与党三党が示した水俣病問題の解決策を受けて、環境庁は最終案作りを進め、八月十日に、水俣病未認定被害者救済にかかる最終解決素案を提示した。以下がその概要である。

(1) 対象者の判定は、「総合対策医療事業」判定検討会で行なう。死亡者を含む対象者の判断材料には、認定審査会の公的資料と患者が提出した民間資料を公平に採用する。
(2) 一時金の金額は一律とし、医療費や療養手当を含めて各訴訟の平均認容額約五百万円を目安とし、一律二〜三百万円を軸に検討する。
(3) 一時金の支払いを受けた団体と個人は、訴訟や自主交渉などの活動をしないこと。
(4) チッソが一時金を支払う理由は、水俣病患者としての補償に触れず、メチル水銀を排出して水俣病を引き起こした社会的責任から支払う。

というものであった。

患者団体は、騒然となった。今回の中心である訴訟原告団は、福岡高裁の和解勧告案で解決を求めてきたことから、「問題にならない」と拒否の姿勢を強固にした。社会党の田中昭一代議士をはじめ調整会議の議員は、環境庁に撤回を迫った。

私は、一般市民を含めて素案を説明し、意見を求めたいと説明会を開くことにしたが、原告団や被害者の会の強硬な反対に合って断念した。

数日後、全国連と被害者の会が主催した「市民とともに水俣の再生を考える集い」に出席して講演し、「これは解決のための素案であるから、素案が真っ黒になるまで調整を続けて解決して欲しい」と要請した。


一方、メディアの関心は、水俣病患者連合の動きであった。連合は、被害者の会の裁判闘争には批判的で、チッソとの直接交渉に重点を置いて、和解の動きには一定の距離を保っていた。この団体の去就は、和解での解決の流れに大きく影響すると考えられたからである。

上京して大島長官とこの点について協議した。長官は「一時金の一律支給は、これまで長い間、経費を使って闘争してきた人と、何もしなかった人とは不公平が生まれる、調整の措置が必要だ」と、最終局面では団体加算金を考えていると匂わせられた。

また、水俣病患者連合と最も近い後藤弁護士に会って意見を求めると、「解決案の金銭による被害の回復は不十分で残念であるが、一応の収束を迎えたと言わざるを得ない。金銭による救済は一部の回復の手段に過ぎない。地域全体の救済が必要である。それは、心の傷の癒しと住民のきずなの回復に始まり、環境・教育・福祉など、すべてを含むものでなければならない」という意味のことばをいただいた。患者連合と最も近い弁護士であり、連合の考えも後藤弁護士の考えに沿ったものなので、金銭だけの救済に終わらず、地域全体の救済、心の救済、患者の人格の回復などを求めていると推測した。それは私の考えと一致していた。

大島長官と水俣病患者連合が秘密会談

全国連は、裁判闘争で多くの弁護士や支援組織を持っているので、国政の関係機関や政治家との接触があるが、患者連合は、チッソとの直接交渉を運動方針としていることから、全国連と比較すると、環境庁や政界との接触は薄いと思っていた。

そこで、患者連合と長官を直接会わせて、忌憚ない意見交換をしてもらうことが何より必要だと考え、渡瀬代議士が八代市の自宅に帰られる週末の夜出向いて打ち合わせをした。渡瀬代議士が大島長官を、私が佐々木会長を連れ出して、二人を極秘で会談させようという密談である。

九月五日、その計画は、福岡のホテルで実現した。大島長官と連合の佐々木会長、松村副会長、事務局員二人。渡瀬代議士と私は世話人として立会った。

長官は、素案の内容を懇切に説明され協力を要請されたが、佐々木会長と松村副会長は、一時金の額が少ないこと、水俣病患者として位置づけた救済ではないことなどの不満を述べ「到底受け入れがたい」と強硬であった。本音のやり取りが延々と続いた。

佐々木会長が「会員全員の救済は不可能でしょう。心を一つにして苦しみを分かち合ってきた会員が篩い落とされるのはしのび難い。金を出し合って救済したいが、篩い落とされる会員が多くなれば、一時金を受けた会員の手取りはなくなる。二百万円程度で上積が不可能なら受け入れることはできない」声を落として独り言のように述べられた。

聞いていた長官は、「一時金は裁判所の判決を参考に算出したもので大幅な増額は難しい。しかし、患者団体がこれまで使われた経費などについては考慮したい。非該当になった会員を会で救済されるのであれば、団体の経費としてみてやることも可能ではないだろうか」と団体加算金を考えていることをほのめかされた。

しばらく沈黙が続いた。腹を割った長官の言葉を反芻されていた佐々木会長は、静かに「分かりました。加算金をぜひ実現してください。一時金の上積もできる限りお願いします」と。長官と佐々木会長・松村副会頭の無言の握手がしばらく続いた。

一時間のドラマであった。渡瀬代議士も私も、一言も差し挟むこともなく、黙したまま会談は終わっていた。

私は、患者団体に、どの団体とも平等に接すると約束していたが、この会談は約束違反であった。佐々木会長には「この会談は極秘です。会長が急に賛成に回られると疑われます、しばらくは従来通り反対でいてください」とお願いし、守っていただいた。

最終解決までは紆余曲折があったが、この会談が解決への流れに大きな影響を与えたのは間違いないと思っている。

団体加算金が争点に

九月二十一日に社会党は、「解決仲裁案」の中で、大島長官が佐々木連合会長に漏らした「団体加算金」を別枠で補償すると提示した。

全国連は「団体加算金」を設ける案が出たことで、これまでの強硬な拒否の姿勢を軟化させた。他の各団体も環境庁と協議を始めて、緊迫した数日が流れた。

環境庁は、各団体との協議結果を織り込んで作った「最終解決案」を与党三党に示し二十八日までに最終決定すると発表した。

二十八日には、午前一〇時から政府・与党の会議が開かれるので、市役所で待機し結果を待った。だが会議はなかなか合意に至らず深夜にもつれ込む。渡瀬代議士から刻々状況報告が入ってきた。「問題は一時金ではなく、団体加算金である」「自民党と社会党が加算金の金額で対立している」「加算金は億単位で増えている」と。

午後一一時ごろになって「合意に達した」と連絡が入った。

一時金は一律二六〇万円、団体加算金は水俣病被害者の会・弁護団全国連絡会議三八億円、水俣病患者連合七億円、平和会三億二千万円、茂道水俣病同志会と水俣漁民未認定患者の会が、それぞれ六千万円で決着した。

執拗に要請した地域の再生振興策も、少々不満が残ったが「もやい直しセンター」と国の「水俣病情報センター」の建設が決定した。

大島長官から「私の代わりに、今夜のうちに各団体に伝えてもらいたい」と電話があり、各団体を回り終えたのは午前二時ごろであった。

政府・与党の会議では、団体加算金の上積みを主張する田中昭一社会党水俣病問題対策委員長と、抑えたい山崎拓自民党政調会長との間で激しい攻防になり、最後に加藤紘一自民党幹事長が「もういいじゃないか」と山崎政調会長をなだめて収めたと聞いた。加藤幹事長は、私にとっても水俣市にとっても、大切な恩人である。

加藤紘一自民党政調会長に訴え、手応えを得る

環境庁と与党三党の最終決定の会議の少し前であった。渡瀬代議士が「水俣病の解決策も最終的には政調会長の意向で決まるので、市長の意見と水俣の実状を話しておいたが良いでしょう」

とサジェスチョンをいただき、自民党本部に加藤政調会長を訪ねた。

控室は、訪問者で満員であった。古川内閣官房副長官から「私は、長くなるのでお先に」と順番をお譲りいただいたので、ようやく帰りの飛行機に間にあった。

私は、次のようにお願いした。
(1) 水俣病問題の解決は、誠意のある具体策を三党で合意し示してほしい。
(2) これまでの検討には、地域全体の被害の救済や地域の再生振興策が欠けている。地域の将来に明るい展望がない中で、未認定患者の金銭的救済だけを進めると住民の中に偽患者発言などが続出して再び混乱が起きる。患者救済と地域振興はセットであるとご理解いただきたい。
(3) 水俣の混迷には国に大きな責任がある。国は水俣市を環境と公害を考える拠点として整備する責任がある。国のプロジェクトを考えてほしい。
と水俣市の現状を説明し意見を述べた。

加藤政調会長は「市長の意見はよく分かった。ここに至って考えるのは、今までの水俣病対策は何だったんだろうということだ。野党を経験して、自民党がとってきた対策は再検討が必要だとわかった。自民党は国の立場で法や制度に基づいて筋を通すことを基本としてきた。従って環境庁や大蔵省の側に立っていた。決してそれが間違っていたとは思ってはいない。しかし、今、市長の意見をうかがって分かるように問題の解決が長引き、そのことで被害を受けた人々や地域に強い苦痛を余儀なくさせたようである。四〇年という長い期間を経過したことでもあり、地元市長や県知事の意見を十分に考慮して解決せねばならない。判断基準がつかないところでは、行政は司法（判決）をもっと積極的にみていいのではないか。与党三党で解決を図ることは一致している。これから詰めることになるが、その結果、難しい事態があるとすれば、私も積極的に関与したいと思っている」と述べられた。

政府・与党の最終解決案を決定する場は、加藤幹事長の発言で決着したと聞いて、自民党本部に出かけたことは無駄ではなく、意見を聞いていただいたことに感謝した。

患者団体が合意

翌二十九日は、患者団体の訪問を受け、苦情や不満を聞いたり、三十日に大島長官が来水されるとの連絡で、警察と警備の打ち合わせや準備に忙殺された。

三十日は空港に大島長官を迎え、バスの中で日程を打ち合わせた。水俣湾埋立地の親水護岸で犠牲者の冥福を祈り、福島譲二県知事と渡瀬代議士と合流して患者団体を回り、最後に湯の児温泉三笠屋で、患者団体・市民の会・地元自治体の会議がもたれた。長官は解決最終案について説明し理解と同意を求めた。

患者団体などから、金額が低いこと、水俣病患者として救済されないこと、国の責任が曖昧であることなど、厳しい意見が出て緊張したまま会議は終わった。

十月に入り、茂道同志会の田中正巳会長が市長室にみえ、最終解決案の承諾を告げた。やがて平和会や漁民の会、そして患者連合が正式に受諾した。最後まで残った最大の会派、全国連も全国拡大交渉団会議で受諾を決定した。


この政治解決のポイントは、患者団体への団体加算金にあった。使途に制限や報告の義務がない、各患者団体がまったく自由に使える金である。どのように使われたかは知らないが、使途の決定が順調に進んだ会派もあったようであるが、多くの会派では混乱が見られた。「不公平だ、市長が中に入って解決してほしい」などと、詳しい内容の電話や手紙が数多く届いた。勿論、介入はしなかった。分裂した会派もあったが、どうやら時間が解決してくれたようであった。

この最終解決案に対し、唯一、関西訴訟の原告は、救済の条件である訴訟取り下げを拒否し裁判を継続した。大阪高裁は二〇〇一（平成十三）年、「国と県の責任を認定し、感覚障害だけで水俣病と認める」と原告勝訴訟の判決を下した。

その判決を二〇〇四（平成十六）年、最高裁判決が支持したことで、司法の水俣病に対する考え方が確定した。

この判決で被害者の間に「認定基準が緩やかになるのでは」という期待が広まり、再び認定申請が急増することになり、問題は元に戻ってしまった。

村山総理大臣談話

一九九五年十二月十五日、村山総理は「水俣病の解決に当たって」という「内閣総理大臣談話」を発表した。

「公害の原点と言うべき水俣病問題が、その発生から四〇年を経て、多くの方々のご努力により、今般、当事者の間で合意が成立し、その解決をみることができました」と関係者に謝意を述べて、「解決に当たり、私は、苦しみと無念の思いの中で亡くなられた方々に深い哀悼の念をささげますとともに、多年にわたり筆舌に尽くしがたい苦悩を強いられてこられた多くの方々の癒しがたい心情を思うとき、誠に申し訳ないという気持ちでいっぱいであります」と地元への謝罪の言葉を述べ、続いて「深刻な健康被害をもたらしたばかりでなく、地域住民の絆が損なわれるなど広範かつ甚大な影響を地域社会に及ぼしました。私は、この解決を契機として、水俣病の関係地域の方々が、一日も早く、ともに手を取り合って、心豊かに暮らすことができる地域社会が築かれるよう、心から願うものであります。

今、水俣病問題の発生から今日までを振り返る時、政府としてはその時々においてできる限りの努力をしてきたと考えますが、新潟での第二の水俣病の発生を含め、水俣病の原因の確定や企業に対する的確な対応をするまでに、結果として長期間を要したことについて率直に反省しなけ

最終解決調印式
（一九九五年）

大島理森氏の選挙応援のため
八戸市で街頭演説

大島理森氏
（右から二人目）

ればならないと思います。また、私は、このような悲惨な公害は、決して再び繰り返されてはならないとの決意を新たにしているものであります」と、水俣、新潟を含めた社会全体に謝罪の意を表明された。

この談話の文案つくりの会合で「謝罪」という言葉を「遺憾」に弱め、政府見解とすることには合意していたが、発表された文章では「心から遺憾」とするのは「政府」ではなく「私」になり、村山さん個人の反省に変わっていた、と社会党の田中昭一水俣病対策委員長は大憤慨であったと聞いた。

私の慰霊式（一九九四年）での謝罪の式辞から、一年半後であった。謝罪の式辞には強い抵抗を示した環境庁であったが、総理大臣がこのような談話を発表することになったのは、時代の流れであろうか。

コラム

選挙応援

松岡代議士は、自分の選挙区外の水俣市のために尽力をされたが、選挙は厳しいものがあり、当選が危ぶまれていて、秘書から応援できないかと電話があった。

松岡代議士は自民党水俣病問題小委員長として大変お世話になっていたので、恩返しのために、二回ほど選挙応援に出かけた。阿蘇一帯を駆け回り、街頭や個人演説会で自民党水俣病問題小委員長としての豪腕ぶりや、抜群の行動力について熱く語った。その結果、無事当選。

松岡代議士の議員会館事務所の入り口は、いつも農業関係者の陳情で門前市をなすほど盛況であった。選挙応援が効いたのか、代議士にお会いするために議員会館の受付に名前を告げ手続きを済ませて松岡事務所に行くと事務員が「どうぞ、どうぞ」と、入り口の並んでいる人たちを飛び越えて、最優先で会ってもらえるようになった。議員にとっては選挙が一番である。

小委員会にも招かれ意見を述べることができた。小委員会では、官僚が萎縮するような凄みをきかせた松岡委員長の司会ぶりは圧巻であった。


選挙区外の応援と言えば、平成七年の政治解決の主役、大島理森元環境庁長官もそうであった。この人が環境庁長官だったから政治解決が実現できたと思っている。しかし、長官を退任された年の選挙の時、環境庁の課長から「田名部元農林水産大臣との戦いで苦戦ですが、応援に行かれませんか」と言われたので、ご恩返しに青森県の八戸市まで二回、応援に出かけた。数千人集まった出陣式で、困難な水俣病問題の解決に取り組んだ大島長官の政治力と功績を話し、「偉大な政治家できっと総理になられる人です」と持ち上げた。見事当選。その後、国対委員長に就任され衆議院国会対策委員長室に招かれて見学させてもらった。総理大臣はともかく、自民党副総裁、そして衆議院議長に就任されたので選挙応援演説は、まんざら嘘ではなかったと胸をなでおろしている。今も水俣市に思いを馳せていただいている。

チッソの経営支援抜本策

国は、一九九九（平成十一）年に「チッソ支援抜本策」を策定して、県債発行を見直した。一九九五（平成七）年の政治解決では、患者救済は、「患者の苦渋の選択」と言われながら一時金の支給などが実現した。地域の再生・振興では、もやい直しセンターや国立水俣病情報センターの建設などが決定した。

だが、陳情項目の一つであった「チッソの存続・強化」は、後回しになったばかりか、新たな患者の救済策の中心は、チッソが一時金二六〇万円を支払うというものであり、その結果チッソには多額の支出が課せられることになってしまった。

患者補償金は、水俣病と認定された患者にチッソが支払うものである。「チッソが流した排水の中のメチル水銀に汚染された魚介類を摂食して発病した」と国が認定した者に支払うもので、認定されていない患者には支払義務がないとされてきた。

ところが、この解決では、「申請者は水俣病ではないが、一時金はチッソが支払え」と、矛盾していた。チッソがこの解決案を呑まないと政治解決は決着しない。そこで国は「今回の措置で水俣病問題は終了し、チッソの負担も最後になる」とチッソを説得。チッソはしぶしぶ了承して決着したと聞いている。

だが、チッソの経営は破綻状況が続いていて、多額の一時金支払いの能力はなく、国の一層の支援がないと倒産も起こりかねない土壇場にあった。

そこで自民党水俣病問題小委員会で、チッソの抜本的金融支援策が検討されることになった。委員長は、松岡利勝代議士（衆院熊本一区選出）であった。

県知事と水俣市長の陳情対象は松岡委員長に移った。再々お会いし、「チッソは水俣病認定患者には補償の責務があるが、水俣病ではない人の一時金を負担させるのは理屈に合わない。チッソに負担させるのなら水俣病患者として認定するか、それが出来ないのなら一時金は国が負担するのが筋です。チッソが潰れないように委員長に期待しています」などと陳情をした。

その自民党の水俣病問題小委員会は、一九九九（平成十一）年に「チッソの抜本的支援策」を決定した。

未認定患者の政治解決で、チッソは、負担した一時金一人二六〇万円、総額三一六億円は県債を借り入れて支払っていたが、この抜本策でその内の二七〇億円を償還免除とした。従ってチッソの一時金負担は、四六億円に大きく軽減された。

さらに、これまでに累積していた公的債務の償還は「有る時払い」とし、利子をすべて免除（無利子）することとなり、その上、経常利益から水俣病補償金や税金の額などを差し引いた残額の二分の一を公的債務の返済に当て、残りの二分の一は内部留保できるという大変な優遇策がなされた。

この抜本策で、その後のチッソの経営は大きく改善されることになった。患者サイドからは「水俣病患者を救済する前に、加害者が救済された」と批判の声が上がった。

だが、約三五〇〇億円近い（利子を含む）県債が発行され、半世紀を経た現在も未償還金が約二〇〇〇億円（利子を含む）も残っているそうで、大きな政治問題であることに変わりはない。

この「抜本的支援策」作成では、チッソの弁護士であった杉浦元法務大臣が大きく関わられたと聞いた。

水俣病問題の特別措置法に盛り込まれた「チッソの分社化」は、「抜本的支援策」作成の論議の折、杉浦代議士が強く主張されたが、その時は実現に至らなかった経緯がある。

政治解決による決着、その成果と欠陥

国、県、チッソ、それに一般市民の間には、「水俣病未認定患者の政治救済」の決着によって、

患者救済問題はほぼ解決した、と安堵の空気があった。

ところが、この政治解決には、
（1）国の責任が不問にされた
（2）患者の救済申請期限が半年と短く設定され以後の申請は拒否された
（3）水俣病患者として救済されなかった
と、患者側にとっては大きな不満が残り批判が続出し、さらに、先に記したように関西訴訟の患者が勝訴したことで、さらに不満と批判が噴出した。メディアや有識者も「患者は状況的に解決策を受けざるを得なかった苦渋の選択である」と論評し、国に都合のよい押し付けの解決であった、と厳しいものが多く、中には解決策すべてを否定するものも見られた。

では、欠陥があるからと、「生きている内に救済を」という悲痛な叫びをあげる患者を放っておいて良かったのかと、この解決に懸命に努力してきた者として疑問を持った。

当時、完全無欠な解決策を提示し、自信をもって行動した人がいたのを私は知らない。「批判をするな」というのではない。より進歩を求めるためには批判は大切である。だが不完全なものであっても、それを基礎にして欠点をどう直し、より完全なものに近づけていくか、そのための努力を積み重ねていくことが、何より重要であると思っていたからである。

この政治救済は、以上のように厳しい批判にさらされることになったが、非難される点ばかりではないと思っている。水俣病問題解決の上で大きな役割を果たしてきたのも事実である。「生きているうちに救済を」と悲痛な叫びをあげた原告約三千人ばかりでなく、類似の症状で苦しみながら、裁判も申請も出来ずにいた約一万の未認定患者の方々も、不完全ではあったが救済された。「生きている内に救済を」という悲痛な叫びに応えている。その後「これで安心して死ねる」と平穏な余生を過ごされたことは評価されるべきである。現在、救済された患者の半数をこえる人々はすでに死亡されている、と聞くとなおさらそう思う。

国は、この解決で初めて一般会計から水俣病患者救済費を支出する前例をつくった。国は、言葉では国の責任を否定してきたが、国費での補償金を支出することは、実質上、国の責任を認めたことであり、画期的なことであったと言える。

また、被害者手帳の交付だけに終わった者にも、医療費自己負担分を国が肩代わりするという福祉的救済の制度を初めて設けて、福祉的救済の道筋をつけた意義はとても大きいと言える。これは特措法救済へと受け継がれている。

奈落で舞台を回した人たち

水俣病は、その大きさ、六〇年という長さ、ともに前代未聞の悲劇である。その中で繰り広げた「未認定患者の政治的救済」は、壮大なノン・フィクションドラマであった。

主役の被害者以外は、幕が代わる毎に出演者の顔ぶれも代わり背景も変化した。観客の見方も変わった。

終幕の出演者は村山内閣を中心に、これまで水俣病問題に対する基本的なスタンスが大きく異なる政党が手を取り合って役者として舞台に上ってきた。

私も時には舞台の上で、時には舞台裏のスタッフとして、時には奈落で舞台の回し役としてかかわらせてもらった。

終幕は、終幕らしく患者団体のすべてが参加し、チッソ、国、県、与党三党、誰もソッポを向くものはいないオールキャストの出演であった。一般市民も熱心に舞台を見つめていた。どれ一つ欠けても、ドラマは進行しなかっただろう。利害が対立して価値判断も多岐に分かれてきた経緯を考えると、よくぞ一点に集中できたと感慨深いものがある。

このドラマには、各界から厳しい批評がなされてきた。その論旨は一理も二理もあり、突けば矛盾だらけで理想からほど遠いものであった。だが、他にどんなストーリーが描けただろうか。立派なものが書けたとしても、果たして必要な役者が舞台に上ってくれただろうか。

終幕といっても、このドラマの終わりであり、勿論水俣病問題の終わりではない。真の解決には、さらに新たなドラマが準備されねばならないだろう。

私でさえ、くたくたになるまで揉みに揉まれた。患者団体の責任者らの苦労は推して知るべし、である。また環境庁の担当職員は徹夜に次ぐ徹夜で倒れた人もいたと聞く。小島敏郎保健険企画課長、山村尊房保健企画課調査官（いずれも当時）など担当者は土曜日に水俣入りし、市と協議や打ち合わせ、患者代表や関係者を訪問し意見聴取を行ない、夜遅く帰京するというハードな日程が長く続いた。それに合わせて水俣市役所の担当者や秘書の諸君も、休日返上や、真夜中まで環境庁からの電話を受け処理する日々が続いた。秘書の諸君は昼夜分かたず行なわれる会談や行動を、詳細に正確に記録、整理してくれた。約二年もの間、土曜・日曜出勤が常態化した職員も多く、その疲労ぶりを見ているのは辛いものがあった。

関係する人々のひたむきな誠意と流した熱い汗が積もって事が成る。だが舞台の下の暗い奈落で、黙々と舞台回しに徹する人々の苦労は、一般の市民の目には入らず、記録にも残らない。マスコミの取材もない。従って、誰からも評価されることもなく、感謝もされない。やがて泡のように消えて忘れてしまう。だが私は、決して忘れないと誓っている。ささやかな本であるが、そのことを書いて残したいと考えた。

第7章　政治解決以後

仕切り網撤去での茶番

水銀に汚染された水俣湾の魚が湾外に回遊するのを防ぐために、水俣湾の湾口から恋路島を囲んで設置された仕切り網が撤去されたのは、一九九七（平成九）年の夏である。水俣湾の公害防止事業で、水銀汚泥を封じ込めた埋立地が完成した一九九〇（平成二）年から七年が経過していた。それまで、暫定基準を超える魚が残っていたからである。

暫定基準は、「魚介類の水銀に関する専門家会議」で、メチル水銀で〇・三ppm。総水銀で〇・四ppmと決められている。熊本県は年二回、湾内の魚を捕えて検査し結果を公表してきた。九五年頃になると、アカエイやシロギスなど一部の魚種を除いて、ほとんどが基準値を下回っている。そこで、県の水俣湾魚介類対策委員会では、仕切り網の撤去が議題に上るようになり、滝下水俣漁協長など、漁協関係者は「早く撤去して欲しい」と訴えた。だが、患者や市民の中には、「時期尚早」という意見も根強くあり、委員会は審議を継続していた。

ようやく、一九九七（平成九）年七月になって、福島譲二県知事は「湾内の魚介類の安全性が確認できた」と安全宣言をして、仕切り網は撤去されることになった。

対策委員会の審議の中で、「市民が安心するように、対策委員全員で水俣湾の魚を食べて見せよう」という意見が飛び出し、水俣市の食堂で実行された。

私にも参加を促されたが断った。「市長は、恐ろしかですか」と問われたので「恐ろしかです」と答えておいた。

実は、私はその時、二つの過去にあった出来事を思い出していた。

その一つは、先に書いた。チッソの排水の浄化施設サイクレーターの完成祝賀で、工場長が安全だとコップでその水を飲んで見せたが、水銀は除去できない代物であったと分かり、茶番劇だと顰蹙を買ったことである。

もう一つは、一九八五（昭和六十）年、国立水俣病総合研究センターの赤木洋勝氏（当時生理室長）が、当時、極めて困難と言われていたメチル水銀の新抽出法（赤木法）を発表したが、非常に精度の高い抽出法であるにもかかわらず、周囲から非難を浴びているという新聞記事である。

メチル水銀の測定は、技術や熟練を要するため総水銀を計測し、専門家会議が示した公定法によって総水銀の七〇〜七五％がメチル水銀とされていたが、赤木法で測定すると、総水銀のほぼ一〇〇%がメチル水銀となり、これまで暫定基準以下とされてきた魚には、メチル水銀〇・三ppmを超えるものが出てくることになる。

学会の権威の受け止めは冷ややかで、「赤木さんは規制値に火をつけ、学者として名を売るためではないか」と学術論争ではない個人攻撃まで始まっている、と新聞は報じていた。やがて、多くの学者の追試験で赤木法が優れているのが証明され、諸外国では採用が進んだが、環境庁は、配下の国立水俣病総合研究センターで開発された赤木法であったが、諸外国にかなり遅れて採用した。

推測であるが、赤木法を採用すると、湾内の魚介類のメチル水銀含有値は暫定基準値を超える場合が出てくる。それでは早く仕切り網を撤去したいのに出来なくなる。そこで、この仕切り網の撤去が終わるまでは採用しなかったと考えると納得できる。

また、その道の権威者によって定められた基準などは、それを超える新たな研究結果が出てきても、容易に変更が出来ないということであろう。認定基準もしかりである。

さて、対策委員が水俣湾の魚を食べる催しであるが、暫定基準値を超えるか、超えないかという魚を一回食べたからと言って、安全だと証明できるものではない。何の意味もないことである。市民を納得させようという行政の行為は、サイクレーターの水を飲んで見せたチッソの工場長に劣らない茶番劇だと思っての欠席であった。

政治家や役人が食べて見せたら納得して食べてくれるほど、市民は政治家や役人を尊敬していないのである。

小池百合子環境大臣の私的「水俣病問題に係る懇談会」

二〇〇五（平成十七）年、小池百合子環境大臣は、「最高裁判決を受けて、国の反省すべき点と、今後の水俣病対策の有り方について論議してもらいたい」と、大臣の私的な「水俣病問題に係る懇談会」を設けられた。

有馬朗人元東京大学総長、亀山継夫元最高裁判事、丸山定巳熊本大学教授、ノンフィクション作家の柳田邦男氏、政治評論家の屋山太郎氏などの有識者や各界の第一人者に加え、水俣から加藤タケ子「ほっとはうす」施設長と私が参加した。委員は一〇人であった。

懇談会は一年半にわたり一三回の会議を開き、永年にわたり混乱が続き、解決の目処が見えない水俣病の問題点を論議した。中でも議論は「認定基準」に集中し白熱した。

会議は、初めから「水俣病問題を総括し今後の有り方を論議するためには、認定基準を含めた議論は欠かせない」とする委員側と、「認定基準の論議はお願いしていない」という環境省との真っ向からの対立で始まった。

私は「水俣病問題は、医学的にも解明途上にあり、新たな知見も続出している。そこで、医学、法律、行政など広範な専門家で構成した会議を設けて、認定基準を含め補償・救済制度全般にわたって論議すべきである」と発言したが、「認定基準の論議は諮問していない」と拒否された。

懇談会は、二〇〇六（平成十八）年九月に、提言書起草委員会（委員、柳田邦男、亀山継夫、加藤タケ子、それに私）の九回の協議を踏まえ、一年半にわたる論議をまとめ、提言書を提出した。

起草委員会は、環境省と激しく衝突した。委員の発言を遮って環境省の担当課長などが、環境省の見解を執拗に述べるからであった。「お前たちは委員ではない。質問だけに答えろ」と委員から激しい叱責が飛んだ。

環境省の担当者が作成した会議記録を見ると、「補償、救済」と発言したのに「救済、補償」と訂正されているなど、草案作成が環境省側の意向に沿うように干渉される場面がしばしば起きて、怒った委員が怒鳴りだし過熱する場面も再三であった。

とうとう堪りかねた委員は、「もう辞めた」と四人そろって、有馬委員長がおられた武蔵野大学の理事長室を訪ね、「委員を辞める」と告げた。有馬委員長は「私もそう思っているが、もう少し様子を見てみたい」などと、同調するような、しないような柔らかい物言いである。しだいに委員長ペースに乗せられ、いつの間にか硬い意志は崩れていた。東大総長や文部科学大臣などと、大きな場を踏んできた人の物の処理の巧みさをみせつけられ感心して帰った。

国の設置する諮問機関は、国が策定する政策について国民の声を反映するために設けられる機関であるという。そこで国は、国が考えている政策に同意してくれるだろう人を選任すると言われている。

この懇談会の委員もそうだとしたら誤算であった。環境省に厳しい人が大半を占めていた。私も常々、政治や行政にたずさわる人には、厳しく批判や苦言を述べてきたが、他の委員に比べるとおとなしい方だと思った。

環境省は、「懇談会には、認定基準についての論議は諮問していない」と主張して、「認定基準見直し」の提言が出るのを牽制したが、懇談会は、水俣病問題の根幹である「認定基準の見直し」を強く提言した。提言書は、柳田委員が文章化され、認定基準の論議の文章には、元最高裁判事の亀山継夫先生が手を入れられたので、裁判所の用語が多用され、何回も読まないと分かりにくいものになった。


提言書の「認定基準」についての部分は、重要であるから少し詳しくなるが、我慢して読んでもらいたい。

「いわゆる『認定基準』は患者群のうち（公健法上の、及びチッソとの補償協定上の）補償を受領するに適する症状のボーダラインを定めるもの（大阪高裁、最高裁判決において是認）と理解されるものであり、そのような意味合いにおいてはなお機能することができると言ってもよい。したがって、『認定基準』を将来に向かって維持するという選択肢もそれなりに合理性を有しないわけではない。

しかしながら、一方、水俣病被害者救済問題をこの『認定基準』だけで解決することは出来ないということも、これまでの事実経過（認定基準と異なる判断の基準を用いて『政治解決』を図らざるを得なかったこと、最高裁判決以後、大量の認定申請、訴訟申請者が続出していること、認定基準を運用すべき審査会が一年以上も構成されず、認定申請者が放置されていること）に照らし、あまりにも明らかである。

そこで今、最も緊急になさなければならないことは、補償協定上の手厚い補償を必要とする患者が今後も出てくるかもしれないこと、補償協定に基づく補償を受けてきた患者の法的立場の安定を考慮する必要もあること等の理由から『認定基準』をそのまま維持するにせよ、この『認定基準』では救済しきれず、しかも、なお救済を必要とする被害者をもれなく適切に補償・救済することができる恒久的な枠組みを早急に構築することであろう」

と認定基準の見直しを提言した。

だが、この提言書の「認定基準の見直し」の提言は、環境省に無視された。

ところが、二〇一三（平成二十五）年、最高裁は、二件の水俣病認定訴訟（溝口訴訟外一件）の判決を言い渡した。原告溝口チエさんの勝訴であった。

最高裁判決は、最大の争点である「認定基準」については「多くの申請に迅速で適切に判断するための基準を定めたもので、その限度で合理性はある」とした上で、「しかし、症状の組み合わせが認められない場合であっても、経験則に照らして証拠を総合的に検討した上、具体的な症状と原因物質との因果関係など個別具体的な判断で、水俣病と認定する余地を排除すべきではない」と述べている。

その上で、「裁判所が、個別的に具体的に水俣病と判断して認定することは法令上妨げられない」と、認定問題について裁判所が積極的に関与する姿勢を示した。

その内容は懇談会の「認定基準」についての提言と酷似していた。この判決文を読んで、懇談会の「認定基準」についての提言は正鵠を射ていることが証明されたと思っている。水俣病問題の特別措置法では、多くの箇所で生かされている。

この懇談会では、事件全体の失敗の構造分析を行ない、水俣病問題全体について、これから取るべき対策について提言したが、私が、最も心に響いたのは、柳田邦男委員の「ぬくもりのある二・五人称の危機管理の体制」という提言であった。

一人称は本人、二人称は家族、三人称は他人の事である。行政が、例えば認定業務を行なう場合、その中に私情を持ち込んではならない。あくまで、第三者として公正に処理する。しかし、「これが、自分の子供だったら、連れ合いだったら、と思ったら、どういう気持ちになるだろうか」と思いやる心、それが二・五人称の視点である、というのである。

水俣病問題の推移を見ると、行政にその二・五人称の視点が完全に欠けていたのが分かる。

温かい二・五人称を持っていた官僚たち

官僚の中には、二・五人称の温かい心を持っていたがゆえに、悩み抜いた人たちもいる。

一九九〇（平成二）年、係争中の裁判所が和解勧告を出し、県とチッソは受諾を表明したが、国が「和解勧告に応ずることは困難」と拒否を続けている最中に、当時の北川石松環境庁長官が水俣市を訪問した。水俣滞在中に、山内豊徳環境庁企画調整局長が自死された。

企画調整局長は、和解の諾否について環境庁案を作成する責任者である。是枝裕和著『雲は答えなかった』（PHP研究所）に、山内氏の人柄や当時、おかれていた状況などが詳しく書かれている。

山内局長は、東大から国の上級職試験を受験され、九九人中二番で合格されたエリート中のエリートであったという。将来が嘱望されていたというのに誠に無念であったであろう。推測するに、官庁の厚い壁と、ぬくもりのある対策を希求する心情の板挟みがもたらした悲劇であると思われる。官庁という組織の中で、二・五人称の視点を持つことの難しさが分かる気がする。

和解が成り政治解決が終わって後、東京都町田市にある山内局長宅を吉本秘書とともに訪問し、仏前と奥様に「政治解決ができました」と報告した。司法が「国にも責任がある」と断じた加害者の側にも、水俣病の被害者がいた。複雑な思いでご冥福を祈った。

山内邸は静かな住宅街にあり、智子夫人が玄関で待っておいでで直ぐ分かった。

智子夫人の膝では大きな犬がじゃれている。娘さんが拾ってきた子犬を豊徳さんが可愛がって育てられたという。ご主人の代わりに語りかけておいでのようで、何とも申し上げることばが見つからない。ご夫人は宮崎県の延岡のご出身とのことで、「ぜひ水俣にもお出でください」と言おうとして、口から出かかった言葉を飲み込んだ。もの静かなご夫人を目の前にして言えなかった。そして何となく言わずに良かったと思った。

見送りに出られたご夫人を正視することが出来ず、深く頭を下げ別れを告げてタクシーに乗り込んだ。吉本係長も町田駅に着くまで黙して語らずじまいであった。

「市民の会」の陳情団が和解による政治解決を国に訴えたときの環境庁の窓口は、総合環境政策局環境保健部長の野村瞭氏であった。環境庁での陳情や会談は重々しく緊張の連続であったが保健部長室に入ると緊張がほぐれた。柔らかい雰囲気があったからであろう。懇切丁寧に対応していただいた。

その野村保健部長は、国立水俣病研究総合センター所長を経て退職なされたが、その後、自ら進んで胎児性患者が生活する「ほっとはうす」の理事を引き受け、東京の自宅から自費で理事会

加藤タケ子さん（左）、柳田邦男さん（中央）、著者（右）と。「水俣病問題に係る懇談会」提言書提出後の記者会見（二〇〇六年九月）

野村瞭氏（二〇〇六年一月）

小林光氏（二〇一〇年四月）

に出席されるばかりか、物心両面の支援を惜しまれない。現職時代には二・五人称の心情を持っていても、強力な組織の示す方向に抗することは不可能であったに相違なく、退職後、自由な身になってから、心からの、そして控えめな二・五人称の発露である、と尊敬している。これが真の二・五人称の温かい対応というのだろう。

患者救済を目的とする特別措置法の立案に関与され、実際に法の執行に努力された小林光環境省事務次官を忘れることは出来ない。

私は市長であった八年間に加え、退任後も、環境省（旧環境庁）と関わりをもってきた。すべての大臣にもお会いし、意見を申し上げてきたが、事務次官にはなかなか会えなかった。会っても挨拶程度の会話で終わっていた。しかも、大島長官時代を除いて、そのほとんどが東京の環境省に出向いてであった。私は、「水俣病問題では患者が病身で自費で上京して環境省詣でをしている。反対ではないか、環境省の役人が患者宅を回る親切さが足りない」と再々言ってきた。その中で、先に書いたように森仁美次官は、自ら進んで何回も会話の機会を設けていただき温かい対応に感謝したが、現地水俣まで出かけて対話されるまでには至らなかった。ようやく小林光次官になってそれが実現した。特別措置法の施行という大事があったとは言え、次官自ら陣頭指揮して何十回となく水俣市に足を運ばれ、患者や関係者を訪ね、懇切丁寧に説明された。環境省始まって以来の出来事であった。

次官退官後は慶應義塾大学の教授に就任されたが、水俣訪問は続いていて、ゼミの学生の水俣研修をはじめ、環境都市づくりの論理的な提言や支援を精力的になされている。水俣の将来に思いを馳せた二・五人称の大きな愛情が見えている。

その他にも、先に紹介した水俣市再生の火をつけた熊本県の組織「水俣振興推進室」のかつてのメンバーたちを始め、水俣病問題に関わられた国や県の職員で、退職後も心から水俣病問題の解決を支援されている方々は多い。このような公務員が多くなると、日本の政治・行政は温かく変わると思う。

ノーモアミナマタ訴訟の和解協議

二〇〇六年に「ノーモアミナマタ国家賠償等請求訴訟」が、水俣病認定申請者で結成された「水俣病不知火患者会」（大石利生会長、全国連の姉妹団体）によって熊本地方裁判所に提訴された。

二〇一〇年になって、原告と被告の間で和解協議が進められ、裁判所の所見が提示されて基本合意が成立した。

原告個々人の救済についての判断は、熊本地方裁判所の所見に「原告及び被告が設置した第三者委員会による」とあり、それを受けて委員会が設けられた。第三者委員会は、原告・被告双方から推薦された各二名の委員（医師）と座長で構成され、座長は私が務めた。

私が座長を引き受けたのは、原告団長と弁護士、それに被告の環境省事務次官と熊本県副知事が一緒に拙宅のおいでになり要請されたからである。双方から公平、公正、中立性を認められたということで、それには応えるべきであると思った。また一九九五年の未認定患者の政治解決には市長として関わり、一万人を超える人びとを救済できたが、それでも三万人を超える新たに救済を求める被害者が残っているという事実に驚き、早急に救済しなければならない、という一種の責任のようなものを感じたからである。

利害が絡むこの種の判定は、往々にして感情的になり混乱を招くことがある。双方から適当な距離にある者が参加することで、興奮がやわらぎ、たとえ結論は同じになっても安定する。そのための一種のセレモニーである、という思いもあって引き受けた。

第三者委員会は、申請者が提出した医師の診断書と、国や県が指定した公的医療機関の診断書を照らし合わせて、一時金支給者該当者、医療費だけの支給者、非該当者に判別した。

委員会では、係争中の原告約三〇〇〇人を審査したが、ほとんど紛糾することなく終了し和解は成立した。この和解協議の救済の条件は、そのまま特別措置法による救済の条件となった。公平を期すためである。

審議の中で、原告（患者側）から選出された委員だけでなく、被告（チッソ、県、国）から選出されている委員からも、地域指定や生年月日による救済範囲について、「不当であり撤廃すべきである」などと、疑問や意見が続出した。だが私は座長として「当委員会は、原告、被告の基本合意に基づいて審査を委ねられています。地域指定などの問題は基本合意で決着しているので、したがって本委員会では論議する権限がありません」と委員会の議題とはしなかった。本音では論議したかったのだが。

最終決着をめざした特別措置法

「水俣病被害者の救済及び水俣病問題の解決に関する特別措置法」が二〇一〇（平成二十二）年七月、施行された。

水俣病患者の救済は、前述したように、一九五九（昭和三十四）年の見舞金契約、一九七三（昭和四十八）年の第一次訴訟判決とチッソと患者の補償協定、一九九五（平成七）年の未認定患者の政治救済などで、ほぼ解決したかに見えた。だが、二〇〇四（平成十六）年の関西訴訟の最高裁判決により、国の認定基準とは異なった司法の判断条件が示された。それによって、患者救済の根幹である認定基準の見直しが論議を呼び、認定申請者と、「水俣病被害者の会」による被害者救済を求めるノーモアミナマタ訴訟（原告三千人を越えるマンモス訴訟）など訴訟が急増、新たな対応が必要になってきた。

そこで、環境省は、一九九五（平成七）年の水俣病未認定患者の政治救済における反省の上に立って、前述したような懇談会の提言も取り入れながら、綿密な計画を練り上げて、新たな救済策を法によって制定し、「今度こそ」と最終の結着をめざしたのが「特別措置法」である。

法案の作成から執行まで深く関わった小林光環境省事務次官は、「人類社会が目指す理想の社会は、『環境保全によって発展する経済社会』である。六〇年近い長い悲惨な紛争の歴史があり、今でも複雑で解決が極めて困難な国家的大きな課題である水俣病公害の救済と地域の再生を、『環境保全と経済の発展の間にある相克を克服した第三世代の環境政策の具体例』として実装したい」と或る論文の中で述べられている。これが特別立法の理念であると思う。

特別措置法での救済の仕組みは、「体調が悪いのは水俣病のせいではないか」と思っている人が医師の診断書を添えて申請する。申請を受理した県の担当部署は、公的医療機関でも診断し判定委員会で審査する。判定委員会は、申請者が提出した医師の診断書と公的医療機関の診断書の双方を審査して、特別措置法の救済に該当するかどうかを判定する。

(1) 通常、起こり得る程度を超えるメチル水銀の暴露を受けた(チッソが流したメチル水銀に汚染された魚介類を摂取した)可能性があると認められる者で、四肢末梢優位の感覚障害又は全身性感覚障害と、指定されている求心性視野狭窄などの症状が見られる人は、一時金二一〇万円と医療手当などの救済を受ける。

(2) 四肢末梢優位の感覚障害があるが、その他の指定された症状が見られない人には、水俣病被害者手帳が交付され、医療費の個人負担分の支援を受けることになる。

（3）そのいずれにも該当しないと棄却される。

このように従来の「認定基準」を堅持しながら、大量に続出する救済申請者に対応するために、「認定患者」以外に「水俣病被害者」という新たな救済の枠組みを法によって位置づけることで、裁判所の判決との矛盾を和らげ、今度こそ閉塞した水俣病救済問題に終止符を打とうと、特措法の立法が考えられたと推測できる。

また、「水俣病問題に係る懇談会」が提言した「疲弊した地域の振興や地域社会の精神的安定のための政策」をも盛り込んで、水俣病問題すべての完全解決を意図したものと思われる。

特別措置法の救済を申請した人（裁判の和解を含む）は約六五、〇〇〇人で、その内、一時金対象者は約三二、〇〇〇人。水俣病被害者手帳（医療費自己負担免除）の受給者は約二三、〇〇〇人。救済対象外とされた人は約一万人であったと聞いている。

だが、このように多くの人々が救済されたが、環境省がめざす完全解決には至らなかった。この救済にもれた被害者や特別措置法に不満を持つ人々による新たな裁判の提訴が続いているからである。原告が一千人を超える、マンモス訴訟も起こされている。

その原因は、
（1）法に盛り込まれたチッソの分社化で加害者責任が消滅する恐れがある。
（2）地域や生年月日で申請が制限され差別されている。
（3）申請の期限がもうけられ、以後の申請者は切り捨てられた。
など、完全救済に反しているという不満があるからである。

一九九五年の政治解決が、最終の解決とならなかったのは、国の責任をうやむやにした、水俣病患者として救済しなかった、申請に期限をつけて以後の申請者を切り捨てた、というのが主な理由である。今回の特措法のよる救済も同じことの繰り返しである。

政治解決の時、もう少し国の責任や申請期限などについて、粘り強く迫るべきであったと後悔される。

特措法のこれらの措置は、国が早期の最終解決を目指したものであるが、その願いに反して、またも、長期化の誘因を作ってしまった感がある。皮肉と言うべきか。このように、混乱は際限なく続き、平穏な水俣は当分訪れそうもない。

特措法の地域再生

「水俣病に関する懇談会」は、地域の再生振興について次のように提言した。

（1）国は、水俣地域の自治体や民間の「もやい直し」、「もやいづくり」を目指す多彩な活動に対し、積極的に支援する体制を組むとともに、ときには自ら「もやい直し」に新紀元を開くようなプロジェクトを企画すること。

（2）国としては、水俣地域を世界に誇る「環境都市」として指定して、地域の環境、経済、社会、文化にわたる再生と興隆の様々な計画を支援する制度を作ること。

（3）国の経済成長の過程で大きな犠牲を払わされた地域であり、しかも、地域住民は苦しい経験をバネに「環境モデル都市」の構想をめざして汗を流している「特区」というべき地域である。国・県はそのことを充分認識して諸施策にあたるべきである。

（4）その他、水俣病の全貌を明らかにするための総合的な調査、研究を推進すること。水俣病・環境科学センターの設置や、産業廃棄物の最終処分場、水俣湾の埋立地の長期安全計画などにも言及した。

今回の特別措置法には、その提言が生かされている。

第三五条に、政府及び関係地方公共団体は、必要に応じ、特定事業者の事業所が存在する地域において事業会社が事業を継続すること等により地域の振興及び雇用の確保が図られるよう努めるものとする。

第三六条に、政府及び関係者は、指定地域及びその周辺の地域において、地域住民の健康増進及び健康上の不安の解消を図るための事業、地域の絆の修復を図るための事業等に取り組むよう努めるものとする、とある。

難しい言葉であるが、国・県や水俣市、それにチッソは、水俣市の再生振興や市民同志の絆の修復、福祉の増進などに、お互い協力して取り組まねばならない。「国は支援しますよ」ということである。

環境省の肝煎りで、新しい水俣づくりの動きが始まっているようである。

チッソの分社化問題

二〇〇九(平成二十一)年に施行された「水俣病被害者の救済及び水俣病問題の解決に関する特別措置法」では、チッソの分社化が盛り込まれた。

その内容は、水俣病患者補償や公的債務の返還を担当する親会社「チッソ」と、液晶など事業だけを行なう子会社「JNC」に分離する。親会社「チッソ」は、子会社「JNC」の配当金を患者補償や公的債務の償還に当てる。

条件が整えば「ＪＮＣ」の株を売却し、その金で水俣病関連のすべての負担を一挙にゼロにして親会社チッソは解散し、「ＪＮＣ」は水俣病というしがらみから脱出する、という水俣病問題の完全解決のシナリオを国とチッソが描いたものである。

チッソの分社化問題は、先の政治解決の項で書いたように、チッソの弁護士であった杉浦法務大臣が、自民党水俣病小委員会に分社化を提案した経緯がある。

推測であるが、その時の解決でチッソは、「水俣病患者として認定されていない者にも水俣病公害を引き起こした社会的責任がある」という理由で、二六〇〇万円の一時金を負担させられた苦い経験がある。「何か防衛策を講じなければ、このままでは際限なく負担させられ続ける」という危機感があったのだと思われる。


さて、患者側であるが、これまでもチッソ県債の発行では、ＰＰＰを堅持して患者救済を完遂させるための措置という理由が付けられた。患者団体も市民と一緒に県債発行の継続を国や県に陳情してきたが、「患者救済が思うように進まないのに、加害者だけが早々に救済される」と不満が鬱積していた。

チッソの分社化もそうである。一九九五（平成七）年の「和解による政治解決」には、患者、地域住民が「市民の会」を結成し、国に「患者の早期、完全救済」とともに、「チッソの存続・

強化」をも強く求めた経緯がある。

今回の分社化も「チッソの存続・強化」策であると言えなくもないのだが、患者やその支援者には強硬な分社化反対がある。それは、患者の完全救済の目途が立たない中で、チッソの存続が先んじて確定するのには心安らかではなく、加えて、チッソの加害責任が抹消される。以後、新たな救済の申請は行き場を失い見捨てられる。などと被害者には不安と危惧があるからである。

「水俣病問題の早期解決」という時代の要請によって生まれたのが環境庁であり、被害者の側に立つ官庁というイメージがあった。ところがその期待に反して、現在は患者と鋭く対立する官庁になってしまっている。それは、水俣病問題は関係各省庁との折衝が極めて困難な問題で、環境省だけで解決できるものではない、と理解しなければならない。

環境省には、チッソの分社化についても、市民や患者の心配が杞憂に終わるよう、毅然として「わが国の経済発展の過程が作り出した弱者である被害者や地域住民の側に立つ」という姿勢を堅持して、他省庁と渡り合ってもらいたいと期待している。

国の正義とはなにか

先に国の責任について書いたが、この六〇年の間いろいろことがあり、国は一貫して原因企業チッソを守る、認定基準を守るということを鉄則としてきた。それを否とする司法の判決があっても、世論の批判が高まっても、その姿勢は揺らぐようには見えない。それは見事であると言えなくもない。

推測するに、国には国の正義があると思う。水俣病には特有の症状があり、チッソの工場排水に含まれていたメチル水銀に汚染されている魚を摂取して発症したものであるとして、その条件を満たさない者は排除しなければ、公正・公平は確保できない。特に、自分の病気は水俣病ではないと知っていながら、水俣病と申請して補償金を不正に受けようとする者は完全に閉めださなければならないという正義である。確かに文句の言えない正義である。

しかし一方、そのために本当に水俣病である人が排除されたとすれば、甚だしく人道にもとる不正義であるとも考えられる。

その二つの相反する正義のいずれが正当かを分けるのは、水俣病かどうかの判定にかかっている。絶対間違いのない判定の上に正義は成立する。だが、残念なことに現行の判断条件は論争の最中にあり混沌としていて国の正義は成り立ちそうにはない。

では、何故、判断基準がゆらいでいるのか。水俣病は、新しい公害で、その病像などは研究途上にあり、新たな知見がつぎつぎに発表されてきた。判断条件が決められた時期は、劇症型の患者が主体で、それに対応する基準が定められたと思われる。やがて、軽症の患者の存在や微量汚染でも障害が出ることが分かってきたが、それに対応する認定や補償基準が整備されずに終わっている。さらには、発生直後、汚染の広がりや不知火海沿岸住民の健康調査がなされなかったことで、現在に至っては疫学的な証明は至難である。これらは、過去の失政に基づくと言わねばならない。

さらに、認定基準が揺らいでいる原因に、判断条件を決定する審議の中に、病状や疫学的証拠の外に、国の経済成長や加害企業の存続という異分子が入り込んでいるという疑いを持つ人が患者側に多いという事情がある。すっきりさせることが求められている。

国は、それらのことは十分承知で、その失政を補完するために、一九九五年の未認定患者の政治救済や水俣病解決の特別措置法に、「水俣病患者としての補償」に代わる「水俣病被害者としての一時金」という枠組みを設けた。だが、先に指摘したように「水俣病患者」と「水俣病被害者」はどこがどう違うのか、分からなくなってしまっている。

手術で病根をすべて摘出するのではなく、薬で何とか症状を改善しようとする対症療法ですませてきたからであろう。病根は残って今も痛み続けている。

先にも述べたが、考えれば考えるほど、水俣病の健康被害者か水俣病患者かと無理に差別をしなくても、一体的な法律で救済すべきではないか、と思われてならない。

「福祉法人さかえの杜　ほっとはうす」の誕生

胎児性患者の多くが還暦を迎えた。生まれながらにして背負わされた障害は、加齢とともに進行しているという。

先に、一九九二年、市民会館において「産業・環境及び健康に関する国際会議」が開催された折、胎児性患者の写真展の開催を巡って、胎児性患者の支援団体カシオペア会と県の担当職員との対立を紹介したが、恥ずかしいことにその時まで、胎児性患者を介護し生活支援を行なっている組織と人がいることを知らなかった。

それは、水俣病発生以後、水俣病患者支援のために、外から水俣に移り住んだ人たちであった。その代表格が、胎児性患者を支援するＮＰＯ法人「ほたるの家」の伊藤紀美代さんと、社会福祉法人「さかえの杜」の加藤タケ子さんである。水俣生まれの市民の中にも、日吉フミコ先生のように、懸命に胎児性患者を援助してきた人は決して少なくはないが、自らの生活すべてを胎児性患者救済にかけてきた人は見当たらない。

水俣市民の中でも、多くの人が福祉事業に全人生をかけて貢献されている。しかし、水俣病患者を対象とする福祉事業を手掛けられた人を私は知らない。水俣病をめぐるデリケートな市民感情の中で、世間の目を気にして行動を起こす勇気がなかったのだろうか。市外から支援に駆け付けた人に、すべてを任せてしまったことに忸怩たる思いが残る。

伊藤さんは、胎児性患者支援の施設「ほたるの家」を拠点に、患者の坂本しのぶさんたちのお世話をなさっている胎児性患者支援の第一人者であるが、残念なことに私はこれまで接点がなく詳細を知らずにいた。

一方、加藤タケ子さんとは、市議会議員時代から、多くの接点があり、ほぼその活動を見てきたので、加藤さんが創設した「ほっとはうす」を中心に、胎児性患者の問題を考えてみることにする。

一九九五年の未認定患者の政治解決で決定した地域振興の一つに、「もやい直しセンター」の建設がある。その施設の中に喫茶店を入れることにし、経営者を民間から公募選考し委託した。ところが、選に漏れた胎児性患者支援団体カシオペア会から、「水俣病患者だから疎外したのか、もやい直しとは何なのか」と激しい抗議を受けた。選考委員会は全員一致で決定しているので、覆すことは出来なかった。審議経過の詳細は聞いていないが、当時はまだ胎児性患者への理解は不十分で、「胎児性患者の店では客が少なく経営は難しいのでは」と懸念したのではと推測した。

その後、カシオペア会は「ほっとはうす」と改名して、街の真ん中に店を借りて喫茶店を開業し、同時に「福祉法人さかえの杜　ほっとはうす」と法人化して新たに出発をした。

市長退任と同時に、加藤さんと杉本栄子さん、雄さんから「ほっとはうす」の理事就任を頼まれ承諾した。もやい直しセンターの喫茶店問題の反省もあり、何としても胎児性患者の自立を目指す事業を成功させねば、という思いがあったからである。「ほっとはうす理事」は、市長退任後の唯一の肩書きとなった。

何も基礎のない組織の運営は厳しく、すべて支援者からの浄財が頼りであった。役員報酬はないどころか、施設の建設費など応分の拠出が必要である。それでも役員は集った。

理事長は杉本栄子さん、理事には、原田正純熊本学園大教授、富樫貞夫熊本大学名誉教授、環境省ＯＢの野村瞭環境保健部長、県の福祉のＯＢの森弘昭さん、小林繁明明治大学教授など著名な方々に、地元の語り部などが就任された。関係法や福祉行政に明るい山口保彦水俣市福祉部長が理事として参加されたことで、素人ばかりの法人運営が軌道に乗ることができるようになった。
やがて、借家から自前の施設建設へと計画が進んだ。自己資金ゼロですべて善意の募金が頼りである。果たして膨大な資金が集まるのか大変心配したが、大口の寄付があり、それに一般市民からの寄付金も沢山寄せられた。無利子で高額の借入金も集まり「みんなの家」が完成した。世間は決して冷たい者ばかりではなかった。

理事長の杉本栄子さん、理事の杉本雄さん、山口保彦さん、それに私は、建築材の一部を出すことにした。私は大黒柱を負担した。広間の中央に立っている。私は大黒柱に次のようなメッセージを添えた。

「所有林の山の頂上に立っていた八〇年生の檜を大黒柱として贈ります。山の頂上は、土地は雨に流されて痩せて岩ばかりです。台風など風が強く折れたり曲がったり倒れたりします。日照りが続くと水分不足で枯れてしまいます。木が育つのには最も厳しいところです。だからと言って、植えられた木は自分で好きな土地に移動することは出来ません。逃げ出すことも絶対不可能です。植えられたが最後、そこで懸命に生きるしかないのです。八〇年の間、ひたすら運命と闘い、苦痛を耐え忍んで大きく成長してきたのです。

患者の皆さんも同じです。自ら出自を選ぶことは出来ません。自分の意志とは無関係に病を背負わされました。与えられた境遇を必死に生き抜くしかありませんでした。山の頂上で生き抜いてきた檜の大黒柱と同じ境遇を生きてきました。みなさんの境遇は大黒柱の檜と全く同じです。これから『ほっとはうす』での生活が始まります。苦しい時や悲しい時には檜の大黒柱に話しかけ、大黒柱のようにたくましく、楽しく生活しましょう」というものである。

その後、「みんなの家」は増築され、さらには、グループホーム「おるげ・のあ」が建設され、五名の胎児性患者らが自活をめざして生活を始めた。環境省の補助でできた初めてのグループホームである。

市民は、胎児性患者はチッソからの補償を受け、年金や医療費も支給され、十分に福祉的救済がなされている、と思ってきた。だが、実情は、世間体を気にして家庭に閉じ込もりがちになり、公の施設の明水園でも、保護が優先され、ほとんどが園内の生活で、世間との交流がなかった。囲い込みの状態であった。

カシオペア会から数十年、胎児性患者は歳を重ね、車椅子に頼る人が増えるなど、体調の衰えが目立ってきたが、かれらの生活は一変している。街の真ん中に施設があることで、一般市民との交流も多くなり、社会の一員としての自覚が芽生えた。施設に訪れる多くの視察者や市民との接触で会話が上手になり、水俣病の学習に全国各地に招かれ、見聞を広めている。一般の市民でも、彼らほど頻繁に旅行する人は少ない。

施設での作業や絵画や書道などの創作などで、残されている才能を見出し、生まれてきた喜びや創作の楽しさを知った。引きこもりから自己主張へ、消極から積極へと、生活態度は大転換している。

人は皆平等である、と言う。だが出自の違いなど、生まれながらにして自分では選択することや変えることのできない枠がはめられている。胎児性患者の皆さんにはめられた枠は極めて狭い。その狭い枠の中で精いっぱい、生き甲斐を求めての努力が始まっている。「ほっとはうす」は、そのはめられた枠そのものを広げようと、努力しているようにも見えてきた。

それらを見ていて、生き甲斐や幸福は与えるものではなく、自らが創造するもので、それを手助けするのが福祉である、と実感する。

「ほっとはうす」には、国の内外から多くの視察や研修の人々が訪れる。小中学生、高校生、大学生、行政などの有識者、海外からＪＩＣＡの研修生など、幅広い分野に及ぶ。患者やスタッフの過労が心配されるほどになった。

「ほっとはうす」は、福祉施設であると同時に、水俣病教訓の発信基地であり、環境学習基地としても、水俣病資料館に次ぐ大きな存在になってきた。全国でも稀有な施設である。

水俣病公害の加害者側の人たちは、ほとんどが高学歴で裕福と言える。その人たちの多くは、人を傷つけ、その生涯を悲惨な生活に追い落とした責任は金銭で償い終えた、と考えているようである。

その一方で、公害には何の責任もない人々が、懸命に患者を保護し、生活の支援を続けている。この人たちは、ほとんどが過剰な報酬を求めず、清貧に甘んじて患者支援に人生をかけている。この両者には雲泥の差がある。豊かな現代社会が生み出した不条理や大きな矛盾が、この胎児性患者問題に色濃く表れている。「ほっとはうす」は、この不条理を世間に強く訴えている。

不運の星の下に生まれた皆さんではあるが、人生の後半、喜怒哀楽をともに分かちあってくれる善意の人びとに囲まれて暮らしている。見ている私も一種の安堵を覚える。

水銀に関する「水俣条約」と全国豊かな海づくり大会

二〇一三(平成二十五)年、水俣市で「水銀条約外交会議」と、天皇皇后両陛下をお迎えしての「第三三回全国豊かな海づくり大会」という史上最大級のイベントが開催された。

これを成功させることで、水俣再生に大きな弾みがつくと期待された。ところが、国際水銀条約の名称を「水俣条約」とすることに、一部市民から抵抗がでた。

「水俣条約」という名称は、一二年の水俣病犠牲者慰霊式に出席した当時の鳩山由起夫総理大臣の発言が初めてである。水俣市を思っての発想で、初の水俣訪問のおみやげのつもりであったと思われるが、水俣市民から「是非、水俣条約としてほしい」との声を受けての決定であって欲しかった。水俣病問題の経験から、上からの押し付けを極度に嫌う市民性があるからである。

条約名反対の理由の一つは、患者団体などからの「条約案は不十分」「水俣病対策は国際的に発信する価値がない」などという意見である。

これまでの国の水俣病対策への不信が根底にある。半世紀をゆうに越えても「認定基準」の論議に見るように、「水俣病とは何か」が問われ続けている。「水俣病の教訓の発信と誰もが言うが、水俣病の教訓とは一体何なのか」など、今も確とした答えが定まらないのが水俣病問題だからである。

一方、「水俣条約」として、これ以上水俣病を宣伝すると、世界に「水俣病の水俣」という負の名称が固定してしまい、市民は永遠に風評被害を受ける、という反対意見があった。

それは、水俣病からの脱却を切望するチッソ関係者だけでなく、「もう水俣病そのものを忘れよう。平穏な水俣を」という多くの市民の思いをも代弁していると思われる。

「半世紀以上も補償金をめぐる紛争だけが続き、水俣の未来は暗い」と水俣病問題に振り回されてきた市民の憂鬱があり、それが嵩じたからであろう。水俣病問題に巻き込まれるのを避けるために、ひたすら黙し続けてきた多くの市民の心の奥に、「もう水俣病は忘れよう。平穏な水俣を」という思いが強まっているとしても、決しておかしいことではない。

私の友人や知人にも、特措法救済に申請した人は少なくない。中には一九九四年の水俣病犠牲者慰霊式の式辞を、「市長が患者に謝るなど愚かなことを」と非難した人も、水俣病患者を中傷誹謗してきた人もいる。

だからと言って、申請した人を非難するのではない。むしろ過去にこだわらず、強情さを捨てて申請する気持ちになったのは喜ばしいことであり、むしろ遅すぎたと思っている。饒舌で市井の批評家でもある友人も、特措法救済に申請し救済された。その後会ったら、水俣病から話題を逸らすようになっていたのには驚かされた。

「もう水俣病は忘れたい、話題にしたくない」と思っている層は、確実に増えてきたのではないだろうか。

「水俣条約」という名称について出された反対意見は、同一に見えても「水俣病の教訓をより効果的に世界に発信するために、現状では反対」という意見と、「世界に、『水俣病の水俣』が定着することで風評被害が永続するから反対」と考える意見とは、その性格がまったく異なる。極言すれば、「風評被害に繋がる」という市議会の反対意見書は、先に出た患者側の「水俣条約名反対」に同調、呼応した形ではあるが、「水俣条約名反対」を叫ぶ患者側に対して、「もう水俣病問題で騒ぐのは止めよう」「水俣病は幕引きの時がきている」という牽制であり、同じ「反対」でもまったく相反するものではないか、こう見るのは穿ち過ぎだろうか。

これまで、水俣市民が目指してきた「世界に先駆け、環境を軸とした新しい水俣の創造」という「環境モデル都市」は、「水俣病の教訓」を基盤にしている。

一般市民の心に底に広まっている「早く水俣病そのものを忘れよう」という思いには、まちづくりの基盤としてきた「水俣病の教訓」の消滅を意味する重大な問題を孕んでいると言える。

そこで、今、新たに水俣再生への大きな転機を迎えているこの重大な時期だから、長い水俣病問題の紛争の中で、黙し続けてきた多くの一般市民の深層の思いに注目し、新たなアプローチを模索しなければならないのではないかと思う。

新しい水俣「じゃなかしゃば」は、『水俣病の教訓』を基礎にして新しい水俣を創造しよう」とする人たちだけの努力で実現できるものではなく、「水俣病を早く忘れたい」と思っている市民をも巻き込んで、同じ方向を目指すことで可能となるからである。

「平穏な水俣」を願い、静かに沈黙し続けてきた市民の多くは、チッソを生活の基盤としている市民である。そのチッソの経営の安定と躍進を願ってきたが、しかし、それもまた、水俣病救済問題の真の解決がなされないと訪れない。

何回も書いてきたが、「もやい直し」とは、立場・価値観の違いを超えた対話である。「新しい水俣」は、立場の違いを認め合う「もやい直し」の上に築かれる、と信じている。

難問が次々と波のように押し寄せ、いつまでも苦悩から開放されない水俣には、いつになったら安寧と幸福の市民生活が訪れるのだろうか。今、水俣市民の真価も問われている。

水俣病の教訓を活かすとは

中国の南京大学から呼ばれて講演した折、「侵華日軍南京大屠殺遇難同胞紀念館」（日本では、南京大虐殺紀念館と呼ばれている）を視察した。南京大虐殺の史実には、わが国には異論も多いが、記念館の悲惨な陳列に目を覆った。

注目したのは、大きなコンクリートの壁に書かれた「前事不忘　後事之師　以史為鑿　開創未来」という大きな文字であった。「過去の過ちを忘れずに、教訓とし、歴史に刻んで未来の創造に活かそう」という意味であると判読した。孔子、孟子、老子など偉大な思想家を輩出した国だけのことはあると感心して読んだ。だが、現在の日中関係を見ていると、両国の指導者には、改めて読み返してもらいたいと願う文章でもある。

私は、これは水俣病問題の解決の方向を示唆していると受け止めた。

二十〜二十一世紀の豊かな時代に、何の落ち度もないのに、もがき苦しみながら命を奪われた多くの市民。病や障害を背負わされて、人並みに楽しかったはずの人生を失い、苦しい一生を余儀なくされた健康被害者や胎児性水俣病患者。疲弊し差別や反目がはびこる地域で、肩をすぼめて暮らしてきた市民。人間の愚行がもたらした水俣病公害という悲劇である。

患者救済などの最終解決策は、水俣病発生が公式に認められてから六〇年を過ぎたというのに

南京大学で
（二〇〇一年五月）

南京大学での講演
（二〇〇一年五月）

視界には入ってこない。おそらく、矛盾が矛盾を生み、混迷を深めてきた水俣病問題には、万人が頷く理路整然とした解決はあり得ないのではなかろうか。

いかに多額の補償金を支払っても、被害者の失った生命は蘇らない。傷ついた失意の人生は回復不可能で、怨念は癒されることはない。それでよいのか、重大な課題は残っている。国やチッソには、面子や従来の手法に固執せず、道義の正道に立ち返って福祉的救済に心の救済を加味した抜本的な救済策の創設が熱望される。市民が長い年月、その残酷な公害の悲劇を教訓として克服し、新しい水俣を創りたいと懸命に重ねて努力が報われるように。

遠い話であるが、「水俣病という大きな悲劇に遭遇した水俣だから、世界のモデルになる環境先進都市を創造することができた」と国の内外から高く評価され称賛されるようになった時、さらには、「被害者の怨念、癒されることのない心の深い傷があったから、その反省の上に、人命、人権を大切にし、お互いが助け合う心美しい水俣の社会が誕生したのだ」と言われるようになった時、水俣病問題は完全に解決し、患者の怨念が消え、心の深い傷が癒されるのだ、と「南京大虐殺紀念館」に書かれた文章は、教えてくれた。

それは、我々の時代では実現しないだろう。しかし次の世代、次の次の世代には実現できるよう努力しなければならない。世代を超えた禍福の変換である。そのためには、水俣病問題を正しく語り伝える経験と教訓の伝承、これが私たちに課せられた大きな責務であると思っている。

第Ⅲ部

「新しい水俣」のまちづくり

地球温暖化防止活動大臣表彰式にて、清水嘉与子環境庁長官と（1999年12月、仙台市）

第8章　環境モデル都市づくり

経済と環境の調和のとれたまちづくり

第4章の水俣再生の創生期の国連環境開発会議（国連環境サミット）の項で、ブラジルの新聞が「日本は、地球の有限な資源を根こそぎかき集めて消費して繁栄しながら、開発途上国には、地球環境を保全しなさいと御説教している」と指弾しているのを読んで大きなショックであった、と書いた。その後約二五年、日本の姿勢は変ったかというと、どうも変わったとは思われない。

グローバルな経済発展競争で、有限な地球資源の大量消費や有害物質の大量放出などで、未来の人類存亡の危機が叫ばれて久しい。現在も気候変動や、中国の北京や上海の大気汚染にその兆候の深まりを見る思いである。

私ども水俣市民が、その人類存亡の危機を実感したのが水俣病公害である。

水俣市は、その受難の反省から、悲劇を克服しながら省資源、省エネ、廃棄物の資源化など、地球環境の保全をめざしたまちづくりに努めてきた。世界もその方向にあると信じながら。

しかし、世界のＧＤＰ競争は熾烈であり、日本は中国に抜かれたショックで景気回復に躍起となっている。特に国民消費の向上を図るのが第一、と商品券の配布や、マイナス金利とかいう変わった政策が続出している。

家の中には整理がつかないほどの消費財が山積しているというのに、まだまだ買ってくれと言う。糖尿病、高血圧、肥満体、ダイエットなどで食卓には薬の山、と悩みに悩みぬいているところに、まだまだ沢山食べてくれ、と乱費や多食の勧めである。国は省資源どころか大量消費を勧めている。

環境都市づくりで、物は大切に寿命いっぱい使用する。食物は感謝しながら無駄なくいただくなどと、省資源・省エネを押し進めると、国の経済は縮小することになる。

しかし、経済の発展を強引に推し進めなければ国の存立が出来ない、大量の無駄遣いをしなければ国は潰れるという。

水俣市の環境モデル都市づくりは、今、国際社会が直面している経済の発展と環境の保全という概念の相克に翻弄され、一段と厳しさが増している。

が、一方、経済が全く分からない素人にも、グローバル資本主義経済がおかしくなってきたのが気にかかる。富裕層がどんどん肥大し、格差がますます拡大する傾向が強まってきた。これを止める薬が見つからない。早晩、変革が起きそうである。

水俣の「じゃなかしゃば」づくりが光る時代が案外早く来そうである。

二〇一五（平成二十七）年、愛知県の長久手市の吉田一平市長が水俣市を訪問され、拙宅にもおいでになり懇談する機会をいただいた。

長久手市は、名古屋市と豊田市の間にある人口五万五千人の都市で、羽柴秀吉と徳川家康が直接刃を交えた小牧・長久手の合戦で知られた土地である。

東洋経済新報社が毎年実施している「住みよさランキング二〇一四年」快適部門の第一位を獲得した日本一住みよい街である。大都市の間のベッドタウンであり、何もしなくても人口は増えていく。大都市圏だから交通、文化・教育、福祉とすべてが整備され、生活の利便性は高く、財政も全国トップレベルの豊かさである。それに比して水俣市は過疎、高齢化、経済の貧困など、正反対の都市である。

全国ナンバーワンと羨望されている都市の市長が、公害で疲弊し全国民から「水俣病がうつる」と忌み嫌われたしんがりの水俣を研修したい、と訪れられたのには正直驚いた。

「快適な都市」は、有限な地球資源を大量に消費し、有害物質を含む廃棄物を放出して、人類の持続的発展を危うくしている経済行為の上に成り立っているといえる。酷な表現であるが、「快適なまちナンバーワン」は人類の将来を潰す競争の覇者と言えなくもない。

ところが、吉田市長の言葉は、「快適な都市ナンバーワンと言われても、快適だけでは地域の将来はない。価値観を大転換しなければならない」と意外なもので、「幸福とは」「楽しさとは」「生き甲斐とは」「社会的責任とは」という人間の根源的な問いに対し、日本一快適な都市の市長のコメントは明快であった。

経済的な豊かさや利便さを求めない者はいない。貧乏な水俣市も必死になって追求している。しかし、水俣市は、経済的豊かさを求めるまちづくりの根底に、将来の人類の永続的繁栄に資するという人類共通の哲学が脈打っていなければならない、と考えてきた。繰り返すが、水俣市の「環境モデル都市づくり」とは、経済の発展と環境保全の相克を乗り越えた環境と経済の調和のとれたまちづくりだ、と思っているからである。

水俣市の将来像

市民の気持ちが幾つにも分断された水俣市の再生は極めて困難であると覚悟していた。トップダウンで動くとは考えられなかった。「もやい直し」を進めながら、市民の声を十分に拝聴することが肝要である、と思った。だが、市民の声といっても千差万別で、価値観が多様化した水俣ではなおさらである。中にはまるきり反対の声もある。そのままでは手が付けられない。何としても早急に多岐にわたる市民の声を一つにまとめる合意形成が必要である。その合意形成こそ市長と市役所の初仕事であると思った。

まとめると言っても、多数決で決めれば良いというものではない。「小異を大切にして大同を求める」という気持ちが大切であると考えた。

その合意形成を図るためには、まず市長と市役所は、市の現状把握と将来展望に基づいてしっかりした将来計画と、それに至るプロセスを持っていることが最も重要である。それを市民に押し付けるのではなく、市民の声を聞きながら整合し、市民の発想に変えていかなければならない。最終的には市民がつくった計画と言えるものに熟成させる。それが市民合意の着地点であると考えていた。そのような経過を経て、質の高い「市民の声」は生まれると思った。


私の市政方針として表明していた「環境・健康・福祉を大切にする水俣」「環境モデル都市」の具体的な計画作成を進めていたが、市政の大転換は市民の意識の大転換であるだけに、決して容易ではなかった。そこで市政すべてに民意を反映することと、できる限り情報を公開することにした。

市が策定する諸計画は、ほとんどが策定のために委員会を設けて諮問する。その委員は、商工会議所会頭や婦人会会長といった、団体の長や有識者を選ぶのが通例である。

その前例を破って、まちづくりの基本計画構想づくりの委員会は、市民から公募で選ぶことにした。「将来の水俣」という小論文を募集し、その中から優秀な人を選んでお願いした。水俣病関係者、教職員、チッソの従業員、自営業者など多彩で若者から七十歳代までの幅広い委員が生まれた。このような委員会づくりは、水俣市では初めてであり、おそらく全国でも例がなかったように思っている。

委員会の運営は委員会に任せることにした。委員長の選出から、会議のやり方、すべて委員同士の話し合いで決まり、毎週土曜日の夜、欠けることなく六カ月間にわたり開催して提言がなされた。その提言が「環境モデル都市づくり」の基礎となっている。

九四年に環境基本条例を制定し、一九九六年に総合計画を改定。関連条例や計画がすべて整って、「環境モデル都市づくり」構想が市の正式の方針として動きだした。環境基本条例は、他の市町村よりはるかに先に制定したと思っている。

環境モデル都市には、

「水俣市民は、水俣病の経験と教訓を世界に発信し、二度とこのような悲劇がどこにも発生しないように警鐘を鳴らそう。

水俣市民は、環境を大切にし、地球環境の破壊者にはならない、という市政の方針と市民の生活信条を確立しよう。

水俣市民は、環境と共生する産業を育成し、環境と調和した市民のライフスタイルを創造しよう。」

という理念を込めた。

当時、世界の動向は、国連環境会議などに見られるように、「環境保全と持続可能な社会づくり」を目指す方向にあったとはいえ、実際には「環境、環境と、叫んでいて飯が食えるか」という時代でもあった。全国市長会で、ある市長から「環境都市と経済発展をともに達成されるそうで大冒険ですな」と皮肉られたこともあった。環境モデル都市づくりを進めてますます貧しくなるのでは、と嘲笑されることが一般的な風潮であった。

そのような中で「少々の不便を忍んでも環境保全を」と経済的豊かさの対岸にある環境モデル都市づくりに一歩踏み出した勇気を思うと、「よくぞ」との感がある。さすが公害を経験した水俣市民であると思っている。

一方、情報は出来るだけ公開することに努力した。二〇〇一年には「くまもと市民オンブズマン」が発表した県と県下九四市町村の情報公開ランキングによると、水俣市が第一位であった。

特に、主に市長が使う市交際費は、支出先を含めて全面公開とした。県下の市町村で初めてであった。それまで交際費の内容は議会の審議でも詳細な説明はしなくてよかったので、その使途については疑念をもたれ、厳しい質問が繰り返されていた。そこで市役所の閲覧室に交際費の一覧表を置いて、いつでも誰でも見れるようにした。公表した前年の予算額四五〇万円に対して一七八万五千円の支出で、実に約四〇%しか使っていなかった。

かなりの市民が閲覧に訪れたが、盛んに公開を迫った議員の閲覧は皆無であった。全部が見えると関心を失う、ほどよいチラリが興味をそそるようである。

交際費は市にとって有効な投資になる場合も多く、削れば良いというものではないが、まずは市民が疑念を持たない市役所づくりが先であると考えた。

「もやい直し」とは、壊れた内面社会の修復

水俣の再生は、市民の合意の上に築かれ、その合意は、市民同士の信頼の上に生まれる。私は、市議会議員当時には、複雑に入り乱れてしまった人間関係を修復することを「崩れた内面社会の再構築」という言葉で表現していた。

先にも書いたが、第1章で、水俣病犠牲者慰霊式の式辞を検討しているとき、「内面社会の再構築」という言葉を入れたいと思ったが、担当職員から「その言葉は市民には理解し難い。漁村で使われている『もやい直し』という言葉が適当ではないですか」と提案があり、「もやい直し」を借りることにしたと述べた。「もやい直し」に変更したのは正解で、またたく間に環境省をはじめとして広く使われるように普及した。

だが、当初はいろいろな声があった。「もやい直し、もやい直しというけれど、加害者と同じ考えになれるもんか」と患者さん。反対に「水俣病患者と一緒に過激な行動は御免だ、そんなことはできない」と、一般市民やチッソ関係者。双方から批判され反対された。当然である。

私が言う「もやい直し」は皆が仲良くなって同じ考えにまとまろうというのではない。人は、思想信条・職業・年齢・住所など、立場はさまざまである。従ってものの見方、価値観も千差万別であり、中にはまったく正反対というのもある。そのような住民すべてを同じ考えの社会にすることは出来ることではなく、またその必要もない。

「もやい直し」が求めているのは、水俣病発生で多様化した価値観がぶつかり合い、他を排斥し、偏見を生み、中傷誹謗が飛び交うなど、徹底的に破壊されてしまった内面社会の修復なのである。自分と正反対の意見にも、その気になれば耳を傾けることはできる。聞くこともできる。また、相手の立場を思いやることもできる。相手の立場になって考えてみることもできる。お互いに意見を聞き、立場を理解し尊重することで対話が可能になる。

対話とは向かい合って話すことであり、他者との差異を大切にして、その重みをしっかり捉えることである。

垣根を越えた対話は、相互の対立を超えたところに、新しい価値観を生みだす。その対立を超えた新しい価値観が、水俣の再生に最も重要なのである。

繰り返すが「もやい直し」とは、自分と違った意見や立場を否定するのではなく、お互いに違いを認め合うことで対話を可能にする意識改革である。

そのことを、慰霊式の式辞で「一人ひとり違う人たちが羅漢の和で、今日を新たな始まりの日のしたい」と述べた。

「羅漢の和」とは、哲学者梅原猛著『森の思想が人類を救う』の中からの引用で、大要「羅漢とは、何物にもとらわれない完全な自由人で、如何なる状況にも対応できる個性豊かな存在である。その自由で異なった個性の羅漢が、ある一つの基本的な点で和する、それが『羅漢の和』と言う」とある。

個性豊かな市民を羅漢に見立て、「お互いの立場と個性を尊重しながら、水俣再生という基本的な目標で和する」ことを願ったのである。


価値観の多様化した社会では、社会の進むべき方向を定める作業は難渋する。しかし、ものを決する場合、同じ視点からは一面しか見えない。異なった視点があれば、反対側や側面も見える。ものを立体的に捉えることが可能になる。価値観の多様化の中での論議は、まとめる手腕さえあれば、すばらしいものを生み出す価値をもっていると思った。

一口に言えば、「もやい直し」は、お互いに譲歩を求めるというものではなく、関係を変える、関係の質的変化を求めるものであるとも言える。

一九九五年の未認定患者の政治救済が終わった時、市議会で保守系の議員から「これで他所から水俣市に入ってきた水俣病支援者の役割は終わった。水俣の平穏のために、これを機会に彼らは自分の郷里に帰るよう市長は勧めてもらいたい」という発言があった。

当時、保守的な市民の中には、水俣病支援のためという口実で水俣市に入り定住した支援者の中には「新左翼」と呼ばれる闘士が紛れ込んでいて水俣から革命を起こそうと画策している、と警戒していた者は少なくなかった。それを代弁した排斥の発言である。

私は「支援者はすでに水俣市民です。水俣病患者救済の支援に大きな貢献をしてきたが、これからは新しい水俣づくりにも頑張ってもらいたいと思っています。彼らの中には従来の水俣市民が持たない知識や視点を持った人が多い。それはきっと新しい水俣づくりに役立ちます。お互いに話し合いができる場を作っていきたいと思っています」と答弁した。今、水俣市に定着した外来の支援者は、新しい水俣づくりに大きく貢献している。確実に「もやい直し」の効果は表れてきたと思う。

「もやい直し」は、説得で実現できるものではない。行政がまずやらなければならないのは対話ができる場と機会をつくるである。その実例を挙げてみたい。

もやい直しの事例

（1）実生の森づくり

水俣湾に出現した広い埋立地をどう水俣再生に活かすか、論議が盛んに行なわれた。その一つに、埋立地に「市民みんなで森をつくろう」という提案があった。

前例として東京の明治神宮に広大な神宮の森がある。神宮が創設された時、荒れた更地に全国から集めた木が植林されたと聞いている。鬱蒼とした森は荘厳な神域を感じさせる明治神宮のシンボルである。種から育てた実生の森を水俣再生のシンボルにしたいと考えた。

市職員が市内の森や恋路島で拾った木の実から苗を育てた。水俣病患者、チッソで働く人、一般市民も自分の家から木の苗を持ち寄って植林に参加した。私も一家みんなでそれぞれ木を植えた。水俣病発生以来、初めての市民総出の和気あいあいとした共同作業であった。

苗木を植える市民一人ひとりの立場や価値観は違う。水俣病をめぐって対立して挨拶もしない人々も多かった。だが、植える小さな苗木に託する願いは、一〇年後、五〇年後、一〇〇年後に立派な森になってくれるように、水俣市に豊かで平穏な市民生活が蘇ってくれるように、とみな同じである。市民が未来を見つめ、共に同じ希望を胸に無心に汗を流す。これが「もやい直し」であると実感してもらった。

それから約二〇年、実生の森はすでに立派な森になっている。これから百年、千年と成長を続ける。未来の市民が鬱蒼と成長した森を見て、先人が悲劇の中で将来に託した想いを、想像してもらえると信じている。

(2)「もやい直しセンター」の建設

当時、財政の貧弱な水俣市の公共施設はほとんどなく、あっても老朽化したり、貧弱であった。九五年の未認定患者の政治解決の時、被災地域全体の救済の一つとして、環境庁は「もやい直しセンター」の建設支援を約束した。

そこで、この際、福祉施設、健康づくり施設、生涯教育施設、それに憩いの場などの複合施設を新しく建設しようと市民に提案した。市民のほとんどは、この行政から提示されたメニューに大きな興味を示し実現を期待した。

市は「基本構想から市民が話し合って建設しよう」と団体、個人問わず、希望する者は誰でも参加できるワークショップの開催を呼びかけた。

第一回のワークショップには、水俣病支援団体、福祉、教育、健康などの関係者、婦人会、老人会、PTAなどなど、多彩な顔ぶれが揃った。市民誰もが、それぞれに自分たちの施設建設を強く望んでいたからである。

ところが、初回のワークショップは、怒号が渦巻く大混乱となってしまった。それもそのはず、日頃、挨拶の代わりに非難や悪口の応酬をしている犬猿の仲の人たちが、しかも大勢集ったのだから。

興奮した一部の市民が、市長室に怒鳴り込んできた。「市長が具体的な計画を示さないから混乱する」と、詰め寄られた。そこで、「話し合いが出来ないようだと建設は止めようか」、「施設が欲しかったら、とことん話合ってみてください」と突き放した。ところが立派な施設が欲しい市民は諦めなかった。二回目のワークショップも、三回目も、相変わらず多くの市民が参加した。やがて「まとめよう」と努力が始まる。中心になる人が現れる。自然とリーダーが生まれる。分科会ができる。そこにも中心になる人が出てくる。ワークショップに動きが出てきた。

そこで、市は、設計を依頼していた遠藤安弘名城大学教授（当時）に、会の進め方や、施設についての専門的知識について講演をお願いした。さらに、先進施設の視察を呼びかけて予算を付けるなど、動きだした市民の行動を力強く後押ししはじめた。「市民参加」ではなく、動き出した市民が主体でそれに行政が参加する、所謂「行政参加」である。

やがて、自分の主張だけ盛んに述べていた連中が、人の意見を聞くようになり、譲り合いも生れた。一三回ほどの会合を重ねて立派な提言書が提出され、それを基に専門家に建築をお願いした。

出来た施設は、多くの提案を盛り込んだため複雑なものになった。このような施設を市だけの考えで造ると、「使い勝手が悪い」とか「品格がない」とか非難轟轟というのが相場である。だが、この施設には苦情がほとんどない。それは当然で自分たちが譲りあって造ったものだからである。初めから利用率も高かった。ワークショップで自分たちグループの主張を認めさせるために、運営・利用などソフトな部分も強く主張してきたからである。

何よりの収穫は、ワークショップが始まった時には対立し罵りあっていた人たちが、館が完成した頃には笑顔で話し合ったり、協力してイベントを企画したり、と別人のように変わっていたことである。

ワークショップで、ぎくしゃくしながら始まった市民の対話は、次第に、対立相手の立場や意見を理解し尊重するように変化したのだ。

この施設の建設の過程では、行政側は一口も「もやい直し」という言葉を使ったことはなかったが、「もやい直しの館」が完成する前に「もやい直し」は実現していた。

喧嘩腰の激しい論争が、「もやい直し」を生み出したのである。「もやい直し」とは対話であることを証明してくれた。

（3）一丸となった市民の会が国に陳情攻勢

前述したが、市長に就任した当時、公害被害の補償を求めて裁判闘争を続けてきた原告（患者）たちの「裁判の判決を待っていると死んでしまう。生きている内に和解による救済を」という悲痛な叫びが広がっていた。被告の熊本県とチッソは、和解協議に応ずる姿勢を示したが、国は頑なにこれを拒否し続けていた。そこで水俣病の早期解決のためには、市を挙げて国に和解参加を迫る必要があると思った。

だが、患者支援をお願いしても、「水俣病が拡大すれば水俣はますます疲弊する。補償要求が多くなればチッソは潰れる。我々は生活の糧を失う。応援どころか、反対だ」と、市民に支援する気持ちはほとんどなかった。

そこで、「水俣病問題の早期・完全解決」という陳情項目に「地域の再生・振興」「チッソの存続・経営強化」を加えた三項目を国に強く迫ることにした。

その結果、早期救済を求めている水俣病患者や支援者団体は勿論、経済の回復を願う商工会議所や経済団体に加えて、チッソの倒産を危惧する下請け企業やチッソ労組なども、積極的に参加することになった。市内の企業、団体、一般市民のすべてが参加した水俣市で初の強固な陳情団体の結成に成功した。

市長を先頭に、市議会議長、商工会議所会頭、婦人会会長、患者五団体の代表に、周辺市長・町長それに地元県会議員、県芦北事務所、市町の担当職員が加わって総勢三〇人を超す大陳情団が政府、当時の環境庁や大蔵省などの官庁、自民党をはじめ各政党などに陳情攻勢をかけた。大勢の陳情団は官邸に四回も押しかけて村山総理に強く解決を迫ることができた。

その結果、一九九五(平成七)年に、訴訟原告約三〇〇〇人に、類似の症状も持つ人たちを含めて約一一〇〇〇人が救済された。地域全体が一丸となった陳情が功を奏したと言える。

「一丸となった」と表現したが、実際は、仲違いしている人たちのばらばらの集まりであった。所謂、呉越同舟の陳情である。患者は早期救済を、商工会議所などの経済団体は地域経済の浮揚を、チッソ労組や下請け企業はチッソの存続を、と陳情目的がまったく異なる人たちが、陳情団という船に一緒に乗って行動しただけである。

ところが、同じ船(飛行機、バス、ホテル)で、何回も行動を共にすると自然と会話が生れる。陳情で相手の訴えを聞いているとその内容が分る。徐々にお互いの立場が理解できるようになってくる。陳情が十数回に及ぶと、いつの間にか喧嘩相手同士が親しく話し合っているではないか。

当時、患者団体は、水俣市内だけでも一六団体に分裂し、対話はほとんどなかった。特に「水俣病患者連盟」、「水俣病患者連合」と共産党系の「水俣病被害者の会」は激しく対立していた。先の「水俣環境大学構想とその頓挫」の項に、大石元環境庁長官などが進めた環境大学に共産党が激しく反対した、と書いたのを思い起こしてもらいたい。

一九八四(昭和五十九)年川本輝夫氏は、熊本地方裁判所八代支部に、日本共産党を「名誉棄損」で提訴した。共産党は『赤旗』などの機関紙で「川本輝夫らは、患者救援をとなえながら暴力革命路線に走り、患者救済を分断し混乱させている」などと、中傷誹謗を繰り返しているが、それはまったく当たらない。事実を歪曲している。と一〇万円の慰藉料と新聞に謝罪広告の掲載を求めるものであった。「日本労働党」や「水俣病を告発する会」なども巻き込んで、水俣病患者連合の機関紙『水俣』と共産党の機関紙『赤旗』や『新水俣』の間で激しい攻防が繰り広げられた。水俣市議会では川本議員と共産党の議員は対立していて水俣病患者救済問題でも歩調を合わせることはなかった。

そのような中で、共産党系の「水俣病被害者の会」と同系の「全国連」が起こした裁判の和解を支援するこの陳情には、チッソと自主交渉路線をとる「水俣病患者連盟」と「水俣病患者連合」は反対であったが、私などの強い説得でいやいやながら参加したのである。全国連の人たちと顔を会わせるのも嫌で嫌で、我慢に我慢の陳情行動であった。

ところが、陳情も終盤になると、患者連盟の佐々木清登会長と全国連の橋本三郎団長が笑顔で話されている情景が再々見られるようになっていた。水俣病患者の闘争史に一つの転換を刻む場面であった。

このように行政が企画した水俣病患者の政治救済を求める陳情は、相対立する者が否応なく顔を会わせ対話をする場、即ち「もやい直し」の機会を提供した。

「もやい直し」はこうしていつの間にか浸透し患者救済の政治解決を実現させた。厳しく対立していた患者団体が協調できるようになった仲人は「もやい直し」であった。

「もやい直し」は、永遠の課題にして目標

水俣を研究している学識者や、マスコミから「もやい直しは成功したと思うか」とか「もやい直しはもう崩れてしまってはいないか」などという質問を数限りなくいただいた。「もやい直し」は一〇〇％実現できるものでも、目指すものでもない。

先に述べたように、環境モデル都市づくりや、水俣病未認定患者の政治救済など、「もやい直し」が市民の合意形成に大きな役割を果たしてくれたと思っている。

水俣川の上流で市民の水源である山地に産業廃棄物の最終処分場の建設が計画された時、市民の反対・阻止運動が起きた。チッソ擁護者であろうが、水俣病患者であろうが、かつての対立を超えて九〇％ほどの市民が手を携えて立ち上がり、建設を阻止することに成功した。「もやい直し」の見本である。

ところがその後、水俣病救済の特措法が制定され、チッソの分社化が盛り込まれたことで、市民の間に新たな意見の相違が生れてきた。このように、一度、「もやい」が形成されても新たな事態、事件、政策などが生れると、新たな対立が発生し市民の心は離反する。そこで新たな「もやい直し」が必要となる。「もやい直し」は永遠の課題であり、常に努力すべき目標である。

水俣市民は、想像を絶する混乱期に「もやい直し」で対処してきた。今後も多くの問題が発生

するであろうが、これまで獲得した「もやい直し」のノウハウは、どんな難問の解決にも役立ってくれると確信している。

市職員による地元学の提唱と実践

年号が平成に変わった頃から、若い市民や市職員の間に、「市民の中に充満している諦観を吹き飛ばし、我々の手で水俣を再生しよう」という意識が高まってきた。「悲劇に遭遇した時、愚痴を出すか、智恵を出すかでその後は大きく分かれる」。ならば「愚痴の代わりの智恵を出そう」というのである。

その主導的な役割を果たした一人に、「地元学」を提唱した市職員の吉本哲郎君がいる。『わたしの地元学』（ＮＥＣクリエイティブ）など著書多数。

市役所の都市計画や地域環境再生ビジョンの作成などにたずさわりながら、「地元学」という地域づくりの論理を発想し、水俣再生の行動の中で熟成させたのである。

吉本君の母堂シズ子さんは、水俣市の東部にある薄原（すすばる）地域の女性たちをまとめて、農産物や山菜の品質を高めたり加工したりして、それを市農協の一角を借りて販売していた。今で言う「産地直売所」の水俣の元祖である。吉本君は、母堂の作業を手伝いながら、地元学の構想を練り高めていったと思われる。母堂シズ子さんが「地元学」の元祖と言っても間違いではなかろう。

吉本君の担当は、都市計画や環境再生ビジョンづくりであったが、既存の行政手法に疑問を抱いていたようで、その疑問をどう解決すればよいのか、母堂が地元産物を見直し価値を付けて直売している行為を見て、地元学の発想が浮かんだと推測される。

また、二五年ほど前に吉本君の案内で、哲学者内山節先生が水俣を視察された。その夜は市議会議員であった拙宅に一泊され、私も深夜までお話を聞く機会があり、すっかり、内山哲学に魅せられ、多くの著書を読むことになった。吉本君の「地元学」も、内山先生の哲学に影響を受け、論理が形成されていると思っている。

「地元学」を簡単に言うと、「無いものはねだらない。地元にあるものを探し、価値のあるもの、地域が誇れるもの、都市にないものを掘り起こし、磨いてまちづくりの基礎としよう」という考え方で、まずは地元に学ぶことから始めようということである。現在、全国的に注目され始めたローカリズムに基づく地域づくりの草分けであると思っている。

水俣市のまちづくりに適用すると、「大都市の文明や繁栄を羨望したり模倣したりするのはもう止めよう。中央のトリクルダウン（都市の繁栄の雫が地方に滴り落ちること）を期待してきたが、地方は豊かになるどころか、中央との格差はみるみる内に大きく開いてしまった。これからは、地元水俣をしっかり見つめ直して、眠っている物、忘れていた資源を洗い出し、磨きをかけて活用し、都市住民が羨望する水俣を創ろう」という理論である。即ち、大都市を羨望し模倣するのではなく、大都市住民から羨望される地方都市づくりへの変換である。

コラム

異端者

市長に就任して、地元学を提言した吉本哲郎君を環境課長に登用した。市の人事担当者は不承不承同意してくれた。

市議会の与党、自民党議員団から呼び出され議員団会議に顔を出すと、一斉に「吉本を環境課長にするとはどういうことか、あいつは首にしなければならない人物だぞ」「吉本は、仕事をさぼって、水俣病患者や患者支援者と親しくしている。〝赤〟だと知らんとか」と激しい攻撃を浴びた。当時「赤」とは最大の批判、警告の言葉であった。

確かに吉本君は、「上司に無断で職場を離れて患者宅を訪問したり、遅刻したりと、市職員としての規範を外れた行為が多い」と聞いていた。当時は、市長・市役所はチッソへの気兼ねが強く、職員が患者と接触するのは暗に監視されていた。上司に患者宅を訪問する許可を得るのは気が引けて、無断外出となったのではないかと思っている。

議員の攻撃が一段落するのを待って、「優秀な市職員とは、公務員としての規範をまもり、全力で、積極的に自分の職責を果たす職員でしょう。そういう意味で、確かに吉本君には問題あると聞いています。だが、市職員の視点や現状認識などは、全員ほぼ同じですが、彼の視点は他の職員とは違っています。現状認識・分析は確かで、将来への洞察も注目すべきものがあります。言うならば彼は、市職員の中の異端者です。

ところで今、水俣は大変革期を迎えています。このような時期には、視点の異なった異端者が是非必要です。異端者は諸刃の剣ですから、多くなれば庁内の規律は乱れ、統制が効かなくなります。だが一～二％ぐらいは是非欲しいものです。

彼は職員らしからぬ職員ですが、異色を生かして水俣再生に役立ってくれると信じています。薩摩藩主島津斉彬公は、『改革の時には、異端者は国の宝である』と西郷隆盛を抜擢されたと言います。しばらく見ていてください。間違ったら私が責任をとります」とお願いした。中には「吉本は西郷に比べるほどの人物か」とからかわれたので、「島津斉彬と市長は月とスッポンだから、西郷と吉本もその程度でしょう」と答えて座を収めた。

市役所は規律や序列を重んじることで、効率的な行政を目指している。しかし、その一方で規律や序列の尊重を強いると、特異な才能を持った者を葬り去る危険がある。吉本君のように、自らの才能や行動に信を置き、規律や序列に興味を示さない者を、私は異端者と名付けていた。

水俣の斬新で個性的な環境政策のほとんどが、吉本君の発想であり、私の期待以上に水俣再生の中心的役割を十分に果たしてくれた。また私も成長させてもらったと感謝している。
市長退任後、全国各地から呼ばれて出かけたら、どこに行っても吉本君がすでに回った後で、彼の足跡めぐりをしているようであった。やがて彼の評価は高まり、今や全国的に地域づくりの指導者として名を馳せている。

水俣のマイナスの個性をプラスに

水俣の個性とは、他の地域が真似の出来ない水俣独特の価値である。水俣には、誇れるものが沢山あり、温泉もそのひとつである。だが、市の周辺には、霧島温泉・阿蘇温泉など有名な温泉はいくらでもあり、温泉は水俣独特のものではなく、水俣の個性とは言い難い。水俣の個性探しは難航した。やがて「世界に類例のない」と言われる「水俣病」が、水俣独特の個性ではないか、と気がついた。

だが、水俣病は水俣を悲劇に追い込んだ張本人である。多くの市民は「水俣病という言葉は口にもしたくない」という。水俣病は、個性は個性でも強烈なマイナスの個性であり、市民から嫌悪されるのは当然と言えるだろう。そのマイナスの個性をプラスの個性に価値転換する、その過

実生の森づくり
（一九九七年二月）

吉本哲郎君と

「もやい直しセンター」

程が「新しい水俣づくり」であると考えて、忌み嫌われた水俣病と真正面から向き合うことにした。

行政参加

「もやい直し」とは対話である。行政の果たすべき役割は、「仲良くしなさい」と説教することではなく、対話の場や機会をつくることにあると書いてきた。その対話の場として、学習会、討論会、講演会などを数多く開催した。

だが、企画した学習会や討論会などは、期待する対話促進の機能は発揮できないことが多かった。患者の立場を理解する場として、患者自身に水俣病を語っていただく「水俣病を理解する学習会」を開催した。多くの参加者があったので、気を良くして二回三回と継続開催した。相変わらず会場は満員であった。

しかし、その参加者を分析してみると、水俣病患者、その支援者、報道関係者などがほとんどで毎回同じ人達である。この人たちは水俣病問題を熟知していて、学習会で勉強する必要のない人々である。是非聞いてほしいと願っている一般市民の顔は見られない。何回開催しても同じで、期待した効果はないことが分った。

人が行動を起こすのは、思想信条、利害、趣味、興味、希望などの動機がある。声を大きくして勧誘しても、それだけでは人は動かない。少なくとも興味を起こさせるとか、希望を持たせるとか、何らかの誘いかけが必要であると気付いた。

そこで、まず、行政は、市民に希望や欲望を抱かせるようなメニューを提示し好奇心をくすぐる。メニューを見て市民は興味のあるものを選択する。地域住民の話し合いがはじまる。動が感じられるようになる。それを見て行政は力強く後押しを始める。

よく言われている「市民参加のまちづくり」ではなく、市民が動きだしたら行政が参加する「行政参加のまちづくり」である。「もやい直し」の項で書いた「もやい直しセンター」の建設が行政参加の手法である。水俣市の行政は、ほとんどが、その事業に合った「行政参加」の手法を用いた。

先に紹介した「もやい直しセンター」の建設には、市民主導の市政と市行政の関係、行政参加、もやい直しなど、水俣市の行政手法がほとんど含まれている。

地域を巡回した市政懇談会が重要な出発点に

各地での講演や公務員研修で、「改革には、市民の合意形成が必要であるが、どのようにしたのか」という質問がよくある。市民の合意形成についての考えは先に述べたが、この質問には「一口に言うと徹底した対話重視です」と答えてきた。先ず、反対者や批判する人との対話が最優先である、と思っていたからである。

市長に就任すると直ちに各市内行政区に出向いて「市政懇談会」を開催した。この地域懇談会は水俣市では初めてであり、当時は他の自治体でも例を見なかった。

初めての地域懇談会ということで、会場は住民で溢れ発言が続出した。特に市長選挙直後とあって、市長批判と市役所への苦情がその大半を占めた。

驚いた。自分の容姿だけでなく人格、態度、思想などすべてが、「市民の声」という鏡に映し出されたからである。はじめて自己の人間として負の面もすべてを写して見せ付けられた。大変なショックであった。これは、その後の市長としての正しい姿勢を保つ重要な出発点となった。批判は努めて謙虚にお聞きし、柔らかく自分の考えを述べることにした。

おかげで二回目の懇談会の空気は大きく変わっていて、ほとんどが前向きの意見になっていた。前回の厳しい質問に真摯に答えたのが、親しみを覚えていただいたのだろう、と思った。

市長には批判や反対があるのは、相反する意見の中で市政を決断し実行するのだから当然である。それらの批判に納得のいくよう答えなければならないが、その場では答えられないものや間違い答弁がかなり多かった。しっかり反省し調査し、次回には必ず回答することにした。

直接市民から厳しい批判や苦情を受けた市職員も、しっかりと受け止め反省してくれた。何にも勝る市長と職員の研修の場となった。

資源ごみの分別収集に成功

環境モデル都市づくりは、資源ごみの分別収集から始まる。水俣病公害はチッソが流した排水から発生した。排水は工場のごみである。不法なごみの投棄によって水俣の悲劇は起こされた。二度と悲劇を繰り返さないためには、ごみを徹底的に適正に処理する。さらに進んで資源化することである、と気づかされた。

一九九二(平成四)年、ごみ焼却場で続けて二回爆発が起きた。焼却ごみに携帯用プロパンガスボンベが混入していたのだ。修理に多額の市税が使われた。市民は家庭にごみがたまり処分に困った。市も市民もごみの分別の重要性に目が覚めた。市は、ごみ分別のシステム作りを開始、議会も全国のごみ分別先進市を視察して、ごみ処理改革を提言した。市は翌九三年に「資源ごみ一九分別」の実施に踏み切った。当時、北海道の富良野市の六分別が我が国では最高であり、一九分別は途方もない多分別であった。ごみ焼却場の二回の爆発で、市職員も市民もごみの分別に強い関心を持ったのを、新しい分別システムづくりの絶好の機会と捉えた。ハプニングを逆手に取って生かしたから、成功することができたと言える。

さて、ごみの分別システムは、住民が集まりやすいように細分された地域に、ごみステーションを儲け、運営はすべてその地域に任せる完全な地域自治である。有価資源ごみの売上金はすべて地域に還元し、地域が自由に使えるようにして、住民の意欲を刺激した。瞬く間に全国トップのごみ処理として視察が殺到するようになり、徹底して分別された資源ごみは、再生業者から「ごみのブランド品」と高い評価を受けるようになった。

この資源ごみ分別のシステムは、市の「ごみ処理検討チーム」が徹底した視察研修、討論を経て練り上げたものである。市議会も積極的に発言、提言をした。私も自民党議員団の先進地研修で持ち帰った資料を提供した。当時六分別を実施していた富良野市の資料を「これくらいのシステムは作らんば」と言って渡した。ところが出てきた検討チームの案はなんと一九分別で、「こんなことが出来るのか」と大変驚き、果たして実施できるのか心配になった。

市のごみ処理検討チームは、疎かな改善策を出しては議会が了承しないだろう、と大胆に一九分別の計画を発表したのだろう。市職員自らが自らに高い目標と実現の責務を負わせたのである。その面子にかけても成功しなければならない状況が生れ、担当職員は真剣にならざるを得なかった。

自らに高い目標を課した職員の懸命の努力は、半年間のモデル地区での試行を成功させ、勢いをつけて、一年間で全市での一九分別を完全実施するという偉業を達成した。上からの指示ではこのような職員の努力は生まれなかったのではないか。

資源ごみの分別の成功は、思わぬところで大きな副産物も生み出した。市長に就任した当時、

クリーンセンター焼却場

ごみ分別によって
現在も使用している最終処分場

ごみの埋立処分場は二~三年の余裕しかなく、新しく新設しなければならない状況に追い込まれていた。市長の初仕事は、迷惑施設として敬遠される埋立処分場の用地探しであると覚悟していたら、資源ごみの分別で埋めるごみが激減してその必要がなくなった。その古い埋立処分場は、それから約四半世紀を経た今でも生き残っている。

思えば、初めから一九分別という全国の自治体が考えも及ばない高度な分別に取り組んだことが、成功した最大の理由であると思う。六~七分別では、おそらく成功しなかったのではないか。一九分別という途方もないごみ処理は、テレビ、新聞が大きく取り上げて報道してくれた。全国から多くの視察団が訪れた。それを見た市民は「自分たちの分別は日本一である」と認識するようになった。

ある日、市長室に中年の男性が訪れて「何で、一九分別など途方もないことをやって市民を苛めるのか、二分別、三分別でいいではないか、即刻一九分別は止めなさい」と怒鳴って帰った。それから数週間後に、テレビで水俣市のごみ分別の実況放映があった。それを見ていたら、ごみステーションで例の男性がいそいそと動き回っている姿があった。テレビのカメラとマイクが、その男性に向けられ「面倒くさいでしょう」とたたみかけた。ところが男性は「やってみれば楽しいもんです」と、コメント。驚いた。あの一九分別に強硬に反対していた男性を、テレビは瞬く間に一九分別の賛成派に、しかも積極的な行動派に変えてしまっているではないか。

このように、話題になり、注目され、高い評価を受けると、嫌なことややりたくないことも楽しみに変わる。自信や誇りが生まれる。自主的・意欲的・積極的な行動につながり、成功を呼ぶ。ひとつの成功は、次の成功へと循環する。

この資源ごみ分別の成功後、環境保全の市民の取り組みは飛躍的に広がり、質も高まった。刺激を受けた婦人会など女性の団体は、自費でドイツの環境政策の研修に出かけた。それに随行する環境課の女性職員も、「市民が自費ですから職員が公費ではいけません」と、自費で出かけるなど、市民も市職員も真剣になった。

やがて、「ごみ減量女性連絡会議」を立ち上げて、「家庭にごみを持ち込まない運動」を起こした。レジ袋に代わるマイバッグ持参運動や不必要なトレイの廃止などで生協や商店と協定を結んだ。マイバッグ運動は全国に広まっている。

市職員は、冷房エネルギー節減のために、夏場四カ月は全員ポロシャツでの勤務を決める。市長も大臣や県知事の訪問もポロシャツで対応する。というように、市政全般に徹底した省エネが始まった。小池百合子環境大臣の「クールビズ」以前のことである。

コラム

市長への手紙の効用

全戸配布の市報（市の広報誌）と同時に市長宛ての「簡易郵便封筒」を配布して、市長に提言や意見を直接伝える「市長への手紙」制度を実施した。市長が開封し、市長が直接直筆で返信することにした。気軽に意見が伝えられると好評であったが、やはり匿名での悪口もかなり多くいただいた。

ごみの分別にも苦情や注文が数多く寄せられた。その中に「最近職場の異動で水俣市に引き越してきたが、ごみの分別で困っています。水俣市のごみ分別は日本一であり、すばらしいと思っていますが、夫婦共稼ぎ世帯であり地域の分別の日には参加できません。近所の人たちが、『ごみは玄関に出していてください、私たちが運んで処理します』と親切に言ってくださいますが、毎回お願いするのは気が引けます。それに恩返しもできません。日曜日にクリーンセンターなどで受け入れてもらえませんでしょうか」というのがあった。

日曜日に特別のごみステーションを設けることも考えたが、地域のごみ分別は、ごみを分別処理する目的とともに、地域の全世帯が集まって処理することで、地域コミュニケーションの場とする役割を併せ持っている。わいわい会話が弾む、井戸端会議ならぬ「ごみ端会議」という新語もうまれた。転入された世帯が、近隣住人との親しい関係づくりや地域になじむためにも、共同作業への参加は望ましいことである。そこで「お困りはよく分かりました。近所の方々が、お手伝いをすると言われるのなら、お願いしたら良いと思います。近所の人達は人の役に立つことを喜びにしています。喜ばせてやってください。恩返しを気にされていますが、恩返しは今すぐごみの分別でお返ししなくてもよいのです。出来る時に、退職後でも構いません。方法も自分ができるもので結構です。自分の能力に応じて地域の為になれば良いのです。地域の助け合いは、長い時間の間で、それぞれが出来ることでなされるものです」と返信を出した。

退任してしばらく経った時「その人は、退職してから地域のごみステーションの責任者として活躍しています」と、ある人が教えてくれた。資源ごみ分別の共同作業は、ごみから資源を再生するばかりではなく、分別する人の光をも蘇らせてくれる。

迷惑施設の建設には知恵がいる

住民は快適な生活を熱望するが、そのための施設が近くにできるのには反対である。特に、ごみ焼却場、火葬場、し尿処理場などは迷惑施設と言われ、建設用地の選定は難航する。例に漏れず、水俣市と芦北町、田浦町、津奈木町の三町の広域行政組合でも、その迷惑施設を分担することにしたが、いずれも反対にあって難渋していた。そこで環境意識が比較的に高い水俣市が引き受けることにした。

ごみ焼却場の建設

ごみ焼却場から出るダイオキシンが問題になった。旧式の焼却施設や小規模の施設は、ダイオキシンを出さない施設に更新することになり、水俣市の焼却場もその対象になった。隣接する津奈木町、芦北町、田浦町も、ともに小規模な不完全な施設であったので、一市三町の広域行政組合で最新の施設を建設することにしたが、迷惑施設の建設用地の選定は難航した。そこで水俣市の焼却場跡地に建設してもよい、と次の条件を三町に示した。

・水俣市の現在の焼却場の能力は、一日当たり四〇トンである。一市三町の焼却ごみは将来の増加を見込むと八〇トン程度と推計されるが、新しい施設は、焼却能力を四〇トン以下として建設費の節約と焼却ごみの減量を図る。

・水俣市は、生ごみを堆肥化するなどして焼却ごみをさらに減量する。

・三町は、水俣市並の資源ごみ分別を実施して焼却ごみを減らす。

三町がこの条件を承諾したことで、水俣市の旧焼却場を閉鎖して新しい焼却場が完成した。その結果、水俣市と近隣三町は新設の焼却場建設費を驚くほど大幅に低減出来た。さらに近隣の三町は、水俣市並の資源ごみ分別が実現し焼却ごみは半減し、広域の行政で環境政策が大きく進展することになった。

新しい焼却場は、多くの自治体などの視察があって賑わっている。決して迷惑施設ではないことを証明してくれた。

水俣市のエコタウンは最先端

全国のモデルと言われるほどに成功した資源ごみの収集分別ではあるが、これは豊かな生活の後始末であり、市民にとっては無報酬のマイナスの労働であり、一種の不満があった。

水俣市のごみの分別の主目的は、資源化にある。分別されたごみは他の地域にあるリサイクル工場で資源に再生されていると説明しても市民には実感は湧かない。そこで、このごみ収集分別の先に、リサイクル工場を誘致することで、有償の労働に変えるとともに、市民が資源再生を体感できると考えていた。

国から熊本県に出向されていた県の環境政策課長（後に財政課長）と飲んでいたら、「通産省のエコタウンという事業がある。どうでしょう」と貴重な最新の情報をいただいた。渡りに舟である、直ちに「エコタウン検討委員会」を設けて実働に入った。一九九七（平成九）年であった。

エコタウンは、資源ごみを再生資源化するリサイクル工場を集積する工業団地である。国・県の支援を得て、廃家電リサイクル工場、びんのリユースリサイクル工場、機械廃油のリサイクル工場、し尿リサイクル工場、古タイヤのリサイクル工場と、まず六社をまとめて誘致し、プラスチック再生工場の進出契約がなされた。

企業を誘致するためには、その用地が必用である。旭化成の子会社「新日本化学（株）」が撤収する時、その跡地を取得して工業用地として整備していたので、早速役に立つことになった。当時、地方自治体では企業誘致をめざして工業団地造成が盛んに行なわれたが、企業の進出は稀で、ほとんどが草ぼうぼうの空地のまま放置され、批判に晒されていた時代である。

「新日本化学」の跡地にはチッソのカーバイド残渣が埋められていて、その処理の経費が嵩んで地価が少々高くなったために議会では「進出企業があるのか」と厳しい質問が相次いだ。だが意を決して造成に踏み切ったのが幸運となった。

エコタウンの誘致には、国が工場建設の半分を支援する先導的企業が核として必要であった。九州産交運輸（株）が、エコタウンに進出希望を出している廃家電リサイクル事業「アクトビーリサイクリング（株）」をその核の工場として国の補助を要請したが、既に秋田県や宮城県のエコタウンで同種の企業が補助を受けていたので非該当となった。

行詰まった市は、びんのリユースリサイクル企業の田中商店を核にすることにして通産省と折衝を始めた。ところが通産省は、びんのリサイクルは戦前から存在していて先駆性、モデル性に欠けるから失格であるという。県も「熟度が上がるまで今度は諦めて、新たに想を練り直しましょう」と断念を迫った。ところが市の担当職員が断念しない。びんのリサイクルは先駆性、モデル性が十分にあると主張する。私はその意気込み勇み立った。早速県に出向いて「県は都合が悪いのでしたら、水俣市だけで通産省に迫ります」と断って、県を通さないで、直接担当職員とともに通産省に押しかけた。通産省環境調和産業推進室の室長や補佐を相手に、「リターナブル瓶は、省資源、省エネの優等生であるが、現在では一〇%しか活かされていない。全国に普及すれば相当な省エネ効果がある。さらに、化粧びん、オリジナルびんなどのワンウェイびんのリターナブル化、紙パックのリサイクルなど課題は多い。各製造メーカーとリサイクル工場との循環システム構築など、それらの実現には高い独創性が求められる。まさに先駆性、モデル性がある」と迫った。別途、私は省の高官に「水俣市の悲劇は、通産省に大きな責任があります。水俣の再生には温かい支援をなさるべきです」と訴えた。

二〇〇一（平成十三）年に、大変厳しい論議の末、水俣市の主張が認められ、エコタウンの誘致が成功した。水俣市に、仕事に情熱をかける優秀な市職員がいたからである。自信があれば絶対諦めてはならないということである。方々の講演で自慢話の種にしてきた。

エコタウンが軌道に乗って動き出したら、九州経済産業局(旧九州通産局)から「全九州のエコタウンシンポジウムを開催したいので基調講演を」と依頼があった。「先駆性のないのを無理してエコタウンに入れてもらったのだから遠慮します」と断わると、「水俣市のエコタウンは小規模エコタウンの全国のモデルですから是非」と勧められた。「先駆性がない」と承認を渋った通産省が、「先駆性のあるモデル」と豹変していたのに驚かされた。承諾して「大きな希望を担い、多面的な役割を果たしている小さい水俣のエコタウンこそモデル性、先駆性の固まりである」と皮肉を込めて話した。

国の補助が受けられなかったアクトビーリサイクリング(株)には、近くのエコタウン都市から「用地は無償、補助金は水俣の二倍」などと強引な引き抜きがあったが、アクトビーリサイクリング(株)の親会社の九州産交運輸(株)は、「当社は、市民の環境意識が高い水俣市以外は考えていない」と毅然として断られたと聞いた。当時、運輸企業はバス利用客の減少で経営不振が続いていたので、用地代の無償や多額の補助金は喉から手が出るほど魅力であっただろうに、といたく感激し感謝した。水俣市はこの信頼に応えなければ申し訳ないのである。

やがて、機械廃油リサイクルなど、進出希望が続出した。芦北一市三町の広域行政組合でも、し尿処理施設新設の用地決定が難航。そこでチッソの優れた水処理技術で、し尿や浄化槽汚泥から有機肥料をつくる工場R・B・Sを、エコタウン事業で建設することにした。

市民は、当初廃棄物再生工場が立地するエコタウンは、「他の地域のごみも水俣に集まり公害が発生する」と心配し、議会の一般質問でも取り上げられた。

そこで、市は、立地企業とは国・県よりも高い基準の環境保全協定を締結し、工場を原則公開とした。公害を心配する市民は、いつでも作業工程を視察できることで安全を確認できる。工場公開は、分別したごみが資源として姿を変え、再び我々のところに帰ってくる工程を、子供たちが観察できる環境学習の場としても役立っている。小さいエコタウンであるが多面的な役割を果している。

水俣病問題も折り込んだＩＳＯの取り組み

一九九六（平成八）年、世界遺産、知床の半分を町有地とする斜里町で開催された自治体会議で講演したら、「水俣市は、市の環境管理をＩＳＯ*でしていますか」と突然に質問された。

*ＩＳＯは国際標準化機構（スイスに本部を置く、非政府組織で一九四七年設立）およびそこで策定された国際規格。ＩＳＯ１４０００台は環境分野、ＩＳＯ１４００１は環境マネジメントシステム

ＩＳＯとは何なのか、まったく知らなかった私は面喰って適当に答えて場を繕った。

市に帰って吉本環境課長に「恥をかいてきた」と話すと、「すでに勉強しています。やりますか」

と言う。詳細に説明を聞いて取り組むことに決心した。

早速プロジェクトチームを編成して、「コンサルなどに委託せず、市職員で開発すること。水俣らしい個性があるものを構築すること」を条件にした。独自での開発は極めて難しいのであるが、職員の能力の向上と経費の節減が副目標である。チームの奮闘が始まり、全国自治体で六番目に、ＩＳＯ１４００１の国際標準化機構の認証を取得した。

ＩＳＯは、世界的に権威のある国際標準化機構の略称である。ＩＳＯ１４００１は企業活動に関連して発生する「あらゆる環境負荷」を対象にして、それを低減していこうという活動管理である。企業が進んで「環境マネジメントシステム」を構築し認定を受けるのは、企業にとって、製品の信頼性を高めて国際取引を拡大していく上で不可欠となっているからである。

水俣市がＩＳＯ１４００１を取得する理由は、環境モデル都市づくりは市民の環境意識が高いことが絶対条件である。その市民の先頭に立つ市職員が、グローバルスタンダードに手作りで挑戦することで、自信と誇りが生まれるのを期待したからである。加えてＩＳＯ１４００１は、継続的努力と組織の一体的レベル向上を要求するシステムであり、行財政の合理化、健全化を促進すると考えた。

認証された水俣市のＩＳＯ１４００１は、水俣病問題も折りこんだ個性のあるＩＳＯで、しかも、コンサルタントに委託せず市職員が独自に開発したものである。独自で開発したのは水俣市が全国で初めてであった。

全国の多くの自治体から、研修者が訪れ、講師の派遣要請が舞い込んだ。市のＩＳＯ取得で刺激を受けチッソ水俣工場をはじめ、エコタウンの工場群や市内の企業の多くがＩＳＯを取得するなど、その波及効果は大きかった。

また、ＩＳＯの理念は、市民が共有することが重要である。市民は、市の指導を受けて自発的にＩＳＯに取組み始めた。水俣スタンダードのＩＳＯである。

家庭版「我が家のＩＳＯ」、学校版環境ＩＳＯ、ホテル・旅館版ＩＳＯ、幼稚園・保育園版ＩＳＯ、畜産版ＩＳＯなどが続々と生まれた。それぞれ独自で個性的なＩＳＯである。特に、学校版環境ＩＳＯは、県下の小中学校はすべてが取り組んでいる。全国にも広まってきた。

学校版環境ＩＳＯの取り組みの効果で、市内の小中学校は環境教育の先進校と評価され、数々の表彰をうけている。

コラム

講師、生徒に教わる

又聞きの話である。ある大学の教授が水俣市で講演をされ、昼食はある中学校で生徒と一緒だったという。食べ終わって包み紙などを丸めてごみ箱にポイと棄てられた。それを見ていた生徒が、「先生、私たちの学校はＩＳＯでごみの分別をやっています。包み紙やペットボトルなど、それぞれにコンテナがありますので分けて入れてください」と注意されて、ごみ箱から拾い出して分けて入れ直された。ところがまた「先生、私たちはペットボトルは中を綺麗に洗って入れます。処理の手間を省くためです」と言われて、洗い直してコンテナに入れ直された。

先生は帰られるとき、市の職員に、「今日ほど恥ずかしいことはなかった。常日頃、環境を大切にと講演してきたが、まったく実行が伴っていなかった。水俣の中学生に教えられた」と話されたという。私は聞いて美しい話であると感動した。水俣の中学生は誇りである。学校版ＩＳＯは、知識だけでなく体全体で覚える教育であると証明してくれた。

住民主体の創造的・自治的環境行動

水俣市の環境行政は、すべて市民の自主的な考動である。先に述べた「ごみの分別収集」や「環境ＩＳＯ」、それに「ごみ減量女性連絡会議」、「地区環境協定」、「環境マイスター」などがある。

「ごみ減量女性連絡会議」は、先に書いたように多くの女性の団体の連合体である。「ごみの分別は大切であるが、まずごみを減らすことが先決であり、家庭にごみになるものを持ち込まないことである」と地域婦人会を中心に、一七の女性団体によって一九九七（平成九）年に結成された。その主な活動は、市内大型店舗と食品トレイの廃止を申し合わせる。レジ袋廃止と買い物袋の持参運動や環境に配慮する店舗をエコショップとして指定、それに家庭版ＩＳＯの普及など、広範にわたって活動している。

設立に当たっては、会員が自費でドイツまで出かけて研修する熱心さで、環境活動の中心の団体となっている。

「地区環境協定」は、杉本栄子さんの項で簡単に紹介したが、水俣病は工場排水から発生した公害であることから、水俣市の環境保全の取り組みは、水をしっかり管理することから始まった。

水俣川は市の中央を流れ、本流の水俣川と支流の湯出川で一つの水系として完結している。水俣市に降った雨は、すべてこの川で集約され不知火海に注ぎ、市外には流れ出ない。市外に降った雨水は水俣市には入ってはこない。水俣市の川の水は、市民の努力でどこまでも綺麗に管理することが出来るのである。そこで、水俣川の上流の地域は自主的に、市と「地域環境協定」を締結し、川の環境保全に努めている。川下の人びとのためは勿論であるが、きれいな川は地域の誇りなのである。当然水俣川の水質は極めて良好で、大旱魃でも給水制限をしたことがなく、豊富な水量を保っている。

この水俣川の伏流水は、市の水道として利用されているばかりか、不知火海の海底パイプで対岸の御所浦町に送り全戸に給水されている。

ちなみに、チッソが水俣市に立地したのは、この水俣川に豊富な水量があったからと言われている。水俣川の本流と湯出川の合流点にチッソの取水口がある。

地域協定を締結している地域は、その後「村まるごと生活博物館」として市の指定を受け、地域住民が館長や学芸員などを務めて運営し、館を訪れる人に地域住民の自然環境に溶け込んだ生活をはじめ、景観、風習、伝説、伝統行事など、地域のすべてを見学・研修の対象として提供している。

市は「環境マイスター」という制度を設けた。「マイスター」とは、ドイツの制度で職人の親方という意味だという。

水俣市は、この制度を導入して「環境マイスター」という称号を創設して優秀な職人に与えた。各職種の環境意識向上のリーダー的役割を務めてもらいたいためである。

みかん、茶、サラダ玉葱などの特産品の農家、畜産、コメの生産農家、漁師などの農林水産経営者の他にも、木材加工、竹材加工、大工、左官、石積み、建具、畳、和紙漉きなどの「環境マイスター」は、生産活動の他、内外から環境に関する研修に訪れる人びとへの講話などでも活躍している。

「マイスター」は、それぞれ名人と言われ、その製品の原料、生産、加工、販売、廃棄物などの工程は環境に配慮した自信の製品で、市が「安心・安全の製品」と認定して道の駅などで販売されている。

第9章　水俣病の教訓の発信

中国で「水俣病・環境シンポジウム」

一九九八（平成十）年の秋、中国環境管理幹部学院から招待状が届いて驚いた。

中国環境管理幹部学院は、日本の環境省にあたる国家環境保護総局が直轄する中国唯一の環境大学（当時）である。

中国から立命館大学大学院に留学されていた梁秀山氏（現在南開大学教授）のご尽力により、一九九九年二月（平成十一）、中国環境管理幹部学院において「水俣病・環境シンポジウム」が実現した。

招聘は受けたものの急なことで、その内容は分からない、経費などの準備もできていないので断ろうかと考えていたら、志水恒雄水俣病資料館館長（当時）と園田太一環境対策課長（当時）が事前調査に出かけると言い出した。「出張旅費はない」と言うと「国外に水俣病の教訓を発信する機会です。自費で調査に行きます。暇をください」と言いだした。自費では申し訳ないと思ったが、その熱意に感動してお願いすることにした。

志水館長らの調査や相手大学との協議の結果に基づいて、中国講演を実施することにした。市長だけの講演ではなく、この際市民の環境保全の取り組みを市民自ら話してもらいたい、また市民が中国の実情を視察する機会にもしたい、と考え市民三〇人の訪中団を結成して、中国河北省秦皇島市を訪問した。

自費で事前調査に出かけてくれた志水館長らに習って、市長も自費、募集で参加された市民訪中団も自費とした。

シンポジウムでは、私が基調講演をし、保田国立水俣病総合研究センター自然科学室長の「水俣病発生のメカニズム」、水元県水俣病対策室長に「水俣病と公害防止事業について」の講演をお願いした。中国側は、孫俊逸学院副院長などから「中国の環境問題」の報告があった。

資源ごみの分別など、市民の環境活動については、「ごみ減量女性連絡会議」のメンバー坂本ミサ子水俣地区婦人会会長らが講演して熱い注目を集めた。中国の大学生の受講態度は剣で好感を抱いた。

その後、北京大学を訪問。一同、大学の食堂で昼食をご馳走になり、環境科学センターで「水俣病の経験と教訓」と題して講演し質疑を受けた。担当の教授から「戦後、学者以外の日本人で北京大学で講演したのは海部元総理大臣と吉井市長の二人です」と聞かされ驚いた。

中国国家環境保護総局（環境省）を訪問した。吉林省や、貴州省などの水銀公害についての質問には、「分らない」とあいまいな答弁。環境汚染が広がっているのを隠蔽していた中国。その中で、小さな自治体が初めて問題提起した意義は大きいと思った。

広大な中国である。「水俣病・環境シンポジウム」が中国を変えるなどと大それた考えは毛頭ないが、環境管理幹部学院は、中国全土の環境行政の専門家を集めて教育する大学であり、北京大学は中国の最高権威の学府である。その影響は中国全土に及ぶであろうと考えると、「長江の源流に落とした一滴」と言えるのではないか。

事実、九月には環境管理幹部学院孫副学長を団長として、全中国の環境行政のトップ二四人、十一月には国家環境保護総局羅部長などが水俣視察に見えられ、水俣病の教訓を学ばれた。余談だが、私は「中国環境管理幹部学院客座教授」の称号をいただき恐縮して帰った。

中国初の環境モデル都市、張家港

二〇〇一（平成十三）年五月、中国で最初の環境モデル都市に指定された張家港市と南京大学から招待状が届いた。前回同様、市民の参加を募集し、三〇人ほどの訪中団が同行してくれた。

上海空港で張家港市のバスに乗り込むと、赤色灯を回しているパトカーがバスの前にいる。事故では、と心配すると、バスはパトカーの後をつけて走りだした。パトカーの先導である。交差点もサイレンを鳴らして張家港市までノンストップ。一同、たまげたのなんの。

張家港市は、長江に大きな港をもつ工業都市である。バスが張家港市に入ると、道路の両側には綺麗な草花が植えられて、清掃が行き届いたきれいな街並みに変わった。他の中国の都市と画然と違う。さすが環境モデル都市であると見た。

私が基調講演。坂本ミサ子さんたちが「ごみ減量への取り組み」を報告した。張家港市側から「環境保全活動」の報告があり、活発な意見交換が行なわれた。

青少年センターで、持参した水俣病関係のパネルなど四〇点を展示して「水俣病展」を開催した。志水資料館長が、城北小学校五年生に「水俣病展」の説明と学校版ＩＳＯについて特別授業をした。志水館長が「レジ袋に代わってマイバッグを持参している」と説明すると、「レジ袋の処理に困るのなら竹籠を持っていけばよい」と、買い物には竹籠を持っていくのが当然だ、と生徒は答えた。マイバッグを奨励している水俣市をおかしいと言うのである。聞いているとどちらが勝っているのか判断に迷う。教科書には水俣病公害は詳しく掲載されていた。中学一年生の沈小芸君は「私たちは、日本の経験を教訓として、中国の本来の環境を取り戻すために日本の良い対策を学びます」と感想をのべた。

張家港市は、中国の環境モデル都市の第一号として一九九六(平成八)年に指定されている。都市緑化率三〇%以上、汚水処理率五〇%以上、騒音環境平均値は住宅地で六〇%以下、道路沿線で七〇%以下、市民の環境満足度六〇%以上であるという。

私が、これまで視察した北京や上海、天津、それに農村などは貧富の差が激しかった。それらの貧民街の惨めさと比較すると張家港は雲泥の差であった。

案内してくれたガイドは、別れる時、「張家港市は、五〇年後の中国全土の姿です。楽しみにしていてください」と話した。もう一回行ってみたいものである。

その後、南京大学に移動して、「水俣病の経験と教訓」と題して講演をした。出迎えてくれた副学長は挨拶で、「水俣病は、工場の排水が海に流れ、その重金属が含まれていた水を飲んで発病したと聞いている」と話された。中国では、大学の教授でもこのような誤った認識を持つ人がいるのか、と驚いたが、正確な水俣病を伝えることの大切さが痛感され、今回の訪中の意義は大きいと思った。

中国環境学院で記念植樹（一九九九年五月）

張家港市で（二〇〇一年五月）

張家港市城北小学校で生徒が出迎え（二〇一〇年五月）

程なくして張家港の市長一行が水俣に訪れた。熱心に資料館などを視察して、水俣病公害の実態を学んでいただいた。

張家港市のようにパトカーでの先導は出来なかったが、大切に接待した。

水俣の綺麗な美味しい水もふるまった。張家港の水道の原水は長江である。私が訪問した時、大規模な浄水場に案内され、「中国一の施設」であるとの説明を受けた。洪水時の水俣川のように茶褐色に濁った長江の水を浄化して「綺麗な水だ」と言われても、その時私は生で飲む勇気がなかったのである。

コラム

研修とは

中国の天津市の大学から呼ばれて、「水俣病公害と環境都市づくり」について講演をした。その夜、市主催の歓迎会があった。中国の歓迎会は驚くほど盛大で、おいしい中国料理と、度の強い紹興酒などで「カンペイ、カンペイ」と飲まされる。同行した市議会議員や市民の皆さんは上機嫌で盛り上がっていたが、私は天津市の職員に囲まれ、学校版ＩＳＯなどについて質問攻めに合い、折角の料理を前に対応にひと苦労であった。

そこで私は「もう止めましょう」という意味を込めて「水俣市はたった三万人の小さな町です。その小さな町づくりの事例は、人口一〇〇〇万人を超える超大都市の参考にはならないでしょう」と言った。

通訳が終わると間髪を入れずに、汪さんという副市長が「それは違います。良い事例とは大きいとか小さいとか、古いとか新しいとかではない、その中に原理原則や普遍的な教訓が含まれているかどうかであります。それを見出して自らのものにすることができるかどうか、それは聞く人の才覚によるのです。私どもは、水俣市をそのまま真似るつもりはありません。その中に含まれている原理原則を、天津市のまちづくりに活かしたいのです」と言われた。

研修姿勢の神髄であると感服。一面、話す側にとってもただ事実を語れば良いというものではないと反省した。後日、早速、説明が不足した学校版ＩＳＯなどの資料を送った。

公害都市から環境学習都市へ、大きく変貌した水俣市

水俣病は、当初、「水俣市に、伝染病や、水俣特有の奇病が発生」と、誤って伝えられ、「水俣病が移る」と患者は一般社会から疎外され、やがて差別は全市民に及び、全国民から忌み嫌われ

た。

その忌み嫌われた水俣市に、今は、全国、特に関東と関西から多くの中学・高校の修学旅行生が訪れる。一〇年間も続けて訪れるリピーター校も数校ある。熊本県下の小学校は全校、一回は水俣で環境学習を受ける。全国の大学には、水俣病や地域再生を研究し博士・修士・卒業などの論文を書くために水俣を調査研究する人も多く、それに幾組ものゼミの学生が宿泊し研修をする。

熊本学園大学が水俣市内に「水俣学現地研究センター」を設置し、内外の研究者、学生、一般市民などを対象に、研究セミナー・公開講座・研究交流集会などが頻繁に開催され、多くの知識人が集まってくる。

全国の自治体、NPO、民間団体などの公害問題や環境のまちづくりの研修も多い。国外からも多種多様な人々が訪れる。特にJICAが行なっている開発途上国のエリート公務員の研修は、年間幾組も十数年にわたって実施されている。

また、国の内外からの講演依頼も多く、水俣病語り部の皆さんを筆頭に多くの市民が活躍している。このように、公害都市は、今や環境学習都市に大きく変貌している。

国は、水俣市を国の環境モデル都市に指定し、全国NGO環境ネットワークが主催した「環境首都コンクール」で最高得点を得た水俣市は、日本の「環境首都」という称号を獲得した。

以上のように見てくると、水俣市の「環境モデル都市」づくりは、確実に進展したと言っても過言ではないと思う。現在も、環境モデル都市づくりは継承され、加えてゼロウエスト（ごみを出さない）宣言をし、ローカーボン（二酸化炭素の排出が少ない）の先進都市をめざして努力が始まったのは嬉しい限りである。

全国五四市町村が加入する「環境自治体会議」

あらゆる政策に環境への配慮を取り入れた地方自治体が、「環境自治体会議」（事務局・東京）というネットワーク組織をつくり、全国五四の市町村が加入している。水俣市も、私が市長に就任してすぐ加入し、宮崎県の綾町や鹿児島県の指宿市、福岡県の大木町などとともに、加入都市の中で先進的役割を果たしてきた。

会では、年に一回、大会を開催する。水俣市は二〇〇〇（平成十二）年五月に三日間にわたって第八回水俣会議を開催した。二十一世紀に入る直前の大会である。全国から県や市町村、環境関係ＮＰＯ、環境企業、研究者など約千人の参加者があり、それに多くの市民の参加もあって、環境自治体会議発足以来の盛大な大会となった。

二十一世紀をめざして二一の分科会を設けた。通常は一〇分科会前後だから驚異的な数である。その二一の分科会すべてで、水俣市民自ら資源ごみの分別活動をはじめ、ごみを家庭に持ち込まない女性の活動、寄ろ会（住民の地域づくりの会）の活動、地域環境協定やＩＳＯの取り組みなど、市民の自主的環境活動の発表を行なった。

水俣市の環境保全の取り組みは、市民全員が企画から実践まで参加し、市民自らが発表したことに、全国から参加した人々が「凄い」と驚きの声を挙げた。しかも分科会の進行と記録はすべて、四月に採用した新米の職員が担当し見事にこなしてみせた。

三日目最終日の各分科会の総括発表では、新米の職員による、マニュアルなしでそれぞれに工夫を凝らした独自のとりまとめと発表に、参加者は目を瞠って高く評価してくれた。

今でも当時参加した人から賞賛の声を聞くことが多く、手前味噌であるが、前にも後にも水俣大会をしのぐ大会はないと思っている。

コラム

警護と監視

環境自治体水俣会議に遠路おいでいただいた首長さんを福田農場の昼食に招いた。その中に岐阜県の御嵩町の柳川喜郎町長がいた。秘書と二人分の食事を用意していたら、岐阜県警から二人、熊本県警から一人のお供がつき、総勢五人である。産業廃棄物処分場計画に関して暴力団から襲

環境自治体会議水俣大会（二〇〇〇年五月）

水銀国際会議（二〇〇一年一〇月）

ジャイカ水俣研修開講式（二〇〇一年一〇月）

われ瀕死の重傷を負われた事件がいまだ未解決だった。

柳川御嵩町長と話しながら、一九九八年の嫌な事件を思いだした。

「埋立地で開催される物産展の仮設舞台で市長は挨拶するだろう、そこで市長の命はいただきます」と具体的な脅迫の電話がかかり、批判や悪口には慣れっこになっていた家内も仰天。秘書室に連絡した。「脅しだろう」と私は言ったが、秘書君は責任上すぐ警察に連絡。警察から事情聴取を受け、いろいろと指示が出た。

さて、物産展の当日は、警察署の署長さん以下、刑事の皆さんが数名、私服で舞台の周囲を警護。おかげで何事も起きなかった。

脅しの電話があってから、市長室の隣の室に刑事さんが二名張り込み、私の登庁、下庁には覆面パトカーの護衛が付き、まさに大臣並みである。そればかりか、夜は拙宅に刑事さん三名が交代で泊まり込む。今の電話機は相手が即座に分るが、当時は、そうではなく電話に逆探知機を取り付けて許可なしには使えなくなった。覆面パトカーの護衛は一週間ほど続き、後はパトカーで不定期的な巡回をしていただくなど、警察署には大変ご苦労をかけ申し訳なかったが、感謝している。

警護されているのは、監視されていることと同じである。警護される身にはプライバシーも何もない、窮屈な籠の鳥みたいな日々がしばらく続いたが、やがて解放されて「やれやれ」と深呼吸した。

この事件の出所はおおよそ見当がついている。不正な要求を拒否された恨みである。市長として最も難しいのは、有力な支持者や身近な人との距離の取り方である。選挙で大きな貢献をした支持者のなかには、「市長は俺たちがつくった」「だから俺の要求は聞くべきだ」との思いを抱く人がいる。その思いが嵩じ職員採用や公入札問題の要求にまでなると立ち往生する。要求に応ずれば市政は歪む、場合によっては法を犯すことになる。拒否すれば次の選挙は危うくなる。議会対策にも苦労する。再選をめざした選挙中に、逆恨みの凶弾に倒れた長崎市の伊藤元市長のような悲劇にもなりかねない。距離を取り過ぎて暴力団や右翼団体から脅されること再々であった。

柳川町長のご苦労が良く分かっているだけに、話に実感がこもった。大きな問題を抱える自治体の責任者は命を懸けねばならない。

水俣の産業廃棄物最終処分場問題は、市民挙げての大騒動に発展したが、暴力事件に至らず見事に決着。さすが水俣市民である。

ブラジルへ、水銀会議招聘を

一九九九（平成十一）年五月に、ブラジルのリオ・デ・ジャネイロ市で開催された「地球環境汚染物質としての水銀に関する国際会議」の準備会に、二〇〇一（平成十三）年に開催される「国際会議」の会場を水俣市に誘致するために出かけた。

国立水俣病総合研究センター国際協力棟の落成式に招かれ出席したおり、国際水銀会議の赤木洋勝さんやヴィラス・ボアスさんらの同会議の議長団のメンバーと懇談した。その時、初めて「国際水銀会議」という水銀問題を研究している世界の科学者の研究機関があることを知った。

席上、私は「地球環境汚染物質としての水銀に関する国際会議」は、世界で最大の水銀公害を経験した水俣で開催してこそ大きな意義がある」と水俣誘致を相談したら、議長団全員に賛同していただいた。

ブラジルに行ったのは、二〇〇一年の開催地を決定する準備会（赤木さんら八人で構成）に正式に、水俣開催を要請するためである。

会場は、ブラジル連邦科学省鉱産技術センターであった。まず、滝沢国水研所長が挨拶、続いて吉本哲裕企画課長補佐がビデオで水俣市を紹介。私がプレゼンテーションで水俣病問題の現状、市民の環境への取り組みを説明し、「県、市の会議開催への協力、受け入れ準備や歓迎の用意など、すべて万全を期します」と述べて水俣市での開催を強く要請した。続いて田中県環境生活部長や石塚環境省特殊疾病室長等から、水俣湾の水銀ヘドロの処理について説明し、「国としても公害発生の反省に立って、同じ過ちを繰り返さないよう、日本の経験を成功例のみでなく失敗例も示して、水銀会議に協力したい」と発言された。おかげで、国際水銀会議の水俣開催が決定した。

コラム

地球の表と裏の価値観

ブラジル行は一九九二（平成四）年の国連環境サミットに続いて二回めであった。時間の観念が日本と大きく違い悠長に流れている。私のようなせっかちはイライラの連続である。会議も定刻どころか、一時間遅れは普通である。

リオ・デ・ジャネイロ市のルイス・パウロ・コンデ市長が、「午後三時に会談したいから迎えの車をやる、午後三時三〇分にホテルの玄関で待ってほしい」と連絡があったが、午後四時を過ぎても来ない。一時間過ぎた頃、「タクシーで市役所まできてほしい」と変更の電話があり、急いで駆け付けたが、控え室でまた三〇分待たされた。しばらくしてでっぷり太ったコンデ市長が現れた。歓迎の挨拶の後、「大西洋に面した美しい白砂の海や湖、豊富な資源、自然の恵みに溢れています」と、リオを紹介された。続いて「湖の魚は全滅し、どうしようもない環境汚染に悩んでいます。最大の政治課題です。そのような中で、環境問題で世界に広く知られる水俣の市長にお会い出来て非常にうれしい。これから水俣の貴重な経験を学びたい」と話され、環境問題を中心に三〇分ほど懇談した。

翌日、私の高校の同窓で、日本語新聞のリオ支局長の中村博幸君の案内でリオ市内を観光した。大規模なニュータウンの建設が進められている。小高い山の頂上から斜面まで、蟻も入れないほどにへばりついた貧民のバラック小屋。そこから流される生活排水。コンデ市長の話に出た湖は黒く濁って魚が住める水ではなかった。

リオの人口は当時、六五〇万人と聞いたが、貧民街が年々膨張して的確な把握は困難で、おそらく一千万人を超えている、と中村君は言っていた。

車が、とても大きいゴルフ場の近くに来たとき、中村君は「このゴルフ場には日本人は入れません」と言う。「なぜ？　ブラジルは人種のるつぼと聞いているが、それでも人種差別があるのか」と尋ねると「いや違う。日本人がプレーすると、時間を気にしてせかせか急ぐので、みんながのびのびと、プレーできなくなると敬遠されるのだ」とのことであった。

時間や約束を守るのは美徳であると確信してきた。しかし所変われば、それは人々に迷惑をかける欠点でしかないという。私などエレベータを待つ数秒に苛立つ。焦ったところで、エレベータが思うように動いてくれるものではない、と分かっていながらである。思えば、ゆとりのない貧乏な性格である。

ブラジル流が良いとか、日本流が良いとか、一概に断言できないが、地球の裏側で、まさに正反対の思わぬ発見をして以後、せっかちな性格を少しでも変えたいと心がけている。

「地球環境汚染物質としての水銀に関する国際会議」

先に述べたように、ブラジルのリオで開催された国際水銀会議の準備委員会で、水俣開催が決定したので、帰ってすぐ準備を始めた。

世界中から集まる学者やＮＰＯなど、約五百人の応対は小さいまちの限度を超えたものばかりである。宿泊一つとってもベッドがあるホテルは少なく、八代市を入れても受け入れは困難である。熊本市に宿泊されると移動の問題がある。それに通訳、食事、案内、もてなしなど難問山積である。市職員には知恵も体も総動員で準備に奔走してもらった。

水俣市文化会館において、二〇〇一（平成十三）年十月十五日から十九日までの五日間の日程で開催した。

水銀は、世界中で日常的に、生活用品や医療器具として広範囲で使用されている。しかしそれは強い毒性を持っており、水俣ではそれによって多くの命が奪われ、今も苦しむ人は多い。このような水銀による悲劇は、世界のどこでも再び発生させてはならない、水俣だけで十分である。だから水銀の恐ろしさを訴え、水銀追放を呼びかけるのは、世界最大の水銀公害を経験した水俣市民の責務である。それを訴える最大の機会は、世界の水銀学者が集う国際水銀会議である、とその会議の水俣市での開催を切望してきたのが実現したのだ。

世界三九カ国から四三八人、(日本一四〇人を含む) の学者が参加した。

開会式では、川口順子環境大臣、潮谷義子熊本県知事が挨拶。語り部の上野エイ子さんと濱元二徳さんの講話。それに水俣市長の私が「深刻な水俣病の現状と水俣がめざす環境モデル都市づくりについて」講演をした。

翌十六日から学者による、微量汚染など、最新の水銀に関する研究についての純粋な学術会議が始まった。市公民館では、市民が参加できるサテライト会議「水俣病事件の今日的課題」と題して、熊本学園大学の原田正純教授や熊本大学の浴野成生教授の講演。被害者の会・全国連が主催する「全国市民フォーラム」では、滋賀大学の宮本憲一学長らの講演と、同時並行で幾多の会議が開催され、多くの市民が参加した。

この国際会議には、多くの市民がいろいろな形で参加してくれた。公募で集まった三二人の通訳ボランティアは、約二年間の学習会の成果を発揮して大活躍。二〇世帯の市民がホームステイを引き受け、日本の家庭生活の体験を提供した。着物の着付け教室では女性の学者に大変喜ばれるなど国際交流の花が咲いた。有名になった資源ごみの分別体験も実施し、水俣市民の高い環境意識に称賛をいただいた。

参加された外国の学者からは、「新しい研究結果を聞けて興味深い。特に高濃度の水銀が埋められている水俣湾の事例は大いに参考になった」「この美しい自然に恵まれた街で悲惨な事件が起き、今も問題を引きずっていることに驚いた」「水俣でこの会議が開かれたことを忘れず、汚染防止のために知恵を絞らねばならない」、インドネシアやブラジルの研究者は、「金採掘現場からの水銀流出は深刻。同様の悲劇が起こり得る。この会議の成果を活かしたい」、などと話されていた。

十八日夜、市体育館で開かれた夕食会は、市民の手作りの地元食を交えて多彩な料理が並び、ワンダフルと歓声が上がった。特に、余興を企画・指導した水俣病患者の杉本栄子さんを先頭にして、水俣病胎児性患者や小学生を含む一二〇人の市民が演じた踊り「二〇〇一・水俣ハイヤ」は、外国人学者の間に拍手の大嵐が起きて、多くの人が飛び込んで踊り出した。

米国の運営委員長のリンドバーグ氏は「発表の質は高かった。水俣市民の温かいもてなしに感謝する」と挨拶があり、会議を締めくくられた。

この会議を取り仕切った赤木洋勝組織委員長は、閉式後「環境汚染の研究者にとって水俣は原点。ここを訪れたこと自体が大きな収穫だったのではないか」と、さらに、長期微量汚染の研究で日本が遅れていることについて、「日本は水俣病への対応が先だった。諸外国も水俣病を出発点に微量汚染の研究がはじまった。これから努力しなければならない」と話された。

学者・研究者約五〇〇人による五日間にわたる国際会議。一般参加者を含めると千人をはるかに超える大会議が大きな成果を収め終了した。

学者の宿泊、食事、会場への足、会場の設定、案内・通訳、接待とすべてを市職員と市民が一年余かけて準備したものである。三万三千人（当時の人口）の小さな都市が、世界で一番大きいと言われる水銀国際会議を完全に開催することが出来た。おそらく、他の自治体には、このような例はないと思う。私は、水俣市民は日本一であると強く感じ、誇りを覚えた。

先に書いた「環境自治体会議」は水俣の存在を日本全国に知らしめたが、この国際会議は、世界が「公害都市みなまた」から「環境都市みなまた」を認知することになったと思う。

この国際会議に合わせて、ＮＰＯ法人「水俣フォーラム」が市体育館サブアリーナで「水俣病展」を開いた。「水俣病展」は第一回の東京展以来、全国各地を回り第一一回が地元水俣での開催である。水俣病関係の遺品や説明資料など三百点近くが展示された。

ところが、地元水俣開催では大変な反対が起きた。展示の中にメーンとなる、水俣病犠牲者の遺影のパネル展示がある。患者が「家族であるのを知られたくない」「亡くなってまでさらし者にしたくはない」などと、遺影の展示を拒む家族が続出。市議会でも、水俣病展そのものに反対という意見も出るなど紛糾した。私は「水俣病発信の役割は、水俣病の教訓の発信と、公害克服の道筋を示すことである。水俣展は前者であり、市が取り組んでいる後者との整合性を取ることが大事である。新たな展開のステップになって欲しい」と答弁し開催を進めた。

水俣の内面社会は、それぞれ多様な思いを抱いている人々が混在するデリケートな社会である。外部からの一般論で括れないものがあることを露わにした事件であった。

終章　これからの水俣

福祉先進モデル都市づくり

これまで述べてきたように、環境都市づくりは思ったよりも順調に成果を挙げてきたのではないか。環境都市水俣は国際的にもかなり知られるようになってきた。だが一方、人口の減少は止まらず、高齢化や過疎化は進行している。経済的にも地場企業の倒産が相次ぎ、企業誘致は進まず、チッソの雇用増大も目に見えない。地域経済は活力を失って久しい。水俣市だけではなく、大都市近郊や地理的に恵まれた一部を除いて、全国ほとんどの地方都市の現状であるとはいえ、思えば気が重くなる。

国策による「地方創生」が進められている。すべての地方自治体は人口増加策を躍起になって探している。だが、国の総人口は減少の方向に転じた。東京都に地方の人口は吸収され続けている。結局は地方自治体同士の人の奪い合いである。地方自治体間の格差が増大することになる。

人口減少の原因の第一は、出生率の低下であるという。現在、出生率が最も高いのは一番県民所得が低いと言われる沖縄県で、最低は最も所得の高い東京都である。その子供を産まない東京都に全国から若者が集中するのだから、子供がますます少なくなるのは自明の理である。その東京都は若者の一極集中を歓迎する代わりに、高齢者を地方に排出しようとしている。国政と東京都政が、人口減少の元凶である。

地方の衰微はそれだけではない。経済のグローバル化、新自由主義経済、TPP、いずれもこれまで以上に地方自治体の前途を暗くしている。「地方創生」を取り巻く環境は容易ではない。

さて地域条件にも恵まれない、加えて公害で疲弊した水俣市が、この難問をどう切り拓くのか、普通の自治体と同じことをやっていては、益々衰退を深めることになりそうである。

時代を先取りして、水俣だからできる斬新で大胆な構想を打ち出す大切な時期を迎えていると推察する。

その一つに「**福祉先進地みなまた**」づくりがある。

水俣市の環境モデル都市づくりは、福祉の先進都市づくりを含んでいる。「環境と健康と福祉を大切にする産業文化都市づくり」と定めているからである。水俣病は、健康被害をはじめとする社会的弱者を生み出した。それらを、経済的面だけでなく、精神的面でもしっかりと救済することが市政の一つの責務である。水俣病対策は、補償金の多寡の争いに終始し、心の救済、生きがいの創出という面が欠けていたために、被害者の悲惨な生活が長期間にわたって継続してきたのである。近年、漸くそのことに気付いて対策がなされるようになったのは、遅きに失したとはいえ嬉しいことである。

水俣病被害救済のための特措法には、第三五条、第三六条に患者の福祉支援、「もやい直し」の推進など、地域再生の支援が規定されている。現実に、胎児性患者のケアホームの建設支援などが動き出している。

地域経済は大変厳しい状況の中にあるが、水俣市は、人口当たりの病院数や医師の数は、全国の中では最も高い地域の一つであると言われ、老健施設などの福祉施設も次々と建設が進んでいる。これらの福祉関連の雇用増加が、市の人口の壊滅的減少を防いでいると言えるのではないか。工場誘致は二〇人ほどの雇用があれば新聞種になる。ところが病院がデイサービスを併設して二〇人の雇用があっても新聞には掲載されない。企業誘致だけが人口増加策ではないのに不思議である。

先に見てきたように、若者人口の増加は極めて厳しい現状であるが、代わりに高齢者人口の増加を図って、市の人口の減少を食い止めることは、決して不可能なことではない。

全国で定年退職をした高齢者や、障害をもつ人々が、「水俣で暮らしたい」という移住希望が集まる質の高い福祉先進都市をつくることは可能ではないか。

高齢者の水俣市へ転居を促すためには、まず、住居の提供と病院など健康管理施設や福祉施設の充実はもちろん、弱者に優しい市民性が重要である。

高齢者や障害を持つ人にとっては、さらに生き甲斐づくりが重要条件である。そのために貸し農園、運動施設、娯楽施設、文化施設の充実が不可欠である。さらには高齢者がこれまで身につけた技能や知識を活かして社会貢献できる場所と機会がなければならない。

福祉先進都市づくりは、水俣病患者や高齢者などの社会的弱者に質の高いサービスを提供することだけに限らず、雇用増進や人口増加、地域経済の発展や地域文化の振興、市民生活の全般にわたる質の向上をめざすものでなければならない。

即ち、高齢者や障害を持つ人々を受け入れるということは、市のすべての生活環境の質を高めるという高度のまちづくりが必要ということである。決して生易しいことではない。

高齢化の進行は、すべての自治体が嫌がっている。その中で、唯一「日本で一番高齢化率の高いまち」づくりはまさにオンリーワンのまちづくりであり、時代の趨勢に沿ったまちづくりと言える。それは、水俣だからできる水俣にふさわしいまちではないか。高齢者の奪い合いになる前に手をつけねばなるまい。

福祉の先進都市づくりは、先に述べたもう一つの「世界に類例のない水俣」の実現であると言える。

おわりに

人間誰しも自分の子供や孫は可愛い。良い学校に入れ、エリートコースを歩ませ、できれば資産も残して豊かな生活をさせたい、と血の滲むような努力をしている。

中には、数千万円も出して大学の裏口入学をさせるなど、人の道に反した教育に値しない行為をしてまで、子供を可愛がる者も決して少なくはない。

だが、一方では地球の有限な資源である石油などを湯水のごとく使い、資源を枯渇させ、子供や孫の代には残さず、温暖化をもたらし、有害物質を撒き散らし、人間が住めない地球にしようとするかの如く、せっせと贅沢の競争をやっている。

国連白書によると、「二一五年後には、哺乳類の四分の一の種は絶滅の恐れがあり、世界の人口の半分は水不足に悩み、土地の七〇%は劣化する」と人間が住めない地球になりつつあることを警告している。

卑近なところでは子供を溺愛し、マクロなところ、時間をおいたところでは、可愛い子供たちが生存できないように地球環境を壊し、子孫を絶滅しようという大きな犯罪をおかしつつあると言える。このような、矛盾した生活を正し、整合性のある生活に直す。それが地球環境保全であり、子供たちへの真の愛情であると思う。

実はそんなことは、言わなくても誰もが分りきっている。知らないふり、気にしないふりをしているのは、現在享受している物質的豊かさ、利便さを失いたくないためである。

スカンジナビア半島に、かってレミングというネズミの一種がいたと聞く。時に異常繁殖し、やがて食べられる物は食べ尽くし、さらに食べ物を求めて大移動を始める。その大集団は川辺に辿りついても行進は止めず、どんどん水中に入って全滅してしまうという。自然の持つ巧妙な個体調節のメカニズムだそうである。

私たちは、このレミングの行動を「愚か」と笑うことができるだろうか。今、人類は、飽くなき物質的豊かさを求めて大行進をしている。日本も先頭集団で。その先に住めない地球が見え隠れしているのにもかかわらず、である。

水俣では、水俣病が確認される前に、水俣湾において魚が死んで浮かぶ、猫が全滅する、水鳥が飛べなくなり墜落する、と自然界に異変が起きていたにもかかわらず、自然が送ってくれた大切なシグナルを無視し、対策を怠った。人間の奢りが大きな悲劇を招いてしまった。その経験から「一度、立ち止まって行く先を確認しよう」と水俣病は呼びかけているのである。

講演を聞いたある学生から「私は、車の暖気運転を止め、自転車を多く使用し、電灯もこまめに消すなど省エネに努力している。だが、東京などの大都市の車の大洪水、昼夜燦々と輝くネオンなど、エネルギーの大消費を見ると、自分がやっている行為が惨めでしようがない。これで地球環境が守れるのか」という厳しい質問がとびだした。

「環境、環境」と叫ぶ人は多いが、ほとんどが評論家で自ら行動する人は多くはない。この学生さんのように、自分で出来るところから実践することが、地球環境保全の原点である。水俣市民は、みんなが黙々とやっているごみの分別など至極当然なことで自分の役割と思っている。このような環境市民が多数派になると、コミュニティーを動かし、市を動かす。そして県を、国を、やがては世界を動かす。決して周囲が動かないからと悲観して諦めてはならないと思う。

水俣市民が環境保全に積極的に取り組むのは、環境破壊の恐ろしさを命がけで学び、持続可能な人類社会のモデルを創造しよう、と大きな目標を掲げたからである。ここで、その高邁な志が挫折すると、後の世代に、「水俣病対策の失われた六〇年」だけを残すことになる。初心を忘れてはならないと思う。

一九五六(昭和三十一)年、水俣病の発生が確認され、その翌一九五七年、茨城県東海村に原子力による灯りがともった。それ以後半世紀余り、水俣市は、急な坂道を転げ落ちて行くことになり、一方の東海村は、原子力関連の企業が集まり、雇用が増大し、巨額の国の電源立地交付金などの優遇策で、日本で有数の裕福な自治体に上り詰めた。

ところが、一九九九(平成十一)年、JCO*という核燃料加工会社が、臨界事故を起こし二人が死亡、六六〇人余りが被曝するという、我が国で初めての原発事故が発生し、村はパニック状態になり、農産物も売れない風評被害も加わった。

＊ＪＣＯ（ジェー・シー・オー）　原子燃料ウラン化合物精製などを業務とする企業。住友金属鉱産の子会社で東海村に立地。一九九八年、核燃料サイクル開発機構の高速実験炉「常陽」の燃料製造工程で臨界事故をおこし、放射線が漏れた。日本初の原子力発電の事故である。

当時の村長、村上達也氏は「最先端の科学技術、経済的豊かさ、利便性の中には途轍もない危険が内包されている。学者などがいかに安全だと話しても、そのシステムを動かすのは人間である、その人間は過ちを犯す」「村民の幸福のためにと、ひたすら豊かな経済を追求してきたが間違いであった。これからは水俣市を学ぶ」と、茨城大学の専門家や役場の職員や村民を伴って、五回も水俣市を訪問し研修された。自治体の先頭を走ってきたトップランナーが、どん尻のランナーに走法を学ぼうという珍現象である。

その後、秋田県の二ツ井町で開催された「環境自治体会議」で、村上村長は、「東海村の環境への取り組み」という発表の中で、「水俣市には時代精神がある」と話された。

「時代精神」とは、哲学者梅原猛先生の著書によると、哲学者ヘーゲルの歴史哲学の重要な概念だそうで、「歴史を見ると、その時代時代に、時代を強力に指導していく理念がある。この理念を時代精神という」とある。時代の要請に的確に対応し指導解決する理念のことのようである。

では、二十一世紀の「時代精神」とは何であろうか。村上村長は「次の世代に、安全で豊かな、しかも、持続できる地球を保障する理念である」として、「水俣市民は、水俣病の経験と教訓に基づき、生産と消費を無限に拡大し続けなければ延命できない現在の経済システムに警鐘を鳴らしながら、市民自らは、環境保全と生活の豊かさを同時に実現し、世界のモデルになろうと努力している。これが時代精神だ」と話された。

私は、おもはゆい感じで聞いていたが、この村上村長のお話が的外れにならないよう、恥ずかしくないよう、努力しつづける水俣市民でありたい、と思っている。

本を書くに至った経緯と感謝

本年の三月中旬、藤原書店の藤原良雄社長と能楽プロデューサーの笠井賢一氏、それに水俣病資料館前館長の坂本直充氏がお見えになりました。よもやま話の中で、藤原社長が「水俣病六〇年の節目に当たり、元市長が取り組まれた水俣病問題や新しい水俣づくりへの思い、その経過や苦労など、記録を残す必要がありますよ」と話されました。

これまでも多くの親しい人たちから「これまで出版された本などを整理して一つにまとめられたら」と勧められていましたが、まったくその気にはなりませんでした。

市長退任後、約一ヘクタールほどの稲作（うち四〇アールは合鴨による無農薬、無化学肥料の米づくり）や野菜づくりなど、植物や動物相手の百姓仕事に熱中してきました。我が家では販売などの経営は息子夫婦が担当していて、私は栽培するだけで収穫した産物をどこに販売し、どれだけの収入になったのか、一切尋ねたことはありません。農林業は産物の低価格などが頭に来てストレスが溜まるものです。その点、経済が絡まない農作業はストレスは全くありません。これまでの対人相手の仕事に比べれば極楽そのものです。今更煩雑な物書きなどはしたくありませんでした。

ところが藤原社長からお勧めの話を聞いた頃から事情が変わりました。家の前を走る県道拡幅の用地買収で、息子一家が住む車庫兼離れ家を取り壊し改築することになりました。残った狭い敷地に建て替えた家は小さいので、息子一家は母屋に移住し、改築した家には私ども老夫婦が隠居することになったのです。

狭い家に引っ越すので、これまで保存していた議会議事録や市長時代の大量の記録や資料をすべて廃棄することにしました。くだらないものでも愛惜があります。そこで廃棄する記録類や主な講演原稿を読み直し、これまでに出版した拙著などとまとめて新しく書き残そうという気になりました。

書き始めたら残念なことに記憶は薄れて語彙も頭に浮かびません。そこで資料や記事の真偽の確認など、水俣病資料館前館長の坂本直充さんや現副館長の草野哲也さんらに助太刀をお願いしました。

なによりも無事に本にまとめることができたのは、全般にわたって温かくご教示ご示唆をいただいた藤原書店社長の藤原良雄様と小枝冬実様のお陰であります。ここにご指導、ご支援をいただいた皆様に心から感謝と御礼を申し上げます。

また筆を運びながら書中に登場いただいた皆様方の温かいご厚誼の数々を思い出し感慨に浸りました。あらためて感謝いたします。

二〇一六（平成二十八）年十二月

吉井正澄

吉井正澄・水俣病関連年譜（1906-　）

年	吉井正澄関連	水俣病関連
一九〇六		曽木電気創立。社長野口遵。
一九〇八		曽木電気、日本窒素肥料株式会社に。
一九三一	七月一〇日、旧葦北郡久木野村（現水俣市）に生まれる。	
一九三二		新日窒水俣工場アセトアルデヒド設備稼働。
一九三七	久木野村小学校入学。	
一九四四	葦北農林学校入学（同校は一九四六年、学制改革で熊本県立芦北農林高校に移行）。	
一九五〇	芦北農林高校卒業、家業の農林業を引き継ぎ、農家有志と活動。	初夏、水俣市袋で魚、ネコ、カラス、水鳥に異変。以後毎年異変を確認。
一九五六		新日窒水俣工場付属病院の医師が奇病の届け出（水俣病の公式発見）
一九五八		新日窒素、排水口を百間港から水俣川河口へ変更。

一九五九	細川実験で水銀廃液からネコが発病。 不知火海漁民が排水停止と補償を求め新日窒水俣工場へ突入。 見舞金契約。
一九六二	新日窒水俣工場で安定賃金闘争。 水俣病患者審査会で胎児性水俣病確認。
一九六八	水俣・新潟の水俣病を公害病に認定。
一九六九	「公害に係る健康被害者の救済に関する特別措置法」制定。 公害被害者認定審査会発足。
一九七〇	厚生省水俣病補償処理委員会が仲裁案。 川本輝夫ら認定棄却患者が行政不服審査請求。
一九七一	チッソ東京本社座り込み自主交渉。
一九七二	濱元二徳ら水俣病患者が国連人間環境会議（ストックホルム）に参加。
一九七三	水俣病第一次訴訟判決。 チッソと患者の補償協定。 「水俣病被害者の会」結成。
一九七四	水俣湾公害防止事業で封鎖仕切網設置、汚染魚の捕獲始まる。 水俣病センター相思社設立。

一九七五	四月、市議会議員に当選（以後連続五期当選）。	熊本県議が環境庁陳情で「偽患者」発言。
一九七七		水俣病認定の新判断条件。
一九七八	全国林業経営コンクール農林水産大臣賞受賞。	チッソ経営資金の公的支援始まる。
一九八三	五月一八日、水俣市議会議長になる。	議員国立水俣環境大学構想私案。
一九八五	四月、園遊会に招待される。 全国都市議長会公害対策特別委員会委員長。 熊本・鹿児島市議会議員中国視察団団長。上海、桂林、広州、北京の人民公社、学校を視察。	
一九八六		「水俣大学を創る会」発足。
一九九〇	環境創造みなまた推進事業の実施。	水俣湾公害防止事業のヘドロ処理終了。 第三次水俣病訴訟で東京高裁、福岡高裁が和解勧告。 県「水俣振興推進室」設置。 一万人コンサート開催。
一九九一	一一月、「産業、環境及び健康に関する水俣国際会議」参加。	
一九九二	六月、市議会の「環境・健康・福祉を大切にするまちづくり宣言」に主導的な役割。 六月、「国連環境開発会議」（ブラジル）に参加。 一一月、市が「環境モデル都市づくり」宣言。 一一月、自民党議員団オーストラリア自主研修。 全国市町村議員団北欧研修に参加。	

一九九二	ごみ焼却場で家庭用プロパンガスボンベが爆発。自民党議員有志で全国を視察し、ごみ分別を提言。 七月、自民党議員団が恋龍祭パレードでごみ分別を宣伝。	水俣市立水俣病資料館開館。
一九九三	五月一日、「水俣病問題の早期・全面解決と地域再生を推進する市民の会」発足。 八月、ごみの一九分別開始。 環境基本条例の制定。	八月九日、細川護熙内閣誕生。水俣病問題の解決機運が高まる。
一九九四	二月二二日、四八一票の僅差で当選、市長に就任。 五月一日、水俣病犠牲者慰霊式の式辞で謝罪。 六月、国鉄山野線廃止跡に「日本一長～い運動場」完成。 一〇月、徳富蘇峰・徳冨蘆花生家を復元。 一一月、「火のまつり」開催。 明日の社会資本整備を考える会委員。 水俣病語り部制度スタート。	六月三〇日、村山富市内閣誕生。
一九九五	五月、水俣病問題未認定患者救済問題の政治解決調印式。	「水俣病不知火患者会」結成。
一九九六	六月、オーストラリア・デボンポート市と友好姉妹都市調印。水俣市国際交流協会立ち上げ。 総合計画・環境基本計画。 「もやい直しセンター」建設。	水俣湾仕切網撤去。
一九九七	ごみ減量女性連絡会議（一六団体）結成。	
一九九八	ごみ減量女性連絡会議が大型店と食品トレイ廃止協定。 地球環境経済人サミット委員になる。	

年	事項	
一九九九	二月、中国環境管理幹部学院で開催された「水俣病・環境シンポジウム」で基調講演。北京大学で講演。 五月、「地球環境汚染物質としての水銀に関する国際会議」準備会（リオデジャネイロ）で会議の水俣誘致を働きかけ。 一二月、市政五十周年記念行事、大相撲水俣場所開催。 一二月、地球温暖化防止活動環境大臣表彰。 ごみ減量女性連絡会議がエコショップの審査、査定を開始。 環境マネジメントシステムに関する国際規格ＩＳＯ１４００１の認証取得、運用開始。水俣スタンダードのＩＳＯを創設。	「チッソ」抜本支援策を策定。
二〇〇〇	毎日・地方自治大賞特別賞を受賞。 国際連合大学ゼロエミッション国際会議で講演。 五月、環境自治体会議第八回水俣会議を開催。 「環境にいい学校づくり――学校版環境ＩＳＯ」の展開（全一六校）。 自治体環境グランプリ受賞。 ＪＩＣＡ九州に呼びかけＪＩＣＡ研修の受け入れ開始。 自治大学で講義。	

年	吉井正澄	水俣病関連
二〇〇一	二月、エコタウン事業承認。 五月、中国・張家港市および南京大学で講演。 一〇月一五日〜一九日、水俣で「地球環境汚染物質としての水銀に関する国際会議」開催。 一二月、第四回内分泌攪乱化学物質問題に関する国際シンポジウム（つくば）に出席。 環境ホルモン日英共同研究会。	チッソ水俣病関西訴訟大阪控訴審で国家賠償を認める。
二〇〇二	二月二一日、市長を退任。 中国環境管理幹部学院で講演（二回目）、客座教授に。 天津外国語大学で講演。 環境保全功労者表彰（環境大臣表彰）。 旭日小綬章受章。	
二〇〇三	胎児性患者の施設「ほっとはうす」の理事に就任。	
二〇〇四		チッソ水俣病関西訴訟最高裁判決で国家賠償責任が確定。
二〇〇五	五月、環境大臣の私的「水俣病問題に係る懇談会」委員。	水俣病不知火患者会五〇人が国・県・チッソに損害賠償を求める。 ノーモアミナマタ国家賠償等請求訴訟（「水俣病不知火患者会」）。

二〇〇八	タイ保健省国民健康保険委員会で講演。王立チュラーロンコーン大学で講演。ラーヨン県マープタープット工業団地周辺の住民懇談会に参加。 台湾の国立台北課技大学、中原大学で講演。台南中華医事科技大学で講演。 中台エコタウンで講演。	
二〇〇九		「水俣病被害者の救済及び水俣病問題の解決に関する特別措置法」成立。 一九九五年の政治解決策以来二度目の政治決着を図る法律。
二〇一〇	ノーモアミナマタ国家賠償等請求訴訟和解協議第三者委員会の委員。	
二〇一一		水俣病特措法に基づきJNC設立。
二〇一三		二つの訴訟で水俣病の認定棄却の行政処分を不当とする最高裁判決。 一〇月一〇日、水銀汚染防止に向けた国際的な水銀規制に関する「水俣条約」が採択。 一〇月二七日、天皇皇后両陛下が初めて水俣市を訪れ、水俣病患者と懇談。
二〇一五	長久手市の吉田一平市長が水俣市を訪問。	

著者紹介

吉井正澄（よしい・まさずみ）

1931年水俣市生まれ。1975年4月水俣市議会議員に当選、以後連続5期当選。その間、市議会議長を2期務める。1985年、全国都市議長会公害対策特別委員会委員長。1994年第13代水俣市長に就任し、2期務め、2002年2月市長を退任する。市長時代の1995年、水俣病患者と患者団体に、市・県・国の水俣病対策は間違っていたと謝罪し、40年ぶりに政治解決を果たした。地域の絆を取り戻す「もやい直し」の運動を展開し、環境モデル都市としての「新しい水俣」を提唱。1999年、毎日・地方自治大賞特別賞受賞。2000年、地球温暖化防止活動環境大臣表彰。2002年、環境保全功労者表彰（環境大臣表彰）、旭日小綬章受章。

「じゃなかしゃば」 新しい水俣（あたらしいみなまた）

2017年1月10日　初版第1刷発行©

著　者　吉井正澄

発行者　藤原良雄

発行所　株式会社 藤原書店

〒162-0041　東京都新宿区早稲田鶴巻町523
電　話　03（5272）0301
FAX　03（5272）0450
振　替　00160-4-17013
info@fujiwara-shoten.co.jp

印刷・製本　中央精版印刷

落丁本・乱丁本はお取替えいたします
定価はカバーに表示してあります

Printed in Japan
ISBN978-4-86578-105-2